普通高等教育“十一五”国家级规划教材

网页设计与制作

第2版

主　编　王晓红　龚　毅

参　编　王艳娥　敖静海　陈纪霞

机 械 工 业 出 版 社

本书分为网络基础、Fireworks CS4、Flash CS4 和 Dreamweaver CS4 四个模块，每个模块的内容又分别按照基础知识、基本操作、高级技术、综合应用四个层次设计，采用案例和项目驱动方式，围绕一个网站建设的任务进行展开，将理论知识与开发实践结合起来，引导学生学习网站建设、网页设计、网站管理等内容。

本书适用于普通高等院校非计算机专业学生及高职高专学生学习使用，也可作为网页设计与制作爱好者的自学参考书。

为方便教学，本书配备电子课件等教学资源。凡选用本书作为教材的教师均可登录机械工业出版社教材服务网 www.cmpedu.com 免费下载。如有问题请致信 cmpgaozhi@sina.com，或致电 010-88379375 联系营销人员。

图书在版编目（CIP）数据

网页设计与制作 / 王晓红，龚毅主编. —2 版. —北京：机械工业出版社，2011.1（2013.6 重印）
普通高等教育“十一五”国家级规划教材
ISBN 978-7-111-32906-0

Ⅰ.①网… Ⅱ.①王… ②龚… Ⅲ.①主页制作－高等学校－教材
Ⅳ.①TP393.092

中国版本图书馆 CIP 数据核字（2010）第 261895 号

机械工业出版社（北京市百万庄大街 22 号　邮政编码 100037）
策划编辑：王玉鑫　　责任编辑：刘子峰
封面设计：王伟光　　责任校对：闫玥红
责任印制：杨　曦
北京鑫海金澳胶印有限公司印刷
2013 年 6 月第 2 版第 2 次印刷
184mm×260mm · 14.75 印张 · 360 千字
4001—7000 册
标准书号：ISBN 978-7-111-32906-0
定价：27.00 元

凡购本书，如有缺页、倒页、脱页，由本社发行部调换

电话服务
社服务中心：(010)88361066
销售一部：(010)68326294
销售二部：(010)88379649
读者购书热线：(010)88379203

网络服务
教材网：http://www.cmpedu.com
机工官网：http://www.cmpbook.com
机工官博：http://weibo.com/cmp1952
封面无防伪标均为盗版

前　言

随着网络及信息技术的飞速发展，Internet 已经成为世界上覆盖面最广、规模最大、信息资源最丰富的计算机信息网络。作为互联网技术的重要组成部分，网页设计与制作更是已成为当今社会上一种热门的技能。

在计算机技术飞速发展的同时，网页设计与制作工具不断更新，新的功能也不断增加。本书以 Adobe CS4 软件套装为基础进行内容编写，包括 Adobe Fireworks CS4、Adobe Flash CS4、Adobe Dreamweaver CS4，功能涵盖了网络图像处理、网页动画开发、网页制作及网站管理等方面。

本书内容分为网络基础、Fireworks CS4、Flash CS4 和 Dreamweaver CS4 四个模块，每个模块的内容又分别按照基础知识、基本操作、高级技术、综合应用四个层次设计，按照学会、学好、提高三个阶段由浅入深，以基本概念和基本技能为主，逐步引入较为复杂的知识和技巧，最后进行综合技能的讲解和训练，重在综合运用及理论和实际操作相结合。

本书采用案例和项目驱动方式，围绕一个网站建设的任务进行展开，通过一个小型网站建设的全过程，即网站策划、图像及动画素材的制作、网页的设计制作及站点管理等，将全书内容串接起来，形成一个有机的整体。

本书共分 11 章，第 1、11 章由北京联合大学敖静海老师编写，第 2～4 章由北京联合大学王艳娥老师编写，第 5～7 章由安徽财贸职业学院龚毅、陈纪霞老师编写，第 8～10 章由北京联合大学王晓红老师编写。王晓红负责全书的统稿、修改工作。

由于编写时间仓促且作者水平有限，书中难免有错误或不妥之处，恳请各位读者和专家批评指正。

编　者

目　录

第四部分 Dreamweaver CS4

第一部分　网络基础

第1章　网页基础知识

本章知识点和技能点

1）Internet、HTML 基础知识。
2）网站设计流程。
3）网站及网页设计原则。

1.1　Internet 基础知识

随着计算机和互联网技术的迅猛发展，网页设计与制作已成为网上各种应用的基础。Internet 是以 TCP/IP 为基础组建的全球最大的互联网络，它提供了丰富的信息资源和先进的信息交流手段，大大缩短了人与人交流的空间距离。

1.1.1　Internet 相关概念

1. 超文本

超文本（Hypertext）是通过超级链接的方式连接多种相关内容的信息组织方式，它通过建立文档内部或者文档之间的非线性关系，为用户提供一种超越传统文本顺序的自由沟通途径。

2. 超媒体

通常将图形图像、音频、视频、动画等媒体格式表达的内容称为超媒体（Hyper Media）。

3. 超级链接

超级链接（Hyper Link）是指从一种文本、图形图像等内容对象链接或者映射到其他对象上。超级链接极大地扩充了互联网的表达能力，方便用户浏览信息。

4. HTML

HTML（Hyper Text Mark-up Language），即超文本标记语言，是一种通过多种标准化的标记符（Tag）对网页内容进行标注，对页面超媒体内容的输出格式以及各内容部分之间逻辑上的组织关系等进行描述和指定的计算机语言。

5. TCP/IP

TCP/IP（Transportation Control Protocol/Internet Protocol）是 Internet 上所有计算机进行信息交互和传输所采用的协议，也是 Web 服务器与其他网络计算机互连的基本通信协议。

6. IP 地址和域名系统

（1）IP 地址

与 Internet 相连的任何一台计算机都被称为主机，每一台主机必须有一个唯一的 IP 地址以确定其位置。IP 地址由 4 组、每组 8 个二进制位构成，实际表示时可用“点分十进制”编址，如 194.135.12.37。

网络的 IP 地址分为 A、B、C、D、E 五类。其中 A、B、C 类是基本网络地址格式，D 类、E 类地址代表一些特殊类型的 IP 地址。

A 类地址的范围是 1.0.0.1～126.255.255.254，网络数目为 126，每个 A 类网络所能容纳的主机数量为 16777214 台。

B 类地址的范围是 128.0.0.1～191.255.255.254，网络数目为 16384，每个 B 类网络所能容纳的主机数量为 65534 台。

C 类地址 192.0.0.1～223.255.255.254，网络数目为 2097151，每个 C 类网络所能容纳的主机数量为 254 台。

（2）域名系统

为了解决 IP 地址不便于记忆的问题，同时为了便于网络地址的分层管理和分配，在 Internet 中采用了一种字符型的地址标志，这就是域名。每台主机的域名与它的 IP 地址是一一对应的，域名的结构如下：

主机名.三级域名.二级域名.一级域名

域名分为 4 个区，从左到右表示的区域范围越来越大。例如 www.sina.com.cn，其中 cn 为顶级域名（一级域名），表示中国；com 是二级域名，表示商业组织；sina 是三级域名，表示组织结构名；www 是主机名，表示新浪网的 WWW 主机。

7. HTTP

HTTP（Hyper Text Transfer Protocol），即超文本传输协议，是一种用于在 Web 浏览器和 Web 服务器之间进行通信、传输超文本内容的应用层网络协议。

8. WWW

WWW（World Wide Web，Web），即全球广域网，亦称为万维网。它是一种基于超文本和 HTTP 的、全球性的、动态交互的、跨平台的分布式图形信息系统。WWW 是建立在 Internet 上的一种网络服务，为浏览者在 Internet 上查找和浏览信息提供了一个图形化的、易于访问的直观界面，其中的文档及超级链接将 Internet 上的信息节点组织成一个互为关联的网状结构。

9. URL

URL（Uniform/Universal Resource Locator ），即统一资源定位器。它提供了互联网上资源的准确位置，描述了 Web 浏览器请求和显示某个特定资源所需要的全部信息，包括使用的传输协议、提供服务的主机名、客户与远程主机连接时使用的端口号以及 HTML 文档在远程主机上的路径和文件名等。

URL 的格式如下：

（协议）://（主机名）:（端口号）/（文件路径）/（文件名）

例如，Http://www.buueb.net:80/new/index.html。

协议：可使用的信息传输协议有 HTTP（超文本传输协议）、FTP（文件传输协议）、Telnet（远程终端会话协议）等。

主机名：提供服务的远程主机名（域名）。

端口号：提供服务的远程主机端口号，如 HTTP 的端口号为 80，FTP 的端口号为 21。

文件路径：指文件在服务器系统中的相对路径。

文件名：指资源文件的名称。

1.1.2 浏览器及服务器

1. Web 浏览器

Web 浏览器是用来浏览 Web 上的超文本内容的软件工具，它使用超文本传输协议（HTTP）接收采用标准 HTML 语言编写的页面，以 URL 为统一的定位格式。它负责解释服务器传回的超媒体信息并展示在用户屏幕上。

浏览器是客户端程序，目前广泛使用的有 Microsoft 公司的 IE（Internet Explorer）浏览器和 Mozilla 公司的 Firefox 浏览器等，在其地址栏中键入文件的 URL 即可浏览 HTML 文档。

2. Web 服务器

Web 服务器是指驻留于 Internet 上某种类型计算机的程序。当 Web 浏览器（客户端）连到服务器上并请求文件时，服务器将处理该请求并将文件发送到该浏览器上。

目前，常用的 Web 服务器包括 Microsoft IIS、IBM WebSphere、Apache、iPlanet Application Server、Oracle IAS、BEA WebLogic 等。

1.1.3 网络多媒体信息

1. 网络图片的格式

图片是网页的重要组成部分。目前，大多数浏览器支持的网络图片的格式主要有 JPEG、GIF 和 PNG 等。

（1）JPEG 格式

JPEG 格式是照片和连续色调图像的文件格式，它采用失真的压缩方式，可以将大型图像压缩得较小，同时能够保留图像的整体质量。JPEG 格式的文件可以使用任何色彩数目，支持 24 位全彩色。JPEG 格式的不足在于对图像压缩得越多，信息就丢失得越多，从而导致图像变得模糊、朦胧。

（2）GIF 格式

GIF 格式是非连续色调或具有大面积平面色彩图像的格式。它采用非失真的压缩方式，即图像在压缩后不会有细节上的损失。GIF 格式支持透明功能、动画效果，主要用于保存和压缩基于文字的图像、线条和剪贴画等。GIF 格式最多保存 256 种颜色（8 位颜色）。

（3）PNG 格式

PNG 格式支持 48 位全彩色，采用非破坏性压缩，可以完整和精确地保存图像的亮度和彩度，同时还提供比 GIF 和 JPEG 格式更快的交错格式及更好的透明背景。但目前的一些浏览器还不支持 PNG 格式。

2. 网络音频文件的格式

声音文件的格式主要有 WAV、MID 和 MP3 等。

（1）WAV 格式

WAV（波形）是最基本的声音文件格式。它把声音的各种变化信息（频率、振幅、相位等）逐一转成 0 和 1 的电信号记录下来，记录的信息量相当大，其具体大小与记录的声音质量高低有关。

（2）MID 格式

MID 格式的文件又叫 MIDI 文件，其记录方法与 WAV 格式完全不同。其工作方式是首先在声卡中将各种频率、音色的信号固化下来，在需要发一个音时就到声卡中去调出这个音。因此，MIDI 文件体积较小，即使是长达十多分钟的音乐也不过十几至几十千字节。

（3）MP3 格式

MP3 可以说是目前最为流行的多媒体格式之一。它将 WAV 格式的文件以 MPEG-2 的多媒体标准进行压缩，压缩后体积只有原来的 1/10 至 1/15（约 1MB/s），而音质基本不变。

3. 网络视频文件的格式

视频文件的格式主要有 AVI、MPEG、RM 等。

（1）AVI 格式

AVI 格式允许视频和音频交错在一起同步播放，支持 256 色和 RLE 压缩，但 AVI 格式并未限定压缩标准，只是作为控制界面上的标准，不具有兼容性。AVI 格式的文件图像质量好，可以跨多平台使用，但体积过于庞大，而且压缩标准不统一。

（2）MOV 格式

MOV 即 QuickTime 文件格式，支持 25 位彩色及领先的集成压缩技术，提供 150 多种视频效果，并配有提供了 200 多种 MIDI 兼容音响和设备的声音装置。QuickTime 以其领先的多媒体技术和跨平台特性、较小的存储空间要求、技术细节的独立性以及系统的高度开放性，得到业界的广泛认可，目前已成为数字媒体软件技术领域事实上的工业标准。

（3）MPEG 格式

MPEG 文件格式是运动图像压缩算法的国际标准，它采用有损压缩方法减少运动图像中的冗余信息，同时保证每秒 30 帧的图像动态刷新率，几乎已被所有的计算机平台共同支持。同时，MPEG 格式文件的图像和音响的质量也非常好，并且在计算机上有统一的标准格式，兼容性相当好。

（4）RM 格式

RM 格式主要用来在低速率的广域网上实时传输视频影像，可以根据网络数据传输速率的不同而采用不同的压缩比，从而实现影像数据的实时传送和实时播放。

（5）ASF 格式

ASF 格式是一个在 Internet 上实时传播多媒体的技术标准，它能依靠多种协议在多种网络环境下支持数据的传送。ASF 格式文件的视频部分采用了先进的 MPEG-4 压缩算法，音频部分采用了 WMV 压缩格式。

（6）WMV 格式

WMV 格式是一种独立于编码方式的在 Internet 上实时传播多媒体的技术标准，其主要优点包括本地或网络回放、可扩充的媒体类型、部件下载、可伸缩的媒体类型、流的优先级化、多语言支持、环境独立性、丰富的流间关系以及扩展性等。

1.2 HTML 简介

HTML 是 Web 页面的基础，它是一种描述文档结构的语言，使用描述性的标记符来指明文档的结构。使用 HTML 描述的网页文件称之为 HTML 页面或者 HTML 文件，这种文件以“.html”或者“.htm”为扩展名，是一种纯文本文件，可以使用记事本、写字板等文本编辑器来进行编辑，也可以使用 FrontPage、Dreamweaver 等网页制作工具来快速地创建及编辑。

1.2.1 HTML 标记语法

1. HTML 标记的组成

HTML 使用标记来编写文件，标记放置在尖括号“< >”中，起始标记由“<标记名称>”组成，如<head>；结束标记由“</标记名称>”组成，如</head>。HTML 标记分为非成对标记和成对标记。

1）非成对标记：只有一个起始标记，用于说明一次性的指令，如<hr>、
、<img>等。

2）成对标记：由起始标记和结束标记构成，需要成对出现，如<div>、<p>、<table>等。

2. HTML 语法的规则

HTML 语法的基本规则如下：

1）HTML 源文件为文本文件，其列宽不受限制，多个标记符可写成一行，甚至整个文件可写成一行；一个标记符的内容也可以写成多行。标记可以嵌套，但不可以交叉。标记符忽略大小写。

2）每个标记都拥有自己的属性，一个标记可以有多个属性，属性放置在起始标记中，各属性之间用空格进行分隔，属性的次序没有限定。

3）在 HTML 中，使用<!--…-->来注释语句，注释内容可插入到文本的任何位置，注释的内容预览时不显示。

1.2.2 HTML 文件结构

HTML 文件均以<html>标记开始，以</html>标记结束。<head>…</head>标记之间的内容用于描述页面的头部信息，如页面的标题、作者、摘要、关键词、版权、自动刷新等信息。在

<body>…</body>标记之间的内容即为页面的主体内容。

HTML 文件的整体结构及对应的预览效果如图 1-1 所示。

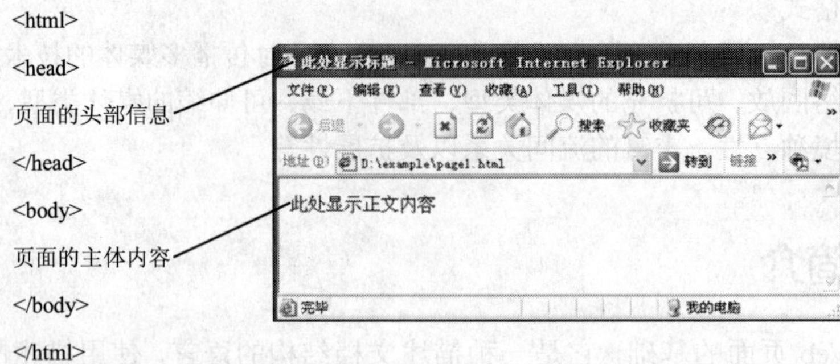

图 1-1 简单的 HTML 文件

1. 页面标题标记<title>

<title>标记用于定义页面的标题，是成对标记，位于<head>标记之间，如图 1-1 中显示标题的语句为：

```
<title>此处显示标题</title>
```

2. 辅助标记<meta>

<meta>标记用于定义页面的相关信息，为非成对标记，位于<head>标记之间。使用<meta>标记可以描述页面的作者、摘要、关键词、版权、自动刷新等页面信息。<meta>标记语句格式如下：

```
<meta http-equiv="??" content="??">
```

其中 http-equiv 属性值可以是 refresh（页面刷新）、reply-to（页面回复信息）、keywords（页面关键字）、content-type（页面内容格式）、author（页面作者）、description（页面内容摘要）、copyright（页面版权信息）等。

例如，一个页面 10 秒后自动刷新到 abc.html 页面，则其<meta>标记语句如下：

```
<meta http-equiv="refresh" content="10 url=abc.html">
```

3. 正文标记<body>

<body>标记用于定义正文内容的开始，</body>用于定义正文内容的结束。在<body>…</body>之间的内容即为页面的主体内容。使用<body>标记的各种属性可以定义页面主体内容的不同表达效果，<body>标记的主要属性如下：

bgcolor：定义网页的背景色。

background：定义网页背景图像。

1.2.3 文本格式标记

1. 段落标记<p>

<p>标记用于划分段落，控制文本的位置。<p>是成对标记，用于定义内容从新的一行开始，并与上段之间有一个空行。可使用<p>标记的 align 属性定义新开始的一行内容在页

面中的对齐位置，属性值可以是 left（左对齐）、center（居中对齐）或者 right（右对齐）。例如：

```
<p align="center">欢迎您的到来！</p>
```

2. 标题标记<hi>

<hi>标记用于定义段落标题的大小级数。最大的标题级数是<h1>，最小的标题级数是<h6>，如图 1-2 所示。可使用<hi>标记的 align 属性来控制文字的对齐方式，属性值可以是 left（左对齐）、center（居中对齐）或者 right（右对齐）。

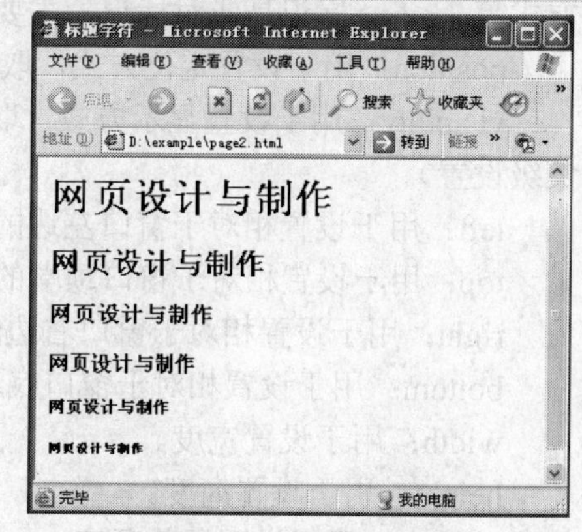

图 1-2 标题的级数

3. 换行标记

标记用于定义文本从新的一行显示。它不产生一个空行，但连续多个的
标记可以产生多个空行的效果。
标记是非成对标记。

4. 水平线标记<hr>

<hr>标记用于产生一条水平线，以分隔文档的不同部分。<hr>标记是非成对标记，主要属性如下：

width：定义水平线的宽度，单位可以是像素或%（窗口的百分比）。
size：定义水平线的粗细。
align：定义水平线的对齐方式。
color：定义水平线的颜色。

5. 字体标记<font>

<font>标记用于定义文字的字体、大小和颜色。<font>标记是成对标记，主要属性如下：
face：定义文字的字体，如 face="隶书"。
size：定义文字的大小，属性值为 1～7，也可使用相对大小来设置，如 size="+1"。
color：定义文字的颜色，可以使用颜色的英文名称或 16 进制 RGB 代码来表示。

6. 字形标记

字形标记用于设置文字的风格。常用的字形标记如下：
<b>…</b> 粗体标记。
<i>…</i> 斜体标记。
<big>…</big> 大字体标记。
<small>…</small> 小字体标记。
<u>…</u> 下划线标记。
[…] 上标标记。
_… 下标标记。
<strong>…</strong> 斜体加黑体标记。
<blink>…</blink> 文字闪烁标记。

7. <div>标记

<div>标记可以用来排版大块 HTML 段落，也可用于格式化表，设置多个段落的文本对齐方式等。<div>标记是成对标记，主要属性如下：

position：用于设置定位方式，取值可以是 absolute（绝对定位）、relative（相对定位）等。

visibility：用于设置显示方式，取值可以是 visible（显示）、hidden（隐藏）、inherit（继承父级设置）。

left：用于设置相对于窗口左边的位置。

top：用于设置相对于窗口顶端的位置。

right：用于设置相对于窗口右边的位置。

bottom：用于设置相对于窗口底端的位置。

width：用于设置宽度。

height：用于设置高度。

z-index：用于设置层叠顺序。

margin：用于设置外边距。

padding：用于设置内边距。

border：用于设置边框。

1.2.4 图像标记

<img>标记用于在 HTML 页面中插入图像。<img>标记是非成对标记，主要属性如下：

src：定义图像文件的源地址，可使用相对路径或者绝对路径。

width：定义图像在页面中显示的宽度。

height：定义图像在页面中显示的高度。

alt：定义图像的说明文字。

border：定义图像的边框。

align：定义图像的对齐方式。当图像与文字混排时，可使用 align 属性定义文字与图像的对齐方式。

1.2.5 链接标记

<a>标记用于实现超级链接。<a>标记是成对标记，主要属性如下：

href：定义链接文件的地址。

target：定义链接目标的位置。

1. 指向电子邮件的链接

在 HTML 页面中，可以建立 E-mail 链接。当浏览者单击链接后，系统会启动默认的本地邮件服务系统发送邮件。例如：

```
<a href="mailto:gltxiaohong@buu.edu.cn">与我联系</a>
```

2. 指向站点内部文件的链接

站点内部文件的链接是指在同一个网站内部不同的 HTML 页面之间的链接关系。在建立网站内部文件的链接时，要明确哪个页面是当前页，哪个页面是链接的目标文件。内部链接一般采用相对路径，例如：

```
<a href="pages/quwen.html">动物趣闻</a>
```

3. 指向站点外部文件的链接

站点外部链接是指跳转到当前网站外部，与其他网站中的页面或元素之间的链接关系。这种链接的 URL 地址一般采用绝对路径，要有完整的 URL 地址，包括协议名、主机名、文件所在主机上的位置路径及文件名，例如：

```
<a href="http://www.buu.edu.cn">友情链接</a>
```

4. 指向本页面中特定部分的链接

一个较长页面的全部内容不能在一个窗口中满屏全部显示时，可使用指向页内的超级链接进行跳转。先定义锚点，再设置锚点的超级链接。整个过程如图 1-3 所示。

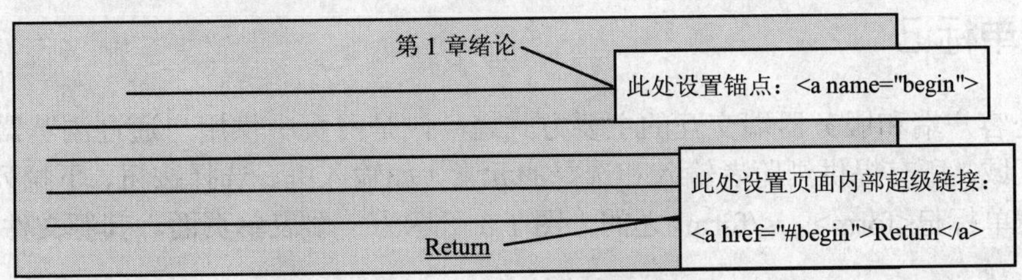

图 1-3　指向本页面中特定部分的链接

5. 指向空链接

空链接是指未指定链接对象的链接，可用于向页面中的对象附加行为。例如：

```
<a href="#">首页</a>
```

1.2.6　表格标记

所有表格内容均包括在<table>…</table>之间。表格是用行标记<tr>…</tr>来一行一行定义的，每行中用列标记<td>…</td>来定义各列。<table>、<tr>、<td>标记都有相应的属性，用来定义表格中内容的显示方式。含表格的 HTML 页面如图 1-4 所示，其源文件如下：

```
<html>
<head><title>表格的应用</title></head>
<body>
<table border="1" align="center" bordercolor="black">
<tr align="center"><td rowspan="2">学生总人数(人)</td><td colspan="2">男女比例</td></tr>
<tr align="center"><td>男(%)</td><td>女(%)</td></tr>
```

```
<tr align="center"><td>50</td><td>60</td><td>40</td></tr>
</table>
</body>
</html>
```

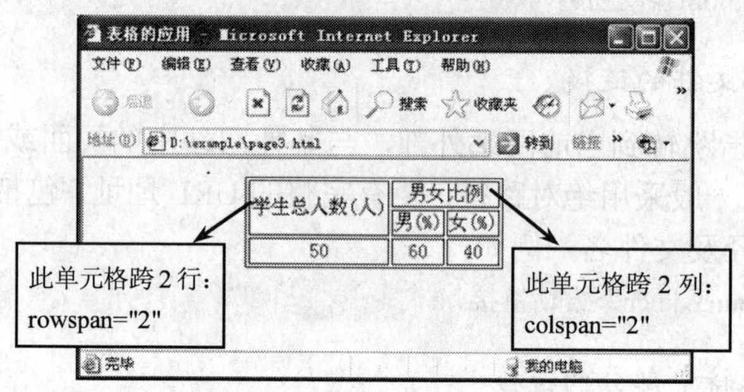

图 1-4　表格页面

1.2.7　表单标记

表单是客户端和服务器端交互的主要方式之一，是网页中供用户通过浏览器输入或者选择信息的区域。所有提供浏览者输入和选择的元素（如输入框、选择按钮、下拉列表等）都应该包含在表单标记<form>…</form>之间。图 1-5 所示为一个表单页面，其源文件如下：

```
<html>
<head><title>表单的应用</title></head>
<body>
<form method="post" action="mailto:gltxiaohong@buu.edu.cn">
<table border="1" bordercolor="#000000" width="400" height="280" align="center" bgcolor="#00ccff">
<tr><td>姓名：</td><td><input type="text" name="name" size="20">**</td></tr>
<tr><td>密码：</td><td><input name="password" type="password" value="123456" size="20"></td></tr>
<tr><td>性别：</td><td><select name="select" size="1">
<option selected>请选择您的性别</option>
<option>男</option>
<option>女</option> </select></td></tr>
<tr><td>请选择付款方式：</td><td><input type="radio" name="xb" value="信用卡" checked>信用卡
 <input type="radio" name="xb" value="现金">现金</td></tr>
<tr><td>请选择旅游城市：</td><td>
<input type="checkbox" name="checkbox" value="checkbox">北京
<input type="checkbox" name="checkbox" value="checkbox">上海
<input type="checkbox" name="checkbox" value="checkbox">西安
<input type="checkbox" name="checkbox" value="checkbox">昆明</td></tr>
<tr><td>畅所欲言：</td><td><textarea name="intro" rows="4" cols="40"> </textarea></td></tr>
<tr><td colspan="2" align="center"><input type="submit" value=" 确 定 "><input type="reset" value=" 重
```

```
填 "></td></tr>
    </table>
    </form>
    </body>
    </html>
```

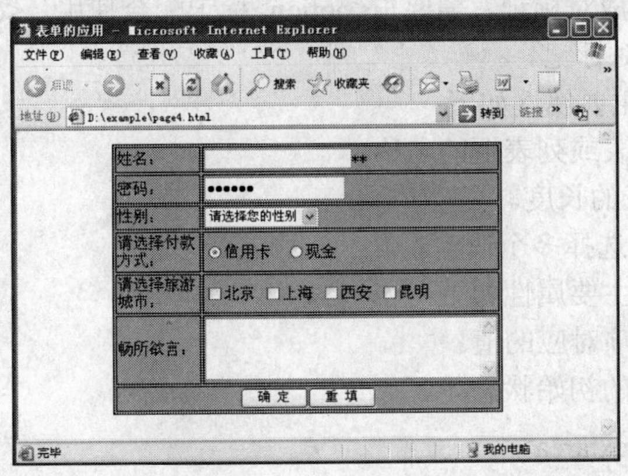

图 1-5 表单页面

1. 表单标记<form>

<form>标记是成对标记，其主要属性如下：

action：定义当用户通过浏览器提交所输入或者选择的表单数据之后，服务器端调用什么程序对这些数据进行处理。

method：定义提交表单的 http 方法。

2. 输入标记<input>

<input>标记定义输入的表单对象，它的类型由 type 属性来决定。<input>标记是非成对标记，需要嵌套在<form>标记中使用。<input>标记的主要属性如下：

name：定义表单对象的名称。

size：定义表单对象的长度。

value：定义表单对象的初始值。

maxlength：定义表单对象中可输入的最大字符数。

checked：定义复选框、单选按钮的初始状态。

type：定义该输入项的输入方式。不同的输入方式对应不同<input>标记的格式，type 类型的方式主要有以下几种。

1）text 类型：用于定义表单对象的类型为单行文本域。

2）password 类型：用于定义表单对象的类型为密码文本域，预览状态下输入内容时以“•”显示。

3）checkbox 类型：用于定义表单对象的类型为复选框，可在多个选择项之间选择一项或多项。

4）radio 类型：用于定义表单对象的类型为单选按钮，只能在多个选择项之间选择其中的一项。

5）submit 类型：用于定义在浏览器中产生一个提交按钮。单击该按钮时，用户输入的信息将被传送到服务器。一个表单中至少应有一个提交按钮。

6）reset 类型：用于定义在浏览器中产生一个重置按钮。单击该按钮时，用户输入的信息将被全部清除而恢复到初始状态。

3. 列表标记<select>

<select>标记用于在浏览器中显示一个下拉列表或列表框，用户可在列表中选择一个或多个选项。<select>标记是成对标记，需要与<option>标记配合使用。<option>标记用于定义列表中的各个选项，是非成对标记。

1）<select>标记的主要属性如下：

name：定义下拉列表或列表框的名称。

size：定义下拉列表的长度。

multiple：定义允许选择多个选项。

2）<option>标记的主要属性如下：

value：定义每个选项对应的值。

selected：定义选项的初始状态。

4. 多行输入标记<textarea>

<textarea>标记用于在浏览器中显示一个可以输入多行文字的文本域。<textarea>标记是成对标记，主要属性如下：

name：定义多行文本域的名称。

rows：定义多行文本域的行数。

cols：定义多行文本域的列数。

1.2.8 框架标记

1. 框架标记<frameset>

在 HTML 中，使用框架标记<frameset>可以将一个窗口分割成几个子窗口，以便在每个窗口中同时显示几个不同的 HTML 文件。

框架结构的文件格式与一般的 HTML 文件类似，只是将<frameset>标记代替了<body>标记，它不包含具体显示的文本和图像，是框架使用中最基础的文档。整个主文档使用<frameset>…</frameset>来包括各个框架页面，每一个框架页面的位置、大小和初始页面文件名称在<frame>标记中进行定义。图 1-6 所示为三框架结构的页面，其源文件如下：

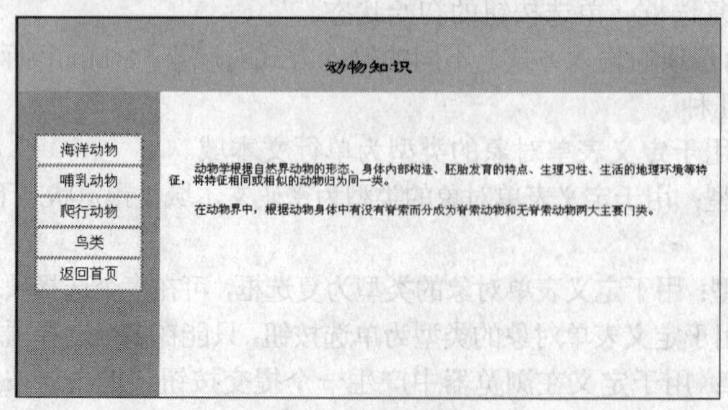

图 1-6 框架页面

```
<html>
<head>
<meta http-equiv="Content-Type" content="text/html; charset=gb2312" >
<title>动物知识</title>
</head>
<frameset rows="80,*" frameborder="no" border="0" framespacing="0">
  <frame src="top.html" name="shang" scrolling="No" noresize="noresize" >
  <frameset cols="157,*" framespacing="0" frameborder="no" border="0">
    <frame src="left.html" name="zuo" scrolling="No" noresize="noresize" >
    <frame src="right.html" name="you" >
  </frameset>
</frameset>
<noframes>
<body></body>
</noframes>
</html>
```

<frameset>标记为成对标记，其主要属性如下：

cols：定义纵向分割当前窗口，用像素或百分比（%）来表示各列所在的框架占整个窗口的宽度，*表示剩余部分。

rows：定义横向分割当前窗口，用像素或百分比（%）来表示各行所在的框架占整个窗口的高度，*表示剩余部分。

2. 框架标记<frame>

<frame>标记用于定义每一个框架页面的位置、大小和初始页面文件名称等。<frame>标记是非成对标记，其主要属性如下：

name：定义此框架的名称。

src：定义此框架链接 HTML 文件的地址。

scrolling：定义是否显示滚动轴，属性值可以是 yes（显示）、no（不显示）和 auto（根据需要自动显示）。

noresize：不允许用户改变此框架的大小。

3. 无框架标记<noframes>

<noframes>标记用来在那些不支持框架的浏览器中显示文本或图像信息，是成对标记。

1.2.9 绝对路径和相对路径

引用文件时，既可以使用绝对路径，也可以使用相对路径。

1. 绝对路径

绝对路径提供了链接文档完整的 URL 地址，其中包括使用的协议。

（1）引用本地磁盘中的文件

使用本地传输协议“file:///”来引用本地磁盘中的文件地址，例如：

```
file:///d:/example/dreamweaver/images/1.gif
```

（2）引用 Internet 上的文件

使用 HTTP 或者 FTP 等协议来引用 Internet 上的文件地址，例如：

```
http://www.sina.com.cn/news/1.html
```

（3）引用磁盘根目录下的文件

“/”表示磁盘根目录，例如：

```
/images/1.gif
```

2. 相对路径

大多数站点中，相对路径是最常用的链接设置方式。

（1）引用同一级目录中的文件

“./”或者不带任何符号表示所引用的文件与当前编辑的 HTML 文件处于同一级目录中。

（2）引用上一级目录中的文件

“../”表示上一级目录。

（3）引用下一级目录中的文件

直接写出下一级目录名称及文件名称。

1.3 网站策划与设计

网站的设计流程一般为：确定网站目的→收集网站信息→网站信息结构设计→网页可视化设计→页面布局和导航→网页制作→网站测试、发布、上传→网站更新、维护。

1.3.1 网站设计的基本原则

1. 网站内容要新、专、精

网站的信息内容要有特色，网页内容要便于阅读，内容设计要有组织，同时网站的内容应及时更新。

2. 网站整体风格要统一

网站的风格是指网站的整体形象给浏览者的综合感受，是抽象的。风格就是与众不同，通过网站的结构布局、内容、文字、标志、色调、交互性等可以概括出一个网站的风格。

3. 网站提供交互性

网站在设计时应采用留言板、反馈表单等与浏览者进行交互。

4. 网站的访问速度

在设计网站时，考虑网站的访问速度是十分必要的。

5. 网站链接结构

设计网站链接结构的原则是用最少的链接达到最佳浏览效果。网站设计者希望浏览者既能方便快速地到达自己需要的页面，又可清晰地知道自己的位置。

6. 网站目录结构

尽量不要将所有文件都存放在站点根目录下；可按栏目内容分别建立子目录，每个主目录下都创建独立的 images 文件夹；目录的层次不宜太深；不要使用中文目录，目录名不宜过长。

1.3.2 网页设计原则

1. 页面的有效性

网页要易读，命名要简洁，长度要适中。通常一个页面内容不超过100KB，否则传输时速度较慢。

2. 页面风格要统一

网站上所有网页中的背景、导航条、图像、文字等要有统一的风格。

3. 合理设计视觉效果

主要体现在网页结构和排版上，要善用表格来对网页中的各个元素进行布局定位，以突出网页的重点。

4. 慎用图像

使用图像时，要保证页面的下载速度和浏览器的兼容性，可为每幅图像添加文字说明。

5. 慎用 Java 程序

由于目前 Java 程序的运行速度较慢，所以不要使用大篇幅的 Java 程序。在网页开发过程中不宜使用过多的新技术。

1.3.3 页面布局形式和原则

页面布局是指以最适合用户浏览的方式将图片和文字排放在页面的不同位置。

1. 页面布局的形式

（1）“T”形结构布局

“T”形结构布局是网页设计中应用较广泛的一种布局方式，通常页面顶部为网站的标志、广告条、主菜单等，右侧或左侧有一列边栏，然后另一侧是很宽的正文，这种布局形式的页面结构清晰，主次分明，但容易给人一种规矩呆板的感觉。

（2）“口”形布局

通常页面最上边是网站的标题以及横幅广告条，接下来就是网站的主要内容，左右分列几小条内容，中间是主要部分，最下边是网站的一些基本信息、联系方式、版权声明等。这种布局形式充分利用了版面，信息量大，但页面往往比较拥挤，不够灵活。

（3）“川”形或“三”形布局

“川”形布局页面被垂直划分为若干栏，一般分为三栏或四栏，在页面的顶部是标志栏或广告栏等。而“三”形布局页面被水平划分为若干栏，色块中大多放广告条。

（4）POP 布局

POP 布局形式的页面大部分内容为精美的图片和一些小的动画，再放置几个简单的链接；

或采用 Flash 动画形式作为页面的设计中心。这种布局形式漂亮吸引人，但浏览速度较慢，常用于时尚类网站。

（5）标题正文型布局

标题正文型布局通常在页面最上边是标题或类似的一些内容，下边则是正文内容。商务网站的一些政策页面、帮助文章页面或注册页面等常采用这种类型。

（6）框架型布局

框架型布局形式包括左右框架型布局、上下框架型布局及综合框架型布局等形式。

在左右框架型布局中，一般左侧是导航链接，有时最上边会有一个小的标题或标志，右侧是正文内容。这种布局形式结构清晰、一目了然，常用于大型论坛及企业网站的页面。

上下框架型布局形式与左右框架型布局类似，区别仅仅在于是一种上下分为两页的框架。

综合框架型布局是一种相对复杂的框架结构，通常结合了左右框架型和上下框架型的布局形式。

具体采用什么类型的布局结构，要依据实际情况具体分析。如果内容较多，可选用“T”形布局或“口”形布局形式；如果需要展示企业形象或个人风采，可以选用 POP 布局形式；如果是具体的内容页面，则可以选用标题正文型布局形式。

2. 页面布局的原则

（1）重点突出

应考虑页面的视觉中心，即屏幕的中央或中间偏上的位置处。通常一些重要的文章和图片可以安排在这个位置，稍微次要的内容可以安排在视觉中心以外的位置。

（2）平衡谐调

应充分考虑受众视觉的接受度，和谐地运用页面色块、颜色、文字、图片等信息形式，力求达到一种稳定、诚实、信赖的页面效果。

（3）图文并茂

应注意文字与图片的和谐统一。文字与图片互为衬托，既能活跃页面，又能丰富页面内容。

（4）简洁清晰

网页内容的编排应便于阅读。通过使用醒目的标题，限制所用的字体和颜色的数目，来保持版面的简洁。

1.3.4 页面色彩搭配

在网页设计中，应根据和谐、均衡和重点突出的原则，将不同的色彩进行组合、搭配以构成视觉舒适的页面。在网页设计中通常主要内容文字采用黑色，而边框、背景、图像应用彩色。在进行网页色彩设计时，切记不要将所有的颜色都用到。一般情况下，网页色彩搭配的技巧有：运用相同色系色彩；运用对比色和互补色；使用过渡色；用黑色和一种色彩；背景和文字的对比要尽量大等。

1.3.5 页面链接形式

网页的组织结构形式主要是指页面之间的关系，可以采用以下形式：

（1）树状结构

树状结构的网页组织形式如图 1-7 所示，是目前网站所采用的主要形式之一。其特点是条理清晰，浏览者可以根据路径清楚地了解自己所在的位置，不容易迷路，同时也便于内容的扩充，但是该结构的浏览效率较低。

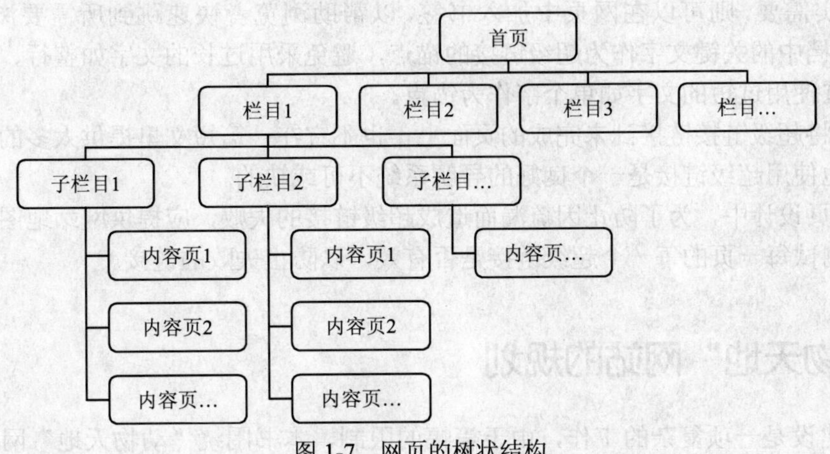

图 1-7　网页的树状结构

（2）线性结构

线性结构的网页组织形式如图 1-8 所示，一般用于信息量较少的小型网站、索引站点，或用来组织网站中的一部分内容。

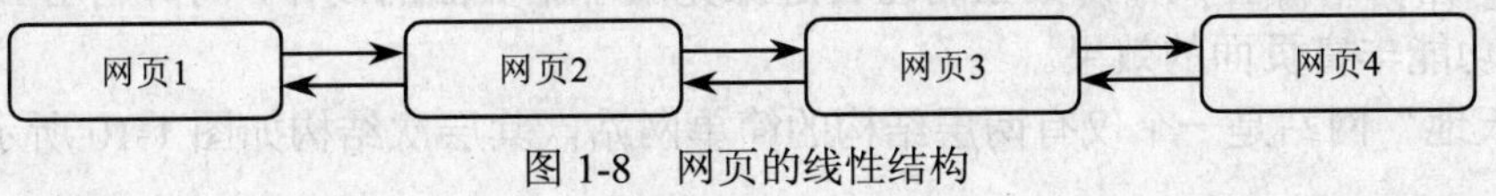

图 1-8　网页的线性结构

（3）网状结构

网状结构的网页组织形式如图 1-9 所示，便于浏览者获取信息，随时可以到达自己喜欢的页面。但是由于链接太多，容易使浏览者迷路。

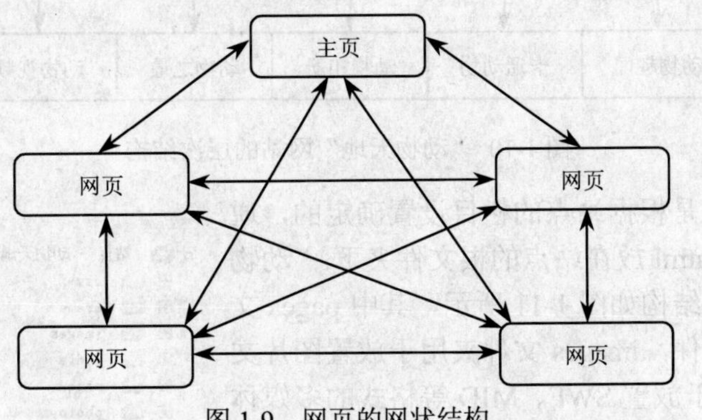

图 1-9　网页的网状结构

1.3.6　网页导航设计

在网页导航设计中，应注意以下几点：

1）将篇幅过长的文档分隔成数篇较小的页面，可以增加界面的亲和性。在导航的设计上，每一个页面都应该有类似“上一页”、“下一页”、“返回”等的导航按钮或超级链接，并尽可能地标明本页、上一页、下一页文档的标题或内容梗概，及时提醒浏览者所处的文档位置。

2）在较长的页面中提供目录或标题。一般网页的长度以不超过三个屏幕高度为佳，但是如果确实需要，则可以在网页中加入书签，以帮助浏览者快速跳到所需要浏览的地方。

3）以文档中的关键文字作为超级链接的锚点，避免采用过长的文字如整行、整句等作为锚点，也不宜使用过短的文字如单个字作为锚点。

4）不宜将超级链接链接到未完成的页面上，也不宜在一篇短文里提供太多的超级链接。适当、有效地使用超级链接是一个良好的导航系统不可或缺的。

5）在网页设计中，为了防止因疏漏而造成超级链接的失败，应提供网站地图。在网页上传后，逐一测试每一页的每一个超级链接是否有效，以防止失败的链接。

1.4 “动物天地”网站的规划

网站的建设是一项复杂的工作，由于篇幅的限制，本书围绕“动物天地”网站的创建介绍建立站点的过程、网站建设注意的事项、网页设计规范、静态网页的制作等内容。

在“动物天地”网站的建设过程中，先使用 Fireworks 完成图片素材的优化、制作 Logo 图标、导航条、页面初步布局等工作；再使用 Flash 完成 Banner 动画、相关按钮的制作；最后，运用 Dreamweaver 将制作好的素材组合起来完成各个页面的制作，同时利用 Dreamweaver 提供的各种功能丰富页面的效果。

“动物天地”网站是一个仅有两层结构的简单网站，其层次结构如图 1-10 所示。

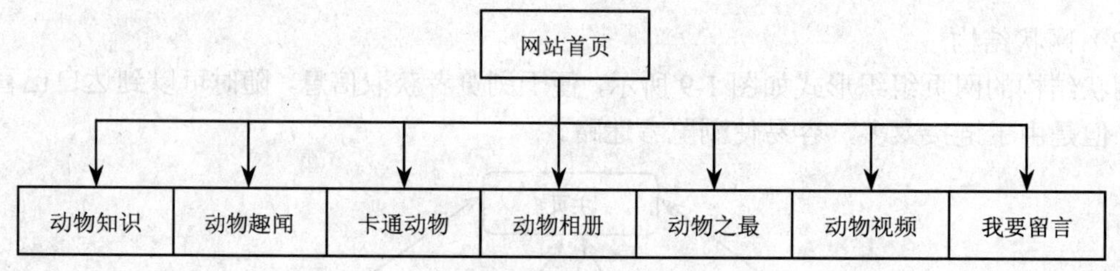

图 1-10 “动物天地”网站的层次结构

站点的文件结构是根据站点的栏目设置确定的，通常将网站首页 index.html 放在站点的根文件夹下。“动物天地”网站中的文件结构如图 1-11 所示，其中 pages 文件夹用于放置页面文件，images 文件夹用于放置图片文件，media 文件夹用于放置 SWF、MID 等格式的多媒体文件，css 文件夹用于放置样式表文件，Templates 文件夹用于放置模板文件，frame 文件夹用于放置框架页面文件，photo 文件夹用于放置网站相册的内容，Scripts 和 SpryAssets 文件夹是在插入 Flash 动画及音视频文件时 Dreamweaver 自动生成的文件夹。

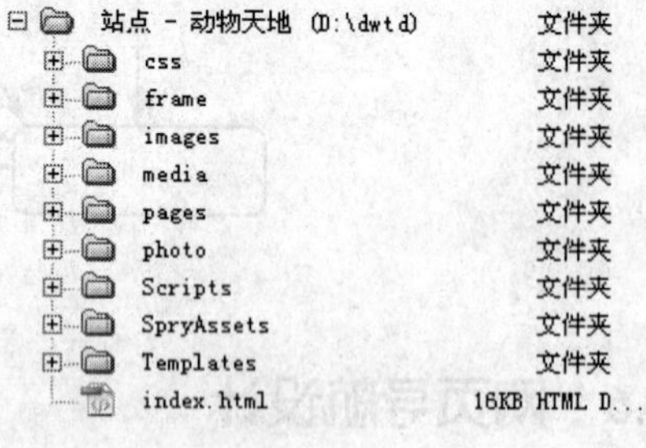

站点 - 动物天地 (D:\dwtd) 文件夹
css 文件夹
frame 文件夹
images 文件夹
media 文件夹
pages 文件夹
photo 文件夹
Scripts 文件夹
SpryAssets 文件夹
Templates 文件夹
index.html 16KB HTML D...

图 1-11 “动物天地”网站的文件结构

1.5 本章要点和概念

1）Web 浏览器是用来浏览 Web 上的超文本内容的软件工具，它使用超文本传输协议（HTTP）接收采用标准 HTML 语言编写的页面，以 URL 为统一的定位格式。它负责解释服务器传回的超媒体信息并展示在用户屏幕上。

2）HTML 是 Web 页面的基础，是一种描述文档结构的语言，使用描述性的标记来指明文档的结构。标记用尖括号“<>”括起来，分为成对标记和非成对标记。

3）绝对路径提供了链接文档完整的 URL 地址，其中包括使用的协议（HTTP）。大多数站点中，相对路径是用于本地链接时最常用的链接设置方式。

习　题

1-1 编写 HTML 文件时应注意哪些问题？

1-2 网站设计的基本原则有哪些？网页设计时需要遵守哪些基本原则？

1-3 页面布局的形式有哪些？进行页面布局时需要遵守哪些原则？

1-4 页面链接的形式有几种？各有何特点？

1-5 在进行网页的导航设计时需要注意哪些问题？

1-6 什么是相对路径？什么是绝对路径？

1-7 实际操作：

试用 HTML 编写一个简单的网页。

网站策划报告综合作业

➘ 作业要求

1）网站主题。

2）网站风格。

3）主要栏目。

4）站点流程图（站点地图）。

5）绘制出首页草图。

6）以 Word 或 PPT 格式的文稿形式提交。

第二部分 Fireworks CS4

第 2 章 Fireworks 入门

本章知识点和技能点

1）安装 Fireworks 的系统要求、硬件配置及主要特点。
2）Fireworks 的工作环境设置及工具箱中工具的使用。
3）Fireworks 文档的建立、保存及导出。
4）图像及文本对象的创建与编辑。
5）Fireworks 的基本概念：矢量图与位图、层、热点和切片、元件和实例。

2.1 Fireworks 简介

随着网络技术的飞速发展，网页制作与设计技术日新月异，辅助网页设计的图形制作软件也层出不穷。Fireworks CS4 是由 Adobe 公司专门针对网页设计与制作而开发的网络图像处理与编辑软件。

2.1.1 系统要求和硬件配置

在安装 Fireworks CS4 之前，请尽量确保计算机已配备以下硬件和软件：

- 1GHz 或更快的处理器。
- 512MB 可用内存（建议使用 1GB），1GB 可用磁盘空间。
- 1024×768 像素屏幕（建议 1280×800 像素），16 位显卡。
- CD-ROM 驱动器。
- Microsoft Windows XP/Windows Vista 及以上操作系统。

2.1.2 主要特点

Fireworks CS4 是针对网页制作的图像处理软件，以其方便快捷的操作模式和在位图编辑、矢量图形处理与 GIF 动画制作功能上的多方面优秀整合，得到了广大网页设计者的一致认可。Fireworks CS4 具有以下特点：

1）绘图方面。Fireworks CS4 集成了位图以及矢量图处理的特点，具备复杂的图像处理功能，并能够轻松地把图形输出到 Flash、Dreamweaver、Photoshop 以及其他第三方应用程序中。

2）网页制作方面。Fireworks CS4 能迅速、准确地为图形创建各种交互式动感效果，无论在图像制作还是在网页支持上都给使用者以得心应手的感觉。

2.1.3　工作环境

Fireworks 的工作界面如图 2-1 所示。最上方是菜单栏和工具栏，左侧为工具箱，右侧为各种功能面板，下方为属性面板，中间则是 Fireworks 用来加工、处理图像的文档窗口。

Fireworks 提供了方便快捷的工具栏和工具箱，在对图形、图像进行编辑处理时，无须再到菜单中查找相应的命令，只需在工具栏和工具箱中进行相应的选择即可。

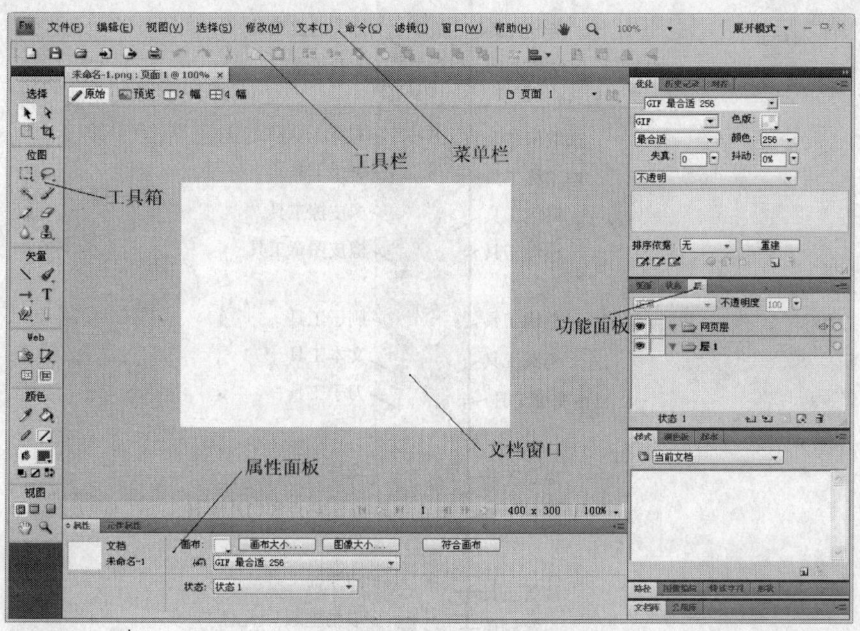

图 2-1　Fireworks 工作界面

Fireworks 的工具栏和工具箱可以根据设计者的需要，随时进行显示或隐藏，也可以使其呈浮动状态。具体方法如下：

1）选择菜单栏中的【窗口】→【隐藏面板】命令或按<F4>键，可将所有工具栏、工具箱、面板全部隐藏起来。

2）在工具栏按钮之间的空白处按住鼠标左键并拖动工具栏或工具箱离开原位置，从而使其成为浮动状态。

3）要取消浮动状态，只需将浮动的工具栏或工具箱拖到程序窗口的边缘位置即可。

1. 工具栏

Fireworks 的工具栏包含了文件操作和对象分组、排列、对齐、旋转等相关的各种常用工具，如图 2-2 所示。通过选择菜单栏中的【窗口】→【工具栏】→【主要】命令，可以设置显示或隐藏工具栏。

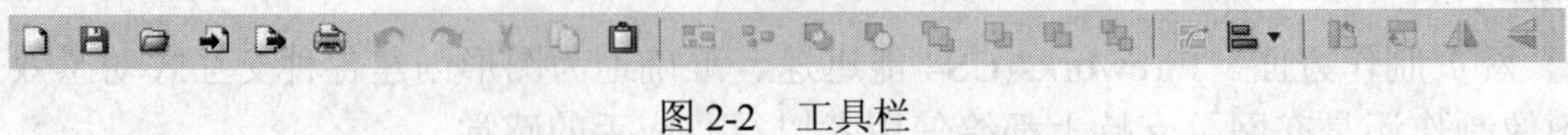

图 2-2　工具栏

2. 工具箱

Fireworks 的工具箱通常位于 Fireworks 工作界面的左侧，如图 2-3 所示。根据工具的用途，可分为 6 个类别：选择、位图、矢量、Web、颜色和视图。有些工具按钮的右下角有个小三角，表明这是一个工具组，包含其他几种相近似的不同工具。单击这个小三角就能显示其他的工具，可根据需要进行相应的选择。有些工具只适用于矢量对象，如部分选择工具；有些工具只适用于位图对象，如矩形选框工具。

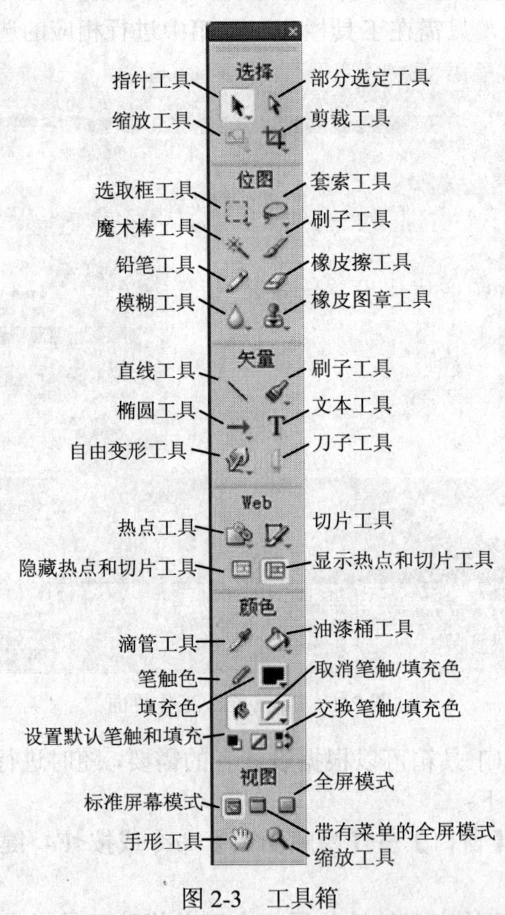

图 2-3　工具箱

3. 属性面板

属性面板通常位于 Fireworks 工作界面的底部，它会根据当前所选工具和对象的不同而发生变化，图 2-4 所示为图像对象的属性面板。单击属性面板左上角的扩展箭头可以进行显示部分属性、显示全部属性和隐藏全部属性的切换。

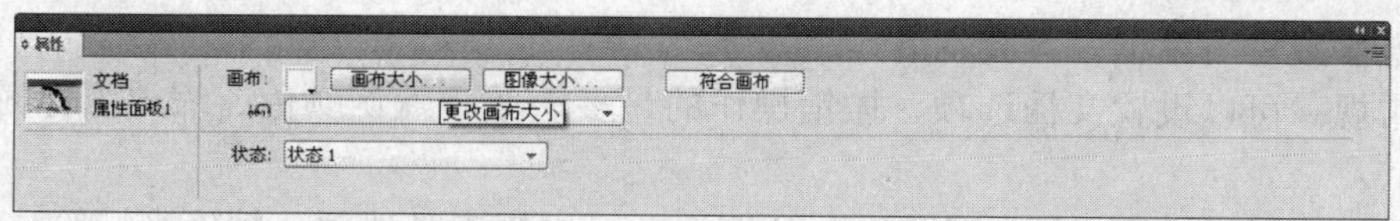

图 2-4 图像对象的属性面板

4. 功能面板

Fireworks 中常用的功能面板有优化面板、层面板、历史记录面板、资源面板、行为面板、混色器面板等。常用的功能面板通常位于 Fireworks 工作界面的右侧，可从每个面板的选项菜单中选择相应的操作来完成此面板的常用功能，图 2-5 所示为混色器面板及其选项菜单。

5. 文档窗口

文档窗口通常位于 Fireworks 工作界面的中央，是一个独立的窗口。创建、编辑和处理图形图像对象都是在文档窗口中进行的。文档窗口由标题栏、工具栏、编辑区（即画布大小）及状态栏所组成，如图 2-6 所示。工具栏包括“原始”、“预览”、“2 幅”、“4 幅”4 个工具，其作用如下：

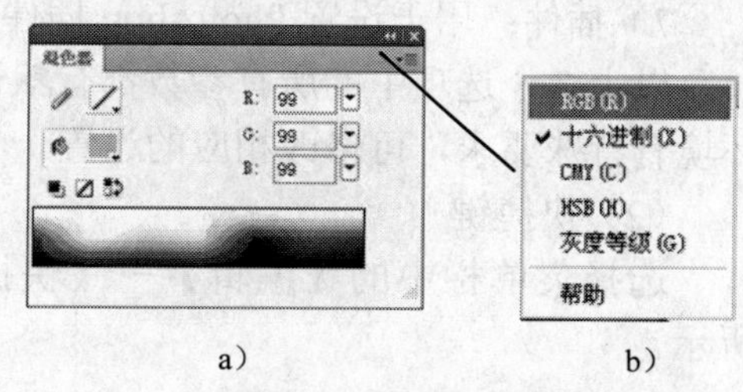

图 2-5 混色器面板

a）混色器面板复选框 b）混色器面板的选项菜单

1）原始：显示当前编辑文档。

2）预览：预览当前编辑文档。

3）2 幅：两窗口进行图像优化设置比较。

4）4 幅：四窗口进行图像优化设置比较。

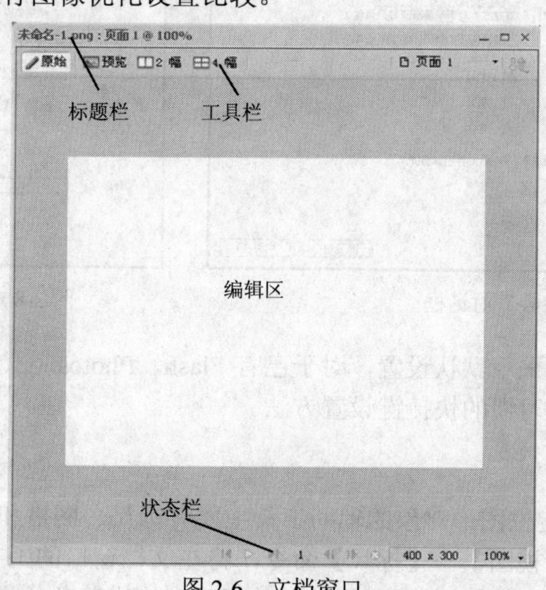

图 2-6 文档窗口

6. 个性化设置

（1）首选参数设置

选择菜单栏中的【编辑】→【首选参数】命令，可打开“首选参数”对话框，如图 2-7 所示，用户可以根据自己的习惯进行工作环境的设置。

“首选参数”对话框中各类别的作用如下：

1）常规：可以设置文档选项、撤销操作的最多次数、默认颜色、缩放图像时使用的差值算法等。

2）编辑：用于设置指针工具选项、位图选项、钢笔工具选项、精确光标等。

3）辅助线和网格：用于设置辅助线和网格的颜色、对齐距离、网格的宽度和高度等。

4）文字：用于设置字顶距、基线调整、文字选项、缺少字体处理等。

5）Photoshop 导入/打开：用于设置对话框的导入、打开及共享的形式、自定义文件转换等。

6）启动和编辑：可以设置在外部应用程序中启动 Fireworks 并编辑图形文件的打开方式，即是否自动查找并打开 PNG 文件。

7）插件：用于设置 Photoshop 插件、纹理、图案等。

以上 7 个选项中的所有参数都有默认值，这些默认值一般都适用于普通用户，如对工作环境有特殊要求，可修改相应的设置。

（2）快捷键

选择菜单栏中的【编辑】→【快捷键】命令，可打开“快捷键”对话框，如图 2-8 所示。

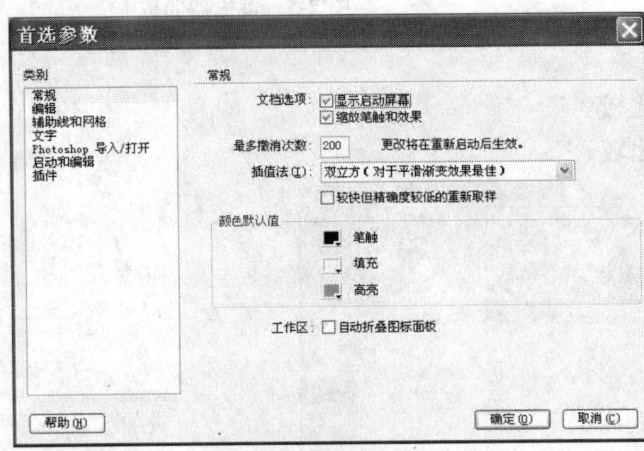

图 2-7 “首选参数”对话框

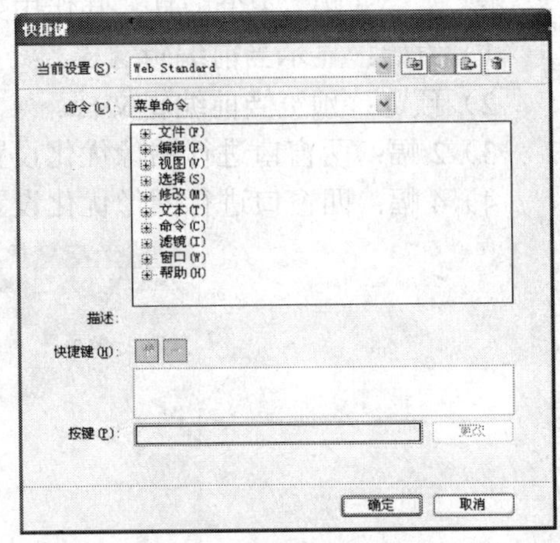

图 2-8 “快捷键”对话框

快捷键的设置可以采用默认设置，对于已有 Flash、Photoshop、Illustrator 等软件操作习惯的用户，提供了延续习惯的快捷键设置方法。

7. 辅助工具

Fireworks 提供的定位图形对象的辅助工具主要有标尺、网格和辅助线。

选择菜单栏中的【视图】→【标尺】命令，将在文档窗口的上方和左侧显示水平标尺和垂直标尺，其度量单位为像素。使用鼠标可以从标尺中拖出蓝色的水平辅助线和垂直辅助线，用于定位对象。只要将辅助线拖出工作区，即可删除辅助线。

选择菜单栏中的【视图】→【网格】→【显示网格】或【编辑网格】命令，可在文档窗口显示或编辑网格。编辑网格需要在“首选参数”对话框中的“辅助线和网格”类别中进行设置，如图 2-9 所示。

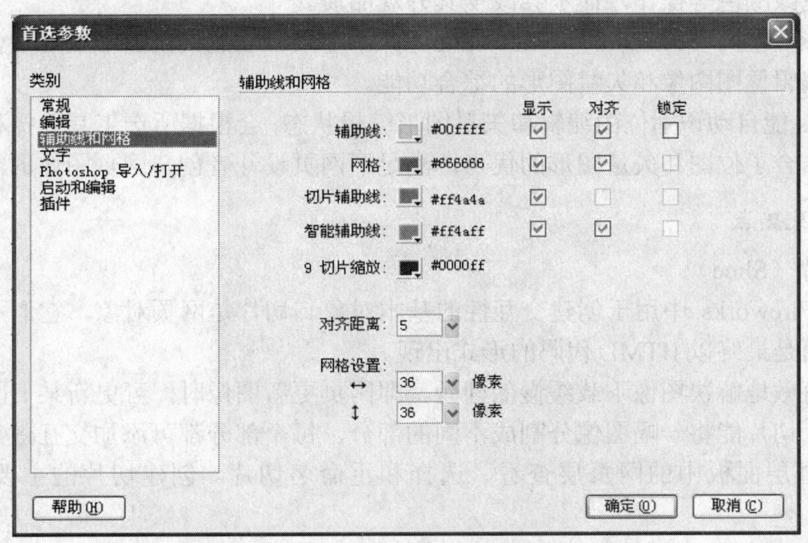

图 2-9　编辑辅助线和网格

2.2　Fireworks 基础知识

2.2.1　基本概念

1．位图及矢量图

（1）位图

通常将以位图模式显示图形的方法称为点阵法。点阵法通过枚举出图形中的所有点来表示图形，它强调图形由一些点及这些点所具有的颜色组成。最常见的位图模式是 BMP 模式，它在存储图形时由二维矩阵来表示，矩阵中每一个点就称为一个像素，因此位图看起来更逼真。因为位图是由像素构成的，所以位图模式的图形文件一般都比较大。

编辑位图图像时，修改的是像素，而不是线条和曲线。位图图像与分辨率有关，这意味着描述图像的数据被固定到一个特定大小的网格中。放大位图图像将使这些像素在网格中重新进行分布，这通常会使图像的边缘呈锯齿状。在一个分辨率比图像本身低的输出设备上显示位图图像也会降低图像品质。

（2）矢量图

矢量模式是以数学的矢量方式来记录图形的内容，它的内容以线条和色块为主。矢量模式由一些基本的线条和线条所封闭的填充区域组成。矢量图形的存储只需记录线条的两个小端点的坐标、线条的粗细和颜色及填充区域的颜色等，所以矢量图形文件所占的空间较小。矢量模式的图形没有位图模式下的图像逼真，但矢量图形的体积小、灵活性高，适于制作网页动画。

编辑矢量图形时，修改的是描述其形状的线条和曲线的属性。矢量图形与分辨率无关，这意味着除了可以在分辨率不同的输出设备上显示它以外，还可以对其执行移动、调整大小、更改形状或更改颜色等操作，而不会改变其外观品质。

Fireworks 不同于 Freehand 和 Photoshop，并不专限于创建矢量图形或处理位图图像，而是同时具有编辑位图图像和矢量图形的综合功能。

Fireworks 能自动识别位图编辑和矢量图形编辑状态，会根据所选工具选择相应的工作模式，更好地结合了位图和矢量图形的优点，满足了网页设计者创建网页图像的需求。

2. 切片及热点

（1）切片（Slice）

切片是 Fireworks 中用于创建交互性的基本对象。切片是网页对象，它们不是以图像的形式存在，而是最终以 HTML 代码的形式出现。

切片可有效地解决图像下载缓慢的问题，即网页更新图像时，可更新某一区域而不必更新整幅图像。切片能将一幅图像分割成不同的部分，每个部分都可添加交互效果。

可以通过层面板中的网页层查看、选择和重命名切片。创建切片的主要方法有以下几种：

1）选中对象，选择菜单栏中的【编辑】→【插入】→【切片】命令。

2）选中对象，按<Alt+Shift+U>组合键。

3）使用工具箱中的切片工具和多边形切片工具。

（2）热点（Hotspot）

热点用于创建图像映射，即在 HTML 文档中定义热区的 HTML 代码。这些区域不一定链接到某个地方，可能只是触发一个行为或定义替代文本。热点还可以接受鼠标事件，使得 JavaScript 行为在切片中起作用。创建热点的主要方法有以下几种：

1）选中对象，选择菜单栏中的【编辑】→【插入】→【热点】命令。

2）选中对象，按<Ctrl+Shift+U>组合键。

3）使用工具箱中的矩形热点工具、圆形热点工具和多边形热点工具。

3. 层

每一个 Fireworks 文档都可看做是由许多层和各层中的诸多对象组合起来完成的。可将层看做是一个透明的并能在其上面任意绘制各种图像的画布，层之间是完全独立的，层有叠放次序，上面层中的对象会遮住下面层的对象。Fireworks 中的层分为两类：网页层和普通层。

（1）网页层

网页层出现在每个 Fireworks 文档的最顶层，用于放置与网页交互有关的对象，如切片和热点等，永远被文档中的所有状态共享。无法对网页层进行复制、删除、移动、取消共享及重命名等操作，但可对网页层中的对象进行各种操作。

（2）普通层

普通层用于放置各类对象，对普通层可进行复制、删除、移动、重命名、共享层及新建层的操作。

利用层面板可方便地完成折叠和展开层、显示和隐藏层、锁定和解锁层、复制层、删除层、移动层、重命名层、共享层及新建层等操作。层面板中包含了所有层的列表及各层对象的列表，如图 2-10 所示。

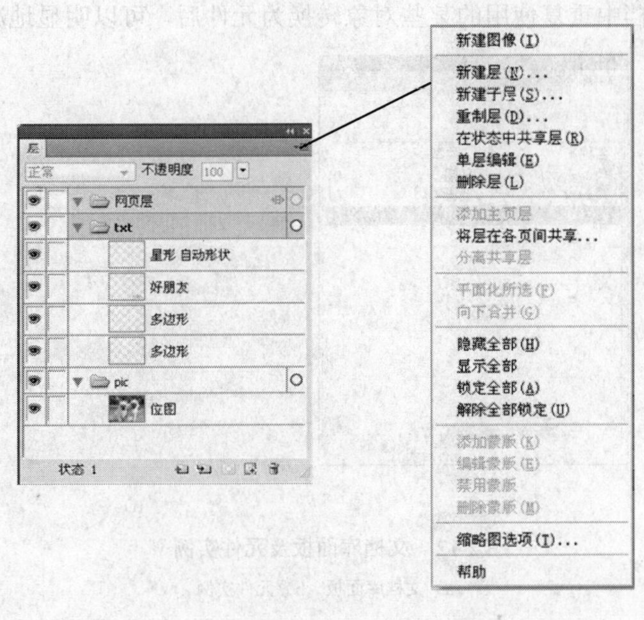

a）　　　　b）

图 2-10　层面板

a）层面板复选框　b）层面板的选项菜单

4. 元件、实例及库

（1）元件

Fireworks 中的元件类型有 3 种：图形、动画和按钮。图 2-11 所示为“转换为元件”对话框，在此对话框中可以进行元件类型的设置。通过以下方法可以打开“转换为元件”对话框。

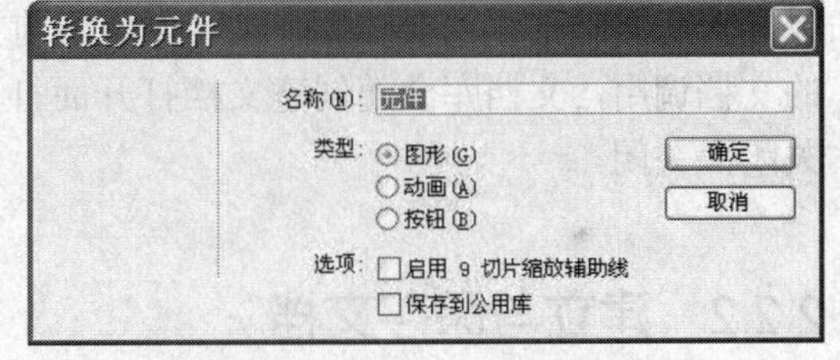

图 2-11　“转换为元件”对话框

1）选择菜单栏中的【编辑】→【插入】→【新建元件】命令。

2）选中对象，选择菜单栏中的【修改】→【元件】→【转换为元件】命令。

3）按<Ctrl+F8>组合键，新建一个元件。

4）选中画布中的对象，按<F8>键，将选中的对象转换为元件。

任何对象都可以转换成元件，元件存放在文档库面板中。可在元件编辑器中创建和编辑元件，通过文档库面板可对元件进行组织管理，如图 2-12a 所示。

（2）实例

将库面板中的元件拖入到画布中，就可创建一个该元件的实例。选中元件实例会在其中心位置处有个“+”号标记，如图 2-12b 所示为文档库面板中 star 图形元件的一个实例。元件修改后，所有该元件的实例都将同时发生变化。

选中一个元件实例，选择菜单栏中的【修改】→【元件】→【分离】命令，将破坏元件与该元件实例之间的关系。此时修改元件后，画布中被分离的元件实例将不发生变化，没有执行分离操作的元件实例仍将发生变化。

将 Fireworks 文档中重复使用的某些对象转换为元件后，可以明显地减少文档的大小。

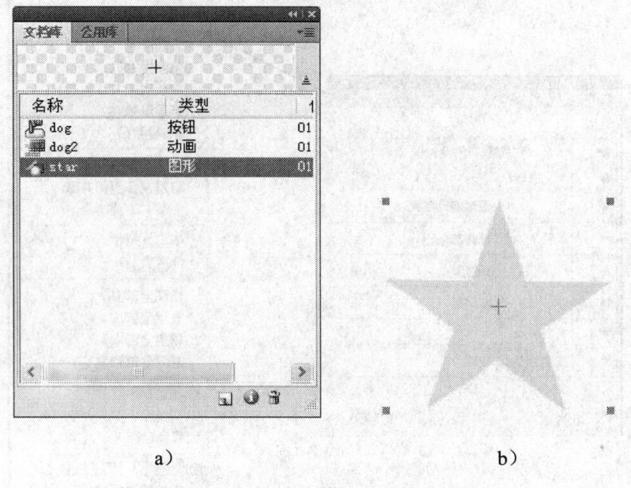

图 2-12　文档库面板及元件实例

a）文档库面板　b）元件实例

（3）库

库是 Fireworks 中存放和管理元件的场所，主要有两种类型：一种是公用库，如图 2-13 所示，存放了一些预先制作好的元件，可以提供给任何文档使用；另一种是在建立元件或导入对象时形成的文档库，仅可以被当前文档或同时打开的文档调用，文档库会随创建文档打开而打开，随创建文档关闭而关闭。

图 2-13　公用库面板

2.2.2　建立与保存文档

Fireworks 文档的类型是 PNG（Portable Network Graphic）图像格式，是目前质量最好的一种图像格式，可以包含透明区，采用同 GIF 图像类似的无损压缩算法，可以在真实再现图像信息的前提下有效减小文件的大小，但是并非所有的浏览器都支持 PNG 格式。

1. 建立文档

（1）新建文档

选择菜单栏中的【文件】→【新建】命令或单击主要工具栏中的“新建”工具，均可打开如图 2-14 所示的“新建文档”对话框。在该对话框中进行画布大小、分辨率、背景色的设置，画布大小决定了最终作品的尺寸。设置完成后，单击【确定】按钮，即可创建一个新文档。可通过如图 2-15 所示的画布属性面板方便地修改画布的属性。

（2）打开图像文件

选择菜单栏中的【文件】→【打开】命令或单击工具栏中的“打开”工具，可打开 JPEG、GIF、BMP、PNG 等各种格式的图像文件。对 JPEG、GIF 等非 PNG 格式的图像进行处理时，为了保护原始图像文件，最好在 Fireworks 中先保存为 PNG 文件，再做进一步的处理工作。

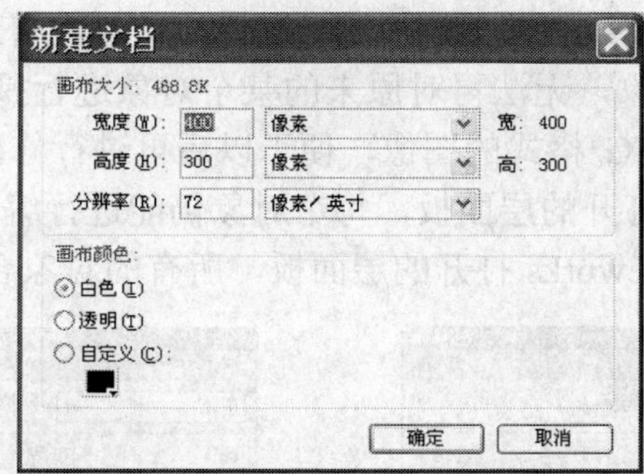

图 2-14 “新建文档”对话框

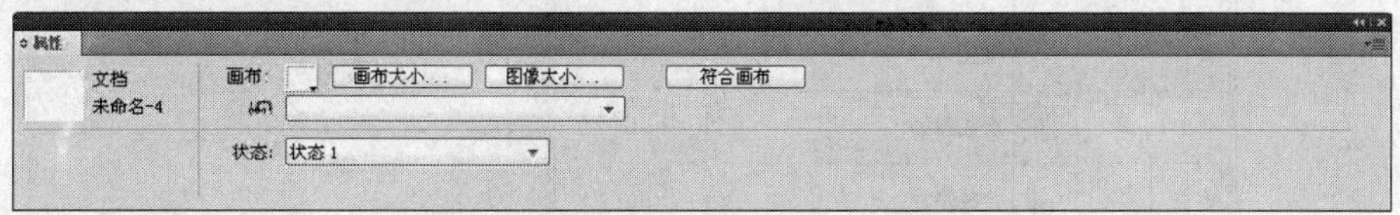

图 2-15　画布属性面板

2. 文档的保存

选择菜单栏中的【文件】→【保存】或【文件】→【另存为】命令，可使用 Fireworks 默认的 PNG 格式来保存图像。将图像保存为 PNG 格式，便于今后使用 Fireworks 来对图像进行修改。

3. 文档的导出

PNG 格式是目前质量最好的图像格式，但是并非所有的浏览器都支持这种格式。目前大多数浏览器支持的网页图像是 GIF 和 JPEG 格式，利用 Fireworks 可以方便地将图像导出为常用的网页图像格式。

选择菜单栏中的【文件】→【导出】或【文件】→【导出预览】命令，打开如图 2-16 所示的“导出”对话框。在“导出”下拉列表中共有 11 种形式，选择所需的导出格式后单击【保存】按钮即可。

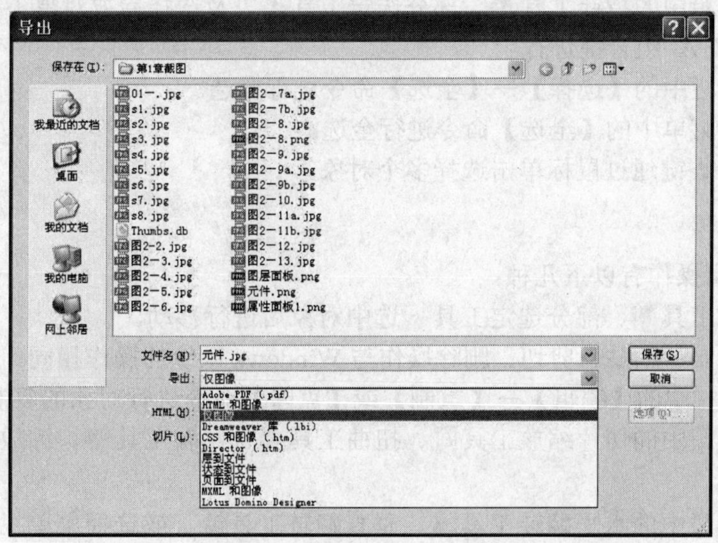

图 2-16 “导出”对话框

将 Fireworks 文档以 GIF 或 JPEG 等格式导出后，所有的普通层将合并成一层，即所有层及层中的对象变成一个对象，无法再对原来的某个对象进行操作。因此，导出 Fireworks 文档前最好先保存为一幅 PNG 格式的图像，便于以后再进行修改。图 2-17a 所示是保存为 PNG 格式后再用 Fireworks 打开的层面板，每个对象仍能进行编辑和处理；而图 2-17b 所示则是导出其他格式后再用 Fireworks 打开的层面板，所有的对象合并成为一个对象。

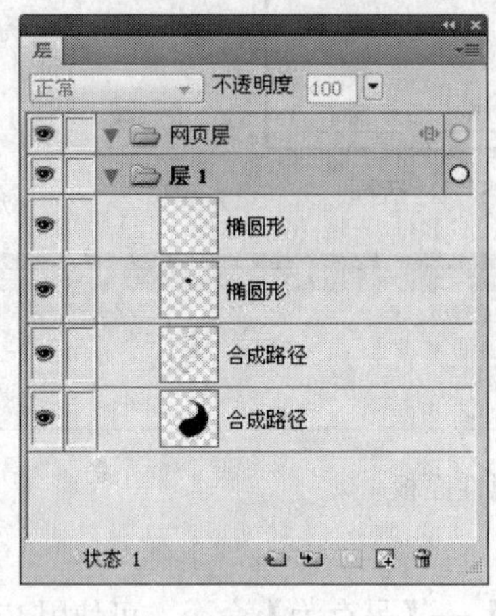

a）

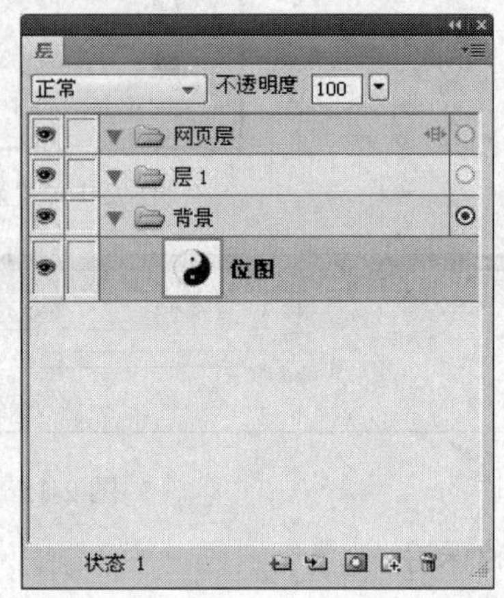

b）

图 2-17　层面板对比

a）导出前　b）导出后

2.2.3　操作对象

1. 对象的选择

在对对象进行各种操作前，应先选中对象。选中对象的具体方法如下：

1）使用工具箱中的指针工具、部分选定工具以及选择后方对象工具。

2）使用<Ctrl+A>组合键进行全选。

3）选择菜单栏中的【选择】→【全选】命令进行全选。

4）通过快捷菜单中的【全选】命令进行全选。

5）按住<Shift>键通过鼠标单击选择多个对象。

2. 对象的编辑

对对象的编辑操作有以下几种：

1）使用指针工具、部分选定工具选中对象后进行移动。

2）对象的复制、粘贴、剪切、删除操作与 Windows 系统的操作相同。

3）选择菜单栏中的【编辑】→【重制】或【克隆】命令进行对象的复制。

4）使用工具箱中的切片缩放工具、扭曲工具、倾斜工具、缩放工具对对象进行变形操作。

5）使用工具栏中的水平翻转工具、垂直翻转工具，或选择菜单栏中的【修改】→【变形】→【水平翻转】或【垂直翻转】命令对对象进行翻转操作。

3. 对象的组织

对对象的组织操作有以下几种：

1）组合与解除组合。通过选择菜单栏中的【修改】→【组合】或【解除组合】命令对对象进行组合和解除组合的操作。

2）堆叠顺序。通过工具栏中的移到最后工具、上移一层工具、下移一层工具，或选择菜单栏中的【修改】→【排列】命令，改变对象的堆叠顺序。

3）对齐。通过工具栏中的对齐工具，或选择菜单栏中的【修改】→【对齐】命令，进行多个对象的对齐操作。

2.3　绘制及处理图像

2.3.1　创建与编辑位图对象

1. 位图对象的创建

创建位图对象的方法有以下几种：

1）使用工具箱中的铅笔工具、刷子工具，可以创建位图对象。

2）选择菜单栏中的【文件】→【打开】命令，可以打开外部图像文件。

3）选择菜单栏中的【文件】→【导入】命令，可以导入外部图像文件。

4）选择菜单栏中的【修改】→【平面化所选】命令，可以将矢量对象转换为位图对象。

2. 位图编辑区域的选取

选取位图编辑区域的方法有以下几种：

1）使用工具箱中的选取框工具，选取圆形或方形的位图编辑区域。

2）使用工具箱中的套索工具，选取不规则的位图编辑区域。

3）使用工具箱中的魔术棒工具，选取相似色彩的位图编辑区域。

3. 位图对象的编辑

使用工具箱中的橡皮擦工具、模糊工具、橡皮图章工具，可以对选区的位图对象进行擦除、模糊与尖锐、减淡与加深、涂抹、替换颜色等操作。

将如图 2-18 所示的花朵变色的操作过程如下。

步骤 1：选择菜单栏中的【文件】→【打开】命令，打开外部图像文件。

步骤 2：使用工具箱的多边形套索工具，单击一朵花的轮廓，选取区域如图 2-18 所示。

步骤 3：选择工具箱中的替换颜色工具，在其属性面板中设置“原色”为图像，“替换色”为#FF0066（粉色）等，具体设置如图 2-19 所示。

图 2-18　选取区域

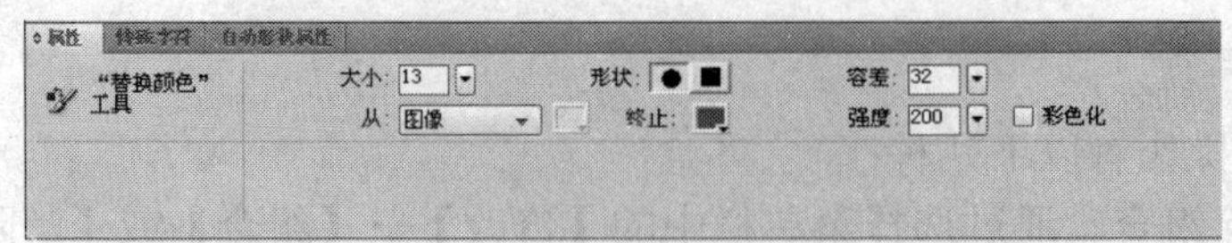

图 2-19 替换颜色工具的属性设置

步骤 4：使用替换颜色工具，在选取区域内进行涂抹操作。

步骤 5：使用指针工具，在画布中双击即可放弃选区。

2.3.2 创建与编辑矢量对象

1. 矢量对象的创建

创建矢量对象的方法有以下几种：

1）使用工具箱中的直线工具、规则图形工具等，能快速绘制出直线、圆、椭圆、矩形、星形及多边形等图形。

2）使用工具箱中的钢笔工具、自由变形工具，可以绘制自由形状的矢量路径。

3）选择菜单栏中的【窗口】→【自动形状】命令，打开形状面板，可以直接绘制组合后的路径，如图 2-20 所示。

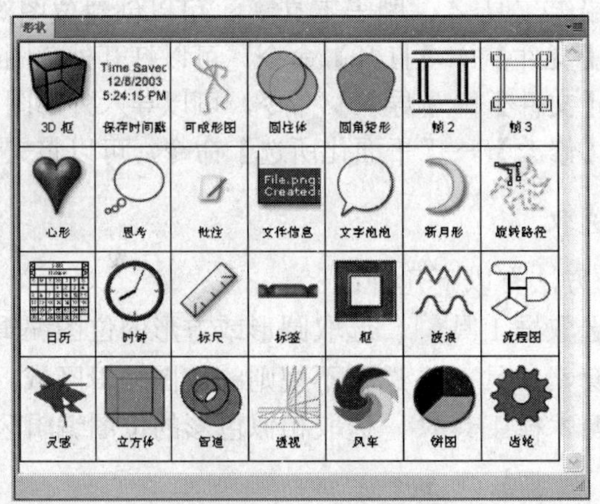

图 2-20 形状面板

2. 矢量对象的编辑

对矢量对象的编辑操作有以下几种：

1）使用工具箱中的自由变形工具，可对一条矢量路径进行变形操作。

2）使用工具箱中的更改区域形状工具，可以扭曲一条矢量路径或路径上的区域。

3）使用工具箱中的刀子工具，可以将一条路径切割成多条路径。

4）选择菜单栏中的【修改】→【组合路径】→【接合】命令，或选择工具栏中的接合工具，可以将两个及以上的路径连接起来，作为一条路径使用，如图 2-21b 所示。

5）选择菜单栏中的【修改】→【组合路径】→【联合】命令，可以将两个及以上的矢量对象联合成为一个对象，重合的部分完全融合成一个对象，如图 2-21c 所示。

6）选择菜单栏中的【修改】→【组合路径】→【交集】命令，可以从两个及以上的矢量对象中提取重叠部分，并删除其余部分，如图 2-21d 所示。

7）选择菜单栏中的【修改】→【组合路径】→【打孔】命令，可以在下层对象上删除同上层对象重合的部分，如图 2-21e 所示。

8）选择菜单栏中的【修改】→【组合路径】→【裁切】命令，可以用上层路径的形状去修剪下层路径。

此外，还可以使用路径面板对多个矢量对象进行路径的组合，操作过程如下。

步骤 1：使用工具箱中的矩形工具和椭圆工具，分别绘制一个矩形和一个椭圆，其放置的位置如图 2-21a 所示。

步骤 2：选择菜单栏中的【窗口】→【其他】→【路径】命令，打开路径面板，如图 2-22 所示。

步骤 3：使用工具箱中的指针工具，同时选中两个对象。分别在路径面板的第一行中选择结合路径工具、合并路径工具、相交路径工具、打孔路径工具，组合路径后的效果如图 2-21 所示。

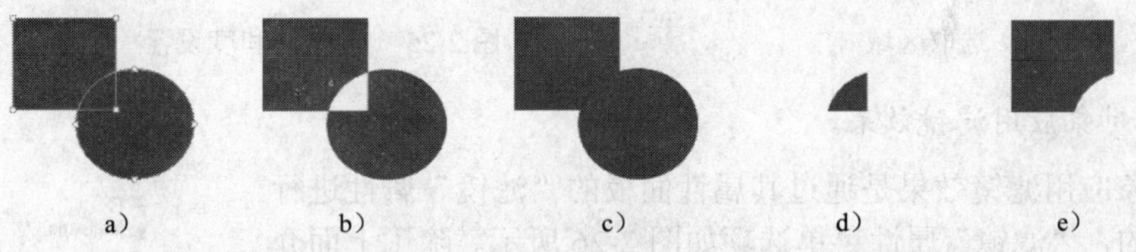

图 2-21　组合路径效果

a）原始对象　b）接合效果　c）联合效果　d）交集效果　e）打孔效果

2.3.3　滤镜的使用

使用滤镜可以对位图图像的色彩进行过滤，轻松地改善图像显示效果，从而达到图像处理的目的。

1. 位图选区应用滤镜效果

位图选区应用滤镜效果是通过选择【滤镜】菜单中的相应命令来实现的，Fireworks 的【滤镜】菜单中主要包括杂点、模糊、调整颜色、锐化等操作，如图 2-23 所示。

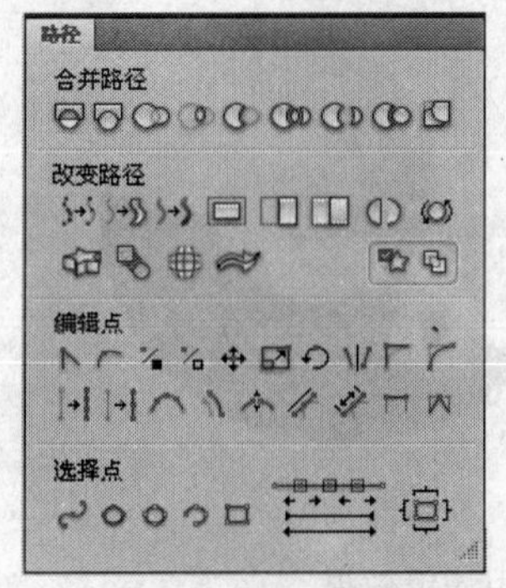

图 2-22　路径面板

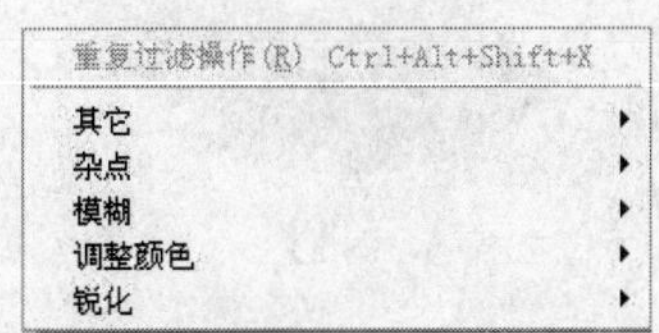

图 2-23 【滤镜】菜单选项

位图选区应用滤镜效果的操作过程如下。

步骤 1：选择菜单栏中的【文件】→【打开】命令，可以打开外部图像文件。

步骤 2：使用工具箱的椭圆选取框工具，选取黄色花心区域，如图 2-24 所示。

步骤 3：选择菜单栏中的【滤镜】→【调整颜色】→【色相/饱和度】命令，打开“色相/饱和度”对话框，进行色相属性值的设置，如图 2-25 所示。

步骤 4：单击【确定】按钮，黄色花心区域变为粉红色。

图 2-24　选取区域

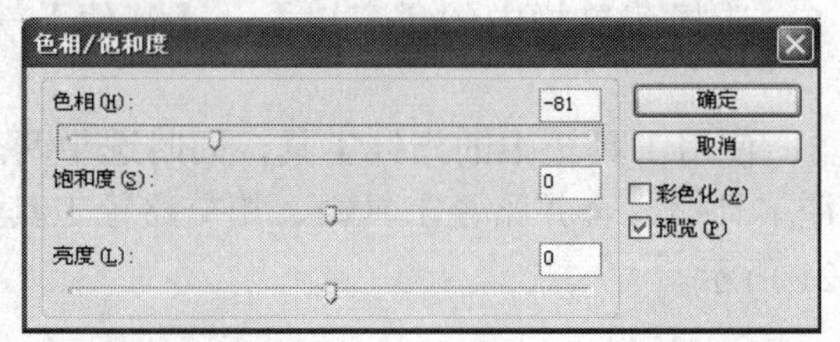

图 2-25　色相/饱和度设置

2. 矢量对象应用滤镜效果

矢量对象应用滤镜效果是通过其属性面板的“滤镜”属性进行添加和编辑的，“滤镜”属性菜单选项如图 2-26 所示。除了上面介绍的滤镜效果外，还包括斜角和浮雕、阴影和光晕、Photoshop 动态效果等。

图 2-26　“滤镜”属性选项

矢量对象应用滤镜效果的操作过程如下。

步骤 1：使用工具箱中的螺旋形工具，绘制一个螺旋形对象，如图 2-27a 所示。

步骤 2：使用工具箱中的指针工具选择矢量对象，在其属性面板中选择“滤镜”属性中的“Photoshop 动态效果”选项，在弹出的“Photoshop 动态效果”对话框中进行“渐变叠加”效果的设置，如图 2-28 所示。

步骤 3：单击【确定】按钮，螺旋形的效果如图 2-27b 所示。

说明：如果使用【滤镜】菜单将滤镜应用于选定的矢量对象，则 Fireworks 会提示将所选对象转换成位图后再进行处理。

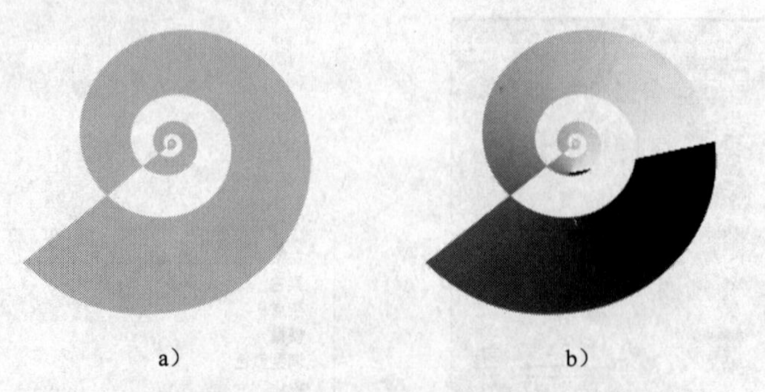

图 2-27　矢量对象应用滤镜效果

a）原始图像　b）应用滤镜后的效果

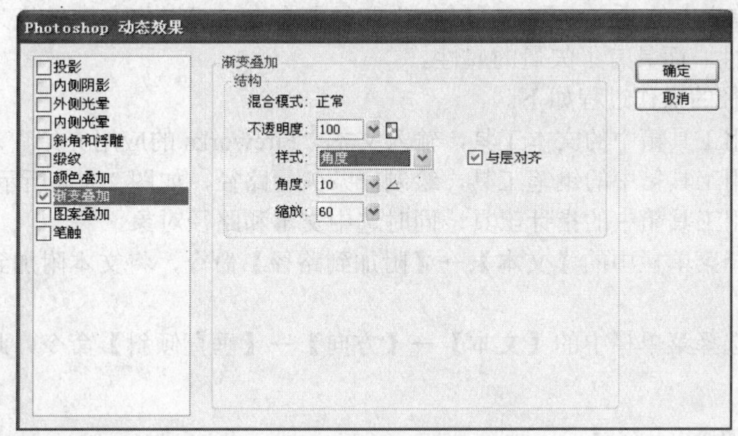

图 2-28 设置渐变叠加效果

2.4 创建和编辑文本对象

Fireworks 提供了很多文本功能，可进行变形、笔触、填充、滤镜、样式等处理。

2.4.1 创建文本

创建文本的方法主要有以下几种：

1）使用工具箱中的文本工具T创建文本。文本的输入框模式有两种，一种是不固定宽度的单行模式；另一种是固定宽度的多行模式，使用鼠标在需要输入文本的开始处拖动出所需宽度和高度的文本框。

2）从外部文件中导入、复制已有的文本。可在文本的属性面板中对文本进行属性设置，如图 2-29 所示。

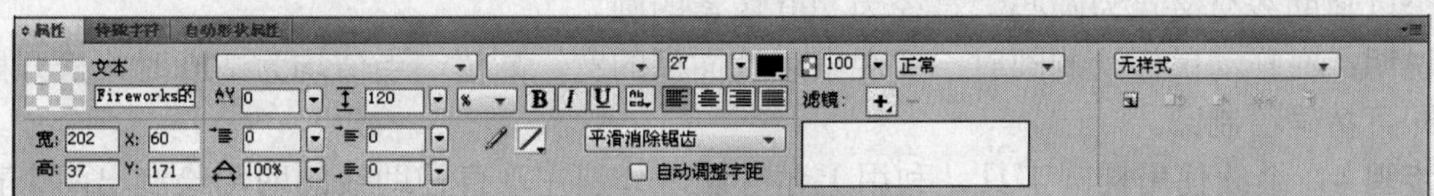

图 2-29 文本的属性面板

2.4.2 编辑文本

文本的编辑操作有以下几种：

1）选择菜单栏中的【文本】→【附加到路径】命令，可以使文本沿着路径的形状排列。此时，选择菜单栏中的【文本】→【方向】命令，可以改变文本在路径上的方向。

2）选择菜单栏中的【文本】→【从路径分离操作】命令，可以将文本脱离路径。

3）选择菜单栏中的【文本】→【转换为路径】命令，可以将文本转换为路径，则文本将失去文本的属性，而具有了矢量的属性。

文本附加路径的操作过程如下。

步骤 1：使用工具箱中的文本工具，输入文本“Fireworks 的应用介绍”。

步骤 2：使用工具箱中的钢笔工具，绘制一条矢量路径，如图 2-30a 所示。

步骤 3：使用工具箱中的指针工具，同时选中文本和路径对象。

步骤 4：选择菜单栏中的【文本】→【附加到路径】命令，将文本附加到路径上，效果如图 2-30b 所示。

步骤 5：再选择菜单栏中的【文本】→【方向】→【垂直倾斜】命令，此时的效果如图 2-30c 所示。

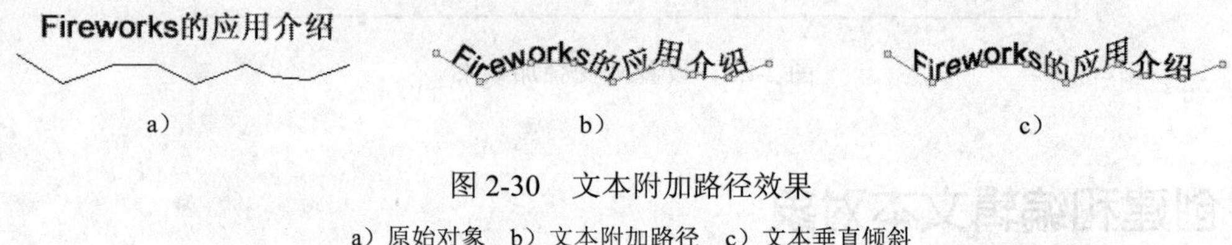

图 2-30　文本附加路径效果

a）原始对象　b）文本附加路径　c）文本垂直倾斜

2.5　制作实例

2.5.1　制作太极图

步骤 1：新建文档，设置画布大小为 300×300 像素。

步骤 2：选择菜单栏中的【视图】→【标尺】命令，打开标尺。在纵标尺上按住鼠标左键并拖动，拖拽出一条纵向辅助线，将其放置在 150 像素处。然后，用同样的方法在横标尺中拖拽出一条横向辅助线放在 150 像素处。

步骤 3：选择工具箱中的椭圆工具，在其属性面板中设置笔触为黑色、笔尖大小为 1、笔触样式为实线并禁用填充颜色。将鼠标指向辅助线的交叉点，同时按下<Shift+Alt>键，画出一个以辅助线交叉点为圆心、直径为 200 像素的圆。

说明：在拖动鼠标绘制圆时，要观察属性面板的宽、高值，当值均为 200 时，松开鼠标左键即可精确绘制圆。

步骤 4：继续使用椭圆工具，利用上述方法，分别在垂直辅助线的两侧绘制出两个直径为 100 像素的小圆，如图 2-31 所示。

步骤 5：同时选中画布上的三个圆，选择工具箱中的刀子工具，沿垂直辅助线方向从大圆的上端向下端进行切割，将三个圆同时切割为两部分。分别将上端小圆的左半部分和下端小圆的右半部分选中，按<Delete>键删除。

步骤 6：按住<Shift>键同时选中上端小圆的右半部分和下端小圆的左半部分，选择菜单栏中的【编辑】→【克隆】命令，将这两段弧线在原位置上进行复制。

步骤 7：按住<Shift>键选中复制后的两段弧线和大圆的右半部分弧线，并将其右移，如图 2-32 所示。

步骤 8：选中移动后的三段弧线，选择工具栏中的接合工具，将这三段弧线组合成一个完整的封闭路径。

步骤 9：重复上述步骤，将未移动的三段弧线组合成一个完整的封闭路径。将“步骤 8”中移出的路径移回原位。

步骤 10：选择右半部分路径，将其填充颜色设置为黑色。

步骤 11：按“步骤 3”中的方法，沿垂直线分别绘制两个直径为 20 像素的小圆，其中上面小圆的填充颜色设置为黑色、下面小圆的填充颜色设置为白色。将辅助线拖出工作区，完成后的效果如图 2-33 所示。

步骤 12：保存文档，命名为 tjt.png。

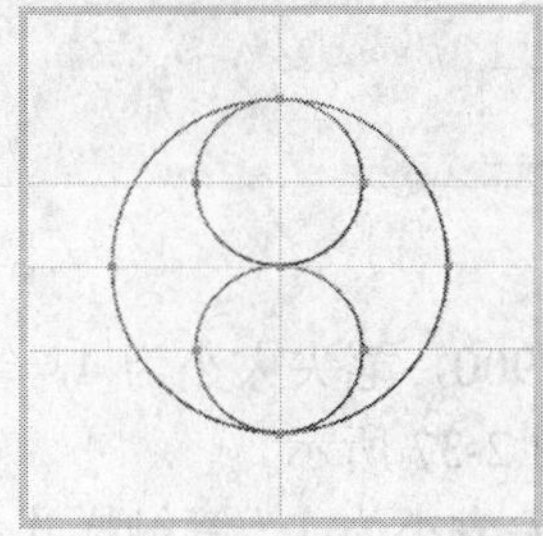

图 2-31　利用椭圆工具画圆

图 2-32　移动弧线后的结果

图 2-33　完成后的太极图

2.5.2　制作灯笼

步骤 1：新建文档，设置画布大小为 300×300 像素。

步骤 2：选择菜单栏中的【视图】→【网格】→【显示网格】命令，在画布中显示网格。再选择菜单栏中的【编辑】→【首选参数】命令，在“辅助线和网格”类别中设置网格的宽度、高度均为 20 像素。

步骤 3：选择工具箱中的椭圆工具，在其属性面板中进行属性设置，笔触颜色为#FF9900，笔尖大小为 2，笔触样式为实线，无填充色，在画布上绘制一个无填充的椭圆。

步骤 4：使用工具箱中的指针工具选中椭圆边框，选择菜单栏中的【编辑】→【克隆】命令，在原位置处复制椭圆边框。利用工具箱中的缩放工具对复制产生的椭圆边框进行横向放缩，方法是按住<Alt>键并用鼠标拖动中间的控制点。然后再重复复制和缩放操作 2 次，结果如图 2-34 所示。

步骤 5：选择工具箱中的油漆桶工具，将其颜色设置为#CC3300，在画布中单击最大椭圆边框的内部进行颜色填充，结果如图 2-35 所示。

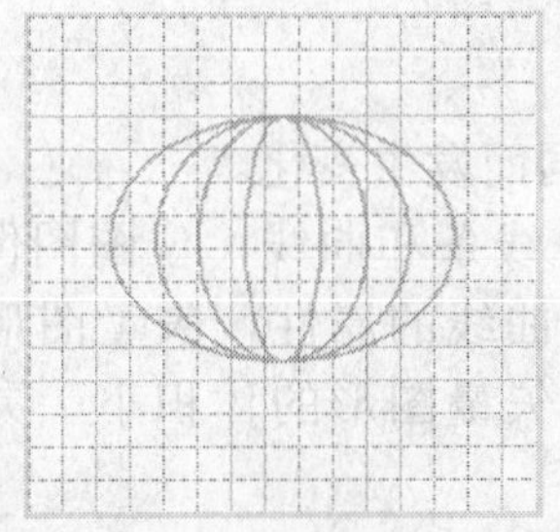

图 2-34　重复操作后的效果图

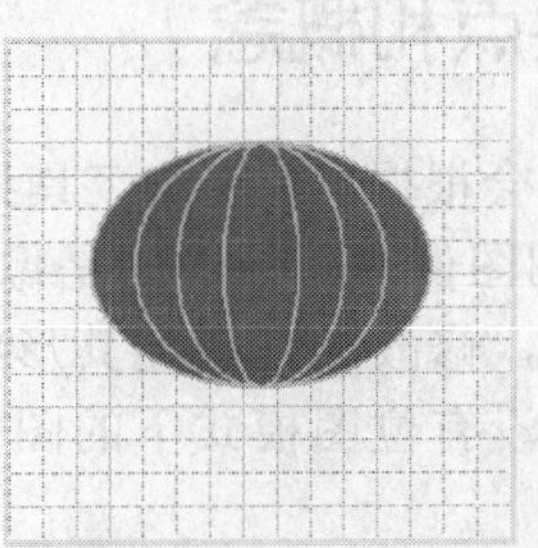

图 2-35　红色灯笼的主体部分效果

步骤 6：选择工具箱中的矩形工具，在其属性面板中进行属性设置，无笔触颜色，填充类别为“渐变/条状”，选取的颜色如图 2-36 所示，在灯笼顶部和下部区域各绘制一个矩形。

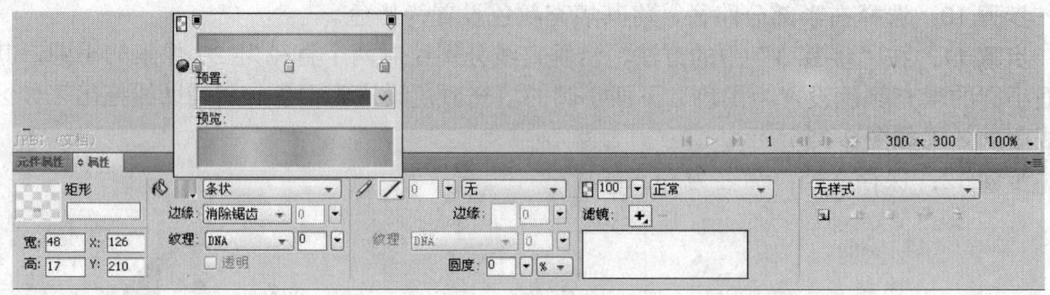

图 2-36 条状填充属性设置

步骤 7：使用工具箱中的线条工具，设置笔触颜色为#FF9900，笔尖大小为 4，笔触样式为实线，在灯笼的上端和下端分别绘制灯笼的挂绳，结果如图 2-37 所示。

步骤 8：再利用线条工具，设置笔触颜色为#FF9900，笔尖大小为 1，笔触样式为实线，在灯笼的下端绘制多条线段，并调整其位置。

步骤 9：选择工具箱中的文本工具，在其属性面板中设置填充色为#FFCC00，字体为华文行楷，文字大小根据实际需要进行设置。

步骤 10：选择菜单栏中的【视图】→【网格】→【显示网格】命令，隐藏网格。制作的灯笼效果如图 2-38 所示。

步骤 11：保存文档，命名为 dl.png。

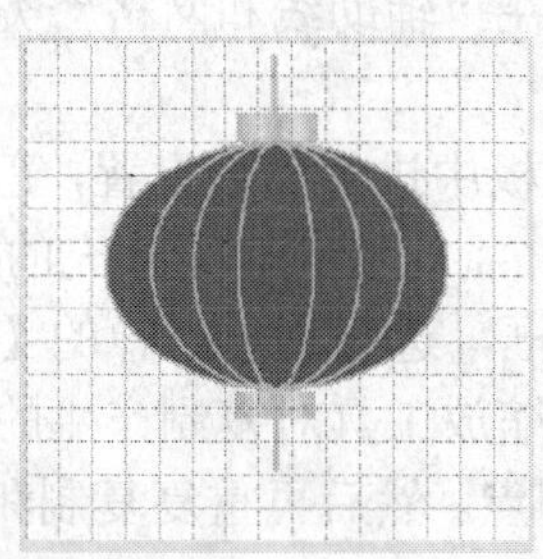

图 2-37 绘制挂绳后的效果图

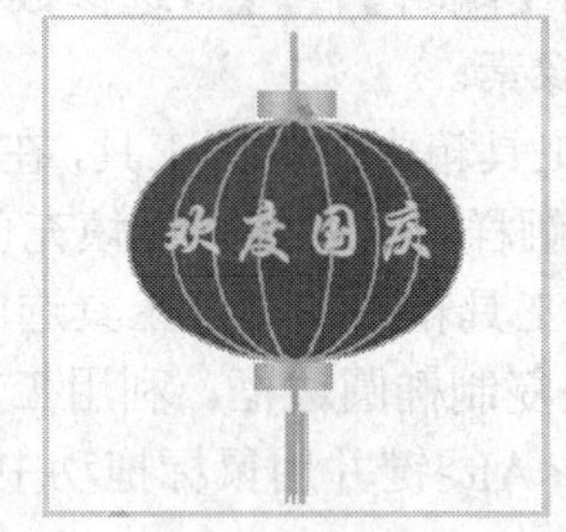

图 2-38 灯笼成品

2.6 本章要点和概念

1）属性面板会根据当前所选工具和对象的不同而发生变化。

2）编辑位图图像时，修改的是像素，而不是线条和曲线，位图图像与分辨率有关。编辑矢量图形时，修改的是描述其形状的线条和曲线的属性，矢量图形与分辨率无关。矢量模式的图形没有位图模式下的图像逼真，但矢量图形的体积小、灵活性高，适于制作网页动画。

3）热点用于创建图像映射，即在 HTML 文档中定义热区的 HTML 代码。切片可有效地解决图像下载缓慢的问题，能将一幅图像分割成不同的部分，每个部分都可添加交互效果。

4）Fireworks 中的层分为两类：网页层和普通层。网页层用于放置与网页交互有关的对象，普通层用于放置各类对象。

5）Fireworks 中的元件类型有 3 种：图形、动画和按钮。将重复使用的某些对象转换为元件后，可以明显地减少文档的大小。

6）元件修改后，所有该元件的实例都将同时发生变化。

7）PNG 格式是目前质量最好的图像格式，但是并非所有的浏览器都支持这种格式。目前大多数浏览器支持的网页图像是 GIF 和 JPEG 格式。

8）将 Fireworks 文档以 GIF 和 JPEG 等格式导出后，所有的普通层将合并成一层。

习　题

2-1　矢量图形、位图图像各有什么特点？

2-2　热点和切片各有什么作用？两者之间有何区别？

2-3　Fireworks 中的层有哪几类？各有何特点？

2-4　Fireworks 中的元件有哪几种类型？各有何特点？

2-5　在 Fireworks 中，如何将作品导出为 GIF 和 JPEG 格式的图像文件？

2-6　实际操作：

1）显示、隐藏面板、重新组合面板。

2）修改画布的大小及颜色、文档窗口的显示比例。

3）创建一新的文档，并将文档分别导出为 GIF、JPEG、HTML 格式。

4）打开一个图像文件，对其应用各种滤镜及动态效果。

5）练习工具箱中各种工具的使用。

第 3 章　Fireworks 应用介绍

本章知识点和技能点

1）进一步加深理解 Fireworks 的基本概念。
2）综合应用工具箱中的各种工具。
3）Fireworks 的基本操作：羽化、蒙版、按钮、翻转效果、动画、图像的优化与切割。

3.1　基本操作

Fireworks 不仅能够编辑位图图像中的个别像素，也能编辑像素区域，从而将丰富的位图处理艺术与以往只能应用于矢量对象的图形工具有机地结合起来。在 Fireworks 中处理图像的方法多种多样，包括用传统的位图处理工具进行图像的绘制与着色，变换像素的颜色，用滤镜对图像进行校正和美化，以及羽化图像的边缘等，甚至还可以使用 Photoshop 的滤镜插件。

3.1.1　羽化

羽化就是为所选像素创建透明效果，使像素选区的边缘模糊，从而达到所选区域与周围的像素混合的目的。羽化主要是指对选区的边缘进行羽化，并不会使整个位图像素羽化。将复制选区粘贴到另一个背景中时，羽化非常有用，效果如图 3-1 所示。

a）　b）　c）

图 3-1　位图像素区域的羽化

a）原始图像　b）选取像素区域　c）羽化后的效果

对所选像素区域的边缘进行羽化，具体操作步骤如下。

步骤 1：打开一幅图像，如图 3-1a 所示。

步骤 2：选择工具箱中的多边形套索工具，在画布上选取一个像素区域，如图 3-1b 所示。

步骤 3：选择菜单栏中的【选择】→【羽化】命令，打开“羽化所选”对话框，在“半径”文本框中输入羽化半径值，如图 3-2 所示，然后单击【确定】按钮。

图 3-2 “羽化所选”对话框

羽化半径决定了选区边缘模糊的像素量，数值越大，羽化程度也就越大。

步骤 4：选择菜单栏中的【选择】→【反选】命令，然后按<Delete>键删除反选选区，结果如图 3-1c 所示。

步骤 5：保存文档，命名为 feather.png。

说明：本例中介绍的羽化过程采用的是先选取羽化区域再选择羽化程度，也可先设置羽化程度再选取羽化区域。在后一种方式中，选择选取工具后，先将其属性面板中的“边缘”选项设置为“羽化”，并设置羽化半径，然后再选取像素区域，选择菜单栏中的【选择】→【反选】命令，按<Delete>键将反向选区删除即可。

3.1.2　蒙版

蒙版又称遮罩，是一种由上层对象为下层对象提供外形，而下层对象为上层对象提供色彩的图像处理效果。通常，将上层对象称为蒙版对象，而下层对象则称为被蒙版对象。矢量和位图对象都可以成为蒙版对象或被蒙版对象。

下面通过具体实例介绍创建蒙版的过程。

1. 创建矢量蒙版

本例将制作椭圆蒙版图像的效果，其中椭圆为蒙版对象，图像为被蒙版对象。具体操作过程如下。

步骤 1：打开一幅图像，选择工具箱中的椭圆工具，在图像上绘制一个无填充颜色的椭圆，如图 3-3a 所示。

步骤 2：使用指针工具选中无填充颜色的椭圆，按<Ctrl+X>组合键进行剪切操作，则椭圆即为蒙版对象。

步骤 3：使用指针工具选中被蒙版对象图片，选择菜单栏中的【编辑】→【粘贴为蒙版】命令。操作完成后，原图像中只有与椭圆区域重合的部分被显示出来，其余部分被隐藏了，如图 3-3b 所示。

步骤 4：保存文档，命名为 mask.png。

a）

b）

图 3-3 在图像中应用蒙版效果

a）应用蒙版前的图像 b）应用蒙版后的图像

矢量蒙版对象只提供形状，与它的颜色无关，下方的对象将按照其形状被裁剪掉。

2. 创建文字蒙版

上例中介绍的创建蒙版是通过选择菜单栏中的【编辑】→【粘贴为蒙版】命令来完成的，本例中将使用【编辑】→【粘贴于内部】命令制作文字蒙版效果，其中文字为蒙版对象，图像为被蒙版对象，具体操作过程如下。

步骤 1：打开一幅图像，选择工具箱中的文本工具，在画布上输入文本，如图 3-4a 所示。

步骤 2：使用指针工具选中被蒙版对象鲜花图片，按<Ctrl+X>组合键剪切图片。

步骤 3：然后使用指针工具选中蒙版对象文字，选择菜单栏中的【编辑】→【粘贴于内部】命令，效果如图 3-4b 所示。

a）

b）

图 3-4 在文字中应用蒙版效果

a）应用蒙版前 b）应用蒙版后

步骤 4：使用指针工具选中蒙版文字，选择菜单栏中的【修改】→【画布】→【修剪画布】命令，将文字对象以外的区域裁剪掉，效果如图 3-5 所示。

图 3-5 修剪画布后的效果

步骤 5：保存文档，命名为 wzmask.png。

3. 修改蒙版

可以更改被蒙版对象的可见度、蒙版的类型及其应用方式，也可以替换、禁用或删除蒙版，还可以重新排列被蒙版对象，向现有蒙版组中添加其他被蒙版对象等。

对蒙版所做的编辑可在层面板的蒙版缩略图中显示，图 3-6 为矢量蒙版的层面板。创建矢量蒙版时，在层面板中会出现一个带有钢笔图标的蒙版缩略图，表示已经创建了矢量蒙版。使用工具箱中的部分选定工具，单击此例中的椭圆区域，则选中了矢量蒙版，在其属性面板中会显示有关蒙版的属性信息，如图 3-7 所示。默认情况下，矢量蒙版通过其路径轮廓进行应用，但也可以采用其他的方式，如灰度外观等。使用灰度外观的矢量蒙版效果如图 3-8 所示。

图 3-6　矢量蒙版的层面板

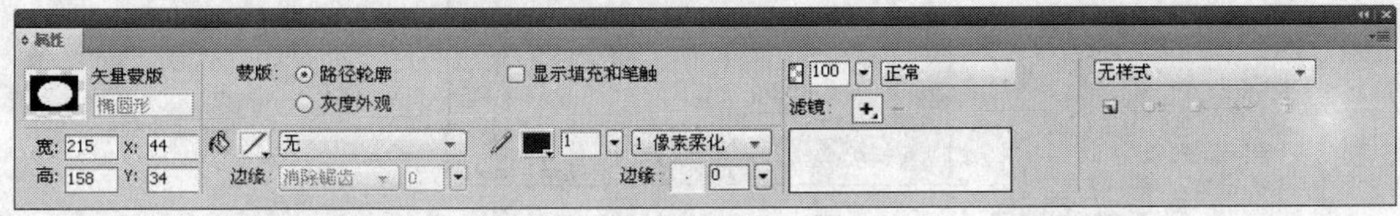

图 3-7　矢量蒙版属性面板

被蒙版对象的位置是可以调整的。方法是首先单击图片使其处于选中状态，然后将鼠标指针指向蒙版中心的蓝色图标，拖动鼠标就可以调整位置了。

a）

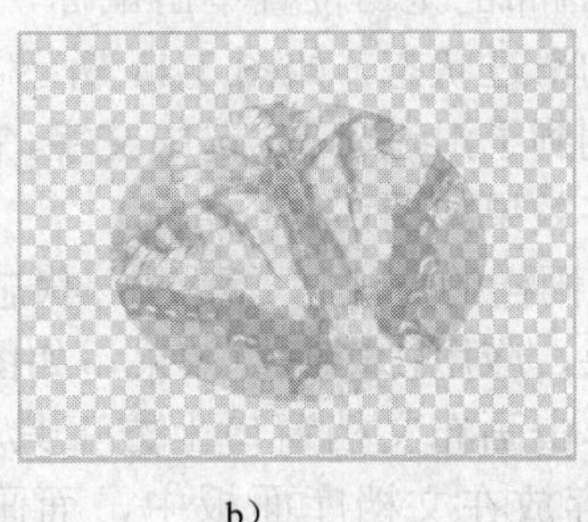

b）

图 3-8　在图像中应用灰度外观矢量蒙版效果

a）应用蒙版前的图像　b）应用灰度外观蒙版后的图像

3.1.3　按钮

按钮是网页的导航元素，一般有 4 种不同的状态，每种状态都表示该按钮在响应鼠标事件时的外观。

1）弹起状态：指按钮的默认外观或静止时的外观。

2）滑过状态：指当鼠标指针滑过按钮时该按钮的外观，此状态提醒用户单击鼠标时很可能会引发一个动作。

3）按下状态：指鼠标单击后的按钮外观，此按钮状态通常在多按钮导航栏上表示当前网页。

4）按下时滑过状态：指当鼠标指针滑过处于按下状态时按钮的外观。

在 Fireworks 中，利用按钮编辑器能轻松地创建各种形式的 JavaScript 按钮。

1. 创建按钮

步骤 1：新建文档，选择菜单栏中的【编辑】→【插入】→【新建按钮】命令，打开如图 3-9 所示的按钮编辑器。

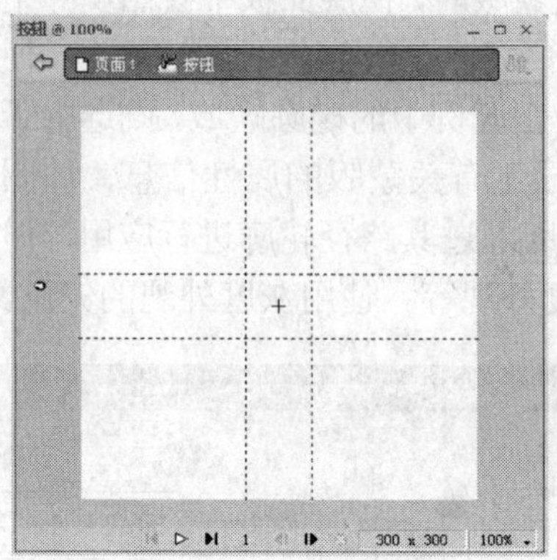

图 3-9　按钮编辑器

步骤 2：选择工具箱中的文本工具，在画布中输入文字“动物世界”，字体为隶书，字号 18、加粗，如图 3-10a 所示。

步骤 3：在画布的空白位置单击鼠标，而后在画布的属性面板中设置“状态”为“滑过”，就进入了按钮的滑过状态，如图 3-11 所示。单击【复制弹起时的图形】按钮，就将按钮弹起状态的内容复制到了滑过状态。选中文字，在其属性面板中设置凹入浮雕滤镜效果，如图 3-12 所示，此时文字效果如图 3-10b 所示。

步骤 4：用同样的方法将“滑过”状态复制到“按下”状态中。在“按下”状态中，删除凹入浮雕效果，应用投影滤镜效果，如图 3-10c 所示。

步骤 5：单击画布文档窗口上方工具栏中的【页面 1】按钮 页面 1，退出按钮编辑器。该按钮元件将存放在文档库面板中，而画布上的文字转换为该按钮元件的一个实例，如图 3-13 所示。创建按钮元件后，Fireworks 将自动创建一个足以包含所有按钮状态的特殊切片。

步骤 6：选择文档窗口工具栏中的“预览”选项卡，对按钮进行预览，然后将文档保存为 an.png。

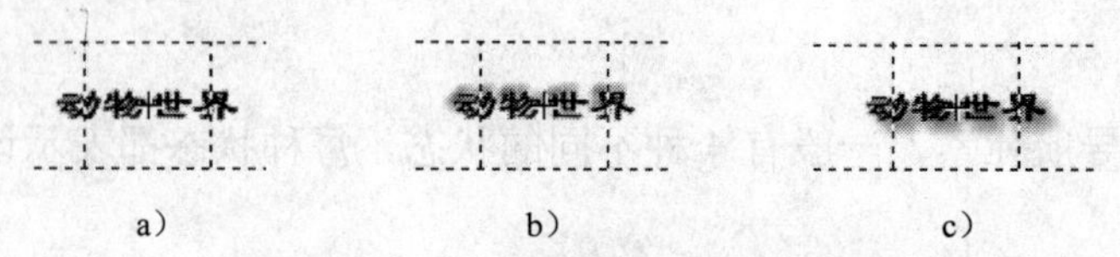

a)　　b)　　c)

图 3-10　创建自定义按钮

a) “状态 1”弹起状态　b) “状态 2”滑过状态　c) “状态 3”按下状态

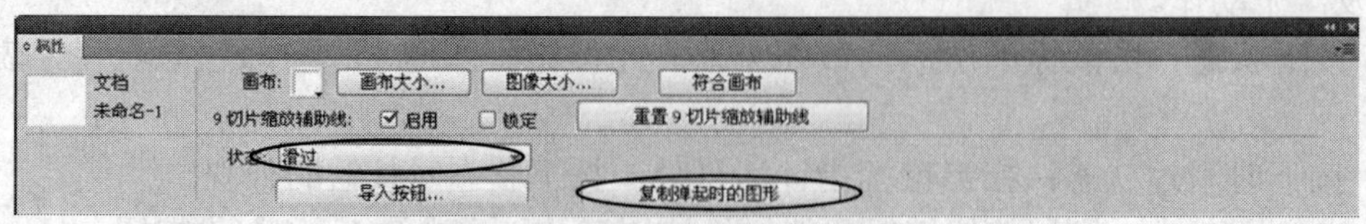

图 3-11　按钮编辑器的画布属性面板

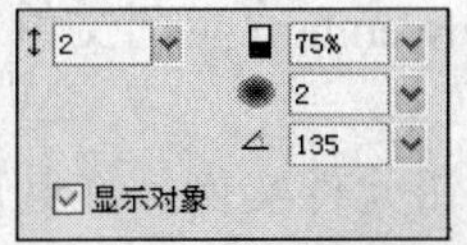

图 3-12　凹入浮雕设置

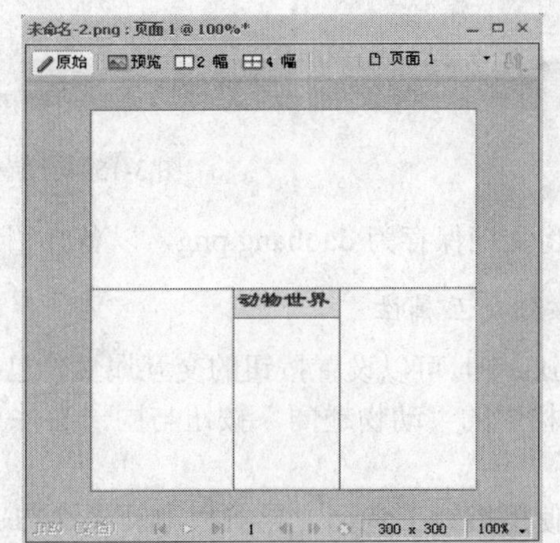

图 3-13　画布上的按钮元件实例

2. 创建导航栏

导航栏实际上是一组外观、形状一样的按钮，只是其上显示的文字不同而已。在 Fireworks 中，利用按钮元件的实例可以轻松地制作导航栏。下面在上例制作的按钮基础上介绍创建导航栏的方法，具体操作过程如下。

步骤 1：新建文档，设置画布大小为 950×36 像素，背景颜色为绿色。

步骤 2：选择菜单栏中的【窗口】→【文档库】命令，打开文档库面板。在其选项菜单中选择【导入元件】命令，打开“导入元件”对话框，选择 an.png 文件，如图 3-14 所示。单击【导入】按钮，可以将 an.png 文件的元件导入到新建文件的文档库中。

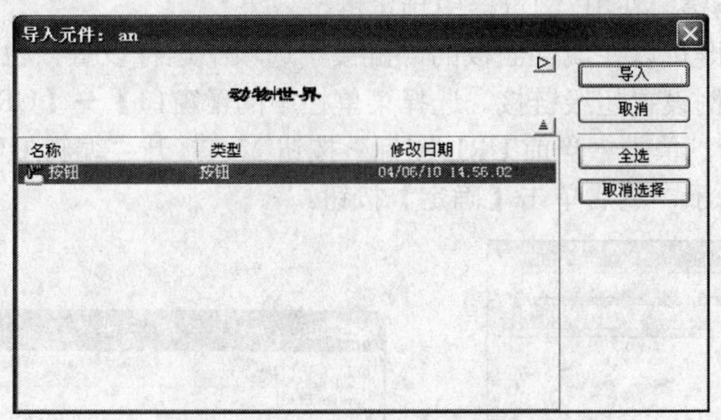

图 3-14　“导入元件”对话框

步骤 3：修改按钮元件中文字的颜色为白色，并将按钮元件拖动到文档窗口中，共创建 8 个按钮元件实例。使用指针工具同时选中画布中的 8 个元件实例，选择工具栏中的对齐方式工具，按垂直居中和均分宽度排列方式进行对齐操作。

步骤 4：使用指针工具选中需要修改文字的按钮元件实例，在其属性面板的“文本”选项中输入相应的文字，然后按<Enter>键。

步骤 5：使用工具箱中的直线工具绘制栏目之间的分割线，此时的导航栏效果如图 3-15 所示。

图 3-15　导航栏

步骤 6：将文档保存为 daohang.png，以备介绍后续内容时使用。

3. 设置按钮交互属性

在 Fireworks 中，可以设置按钮的交互属性，包括链接、目标和替代图像描述等。下面介绍如何将导航栏中的“动物趣闻”按钮与同一文件夹下的 quwen.htm 页面文件进行链接，操作步骤如下。

步骤 1：使用指针工具选中导航栏中的“动物趣闻”按钮元件实例，在其属性面板中进行链接以及目标属性的设置，如图 3-16 所示。

链接文件既可以采用相对路径，也可以采用绝对路径；目标是指在单击某个按钮元件实例时用来显示目标网页的窗口或框架。此处的链接路径采用相对路径，目标“_blank”为新开一个窗口打开链接的页面文件。

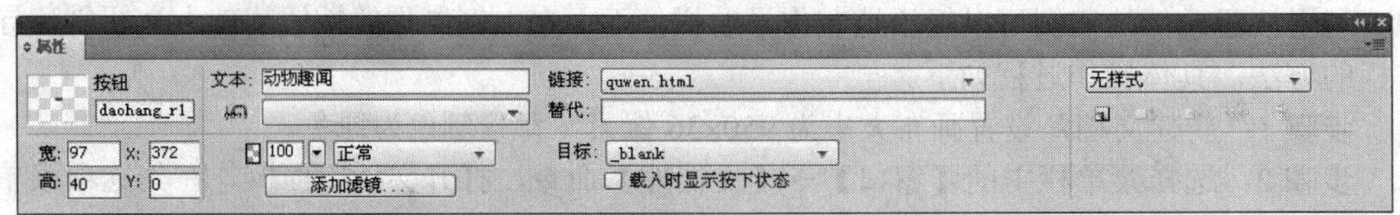

图 3-16　按钮元件实例的属性面板

步骤 2：按<F12>键，在 IE 浏览器中预览链接效果。

链接属性的设置既可以在属性面板的“链接”选项中进行设置，也可以在 URL 面板中为所选的按钮元件实例设置超级链接。选择菜单栏中的【窗口】→【URL】命令，打开 URL 面板，如图 3-17 所示，单击“当前 URL 图标”按钮，打开“编辑 URL”对话框，输入链接路径，如图 3-18 所示，然后单击【确定】按钮。

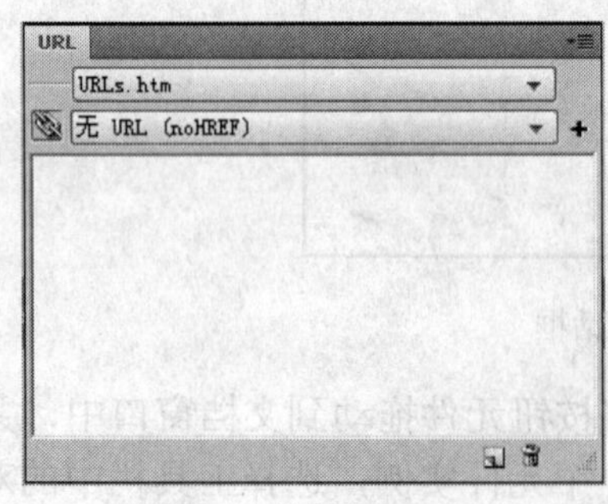

图 3-17　URL 面板

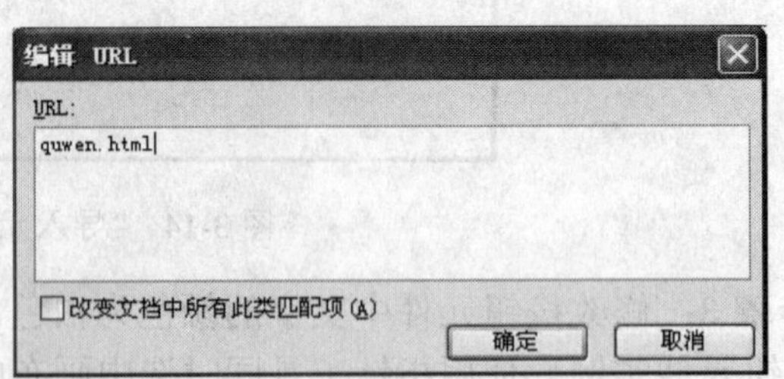

图 3-18　“编辑 URL”对话框

3.1.4　翻转效果

在浏览网页时经常会看到一种效果，即当鼠标指针滑过或指向某一图像时，图像会发生变化，被替换成其他图像或文字。这种翻转效果以往都是利用 JavaScript 语言来实现的，具有很强的专业性，但现在可以直接利用 Fireworks 方便地实现。在 Fireworks 中制作图像翻转效果的操作过程如下。

步骤 1：新建文档，设置画布大小为 500×350 像素，背景颜色为白色。

步骤 2：选择菜单栏中的【文件】→【导入】命令，或选择工具栏中的导入工具，导入三幅小图和一幅大图，效果如图 3-19a 所示。

步骤 3：使用指针工具选中一幅小图，选择菜单栏中的【编辑】→【插入】→【热点】命令或使用工具箱中的矩形热点工具，为小图上增加热点区域。同样方法为另外两幅小图也增加热点区域。然后选中大图，选择菜单栏中的【编辑】→【插入】→【切片】命令，或使用工具箱中的切片工具为大图增加切片区域，效果如图 3-19b 所示。

a）

b）

图 3-19 导入的图像及增加的热点和切片

a）导入的图像 b）增加热点和切片后的图像

步骤 4：选择菜单栏中的【窗口】→【状态】命令，打开状态面板，在其选项菜单中选择【重制状态】命令，打开“重制状态”对话框，进行相应设置，如图 3-20 所示。然后单击【确定】按钮，此时的状态面板如图 3-21 所示。

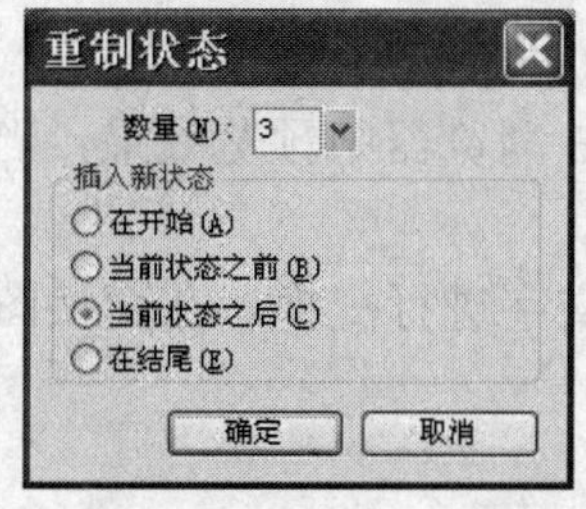

图 3-20 重制状态设置

图 3-21 状态面板

步骤 5：在状态面板中选择“状态 2”，删除原来的大图，并在大图原位置导入最上面小图的放大图像，如图 3-22a 所示。

步骤 6：按照步骤 5 的操作方法，在状态 3 中将中间小图的放大图像导入到大图原位置，如图 3-22b 所示。同样，将“状态 4”中导入最下面小图的放大图像。

步骤 7：使用指针工具选中最上面小图上的热点，将鼠标指针移至中心控制点处，单击并拖动鼠标移到大图区域，松开鼠标后会弹出如图 3-23 所示的“交换图像”对话框。选择“状态 2”后单击【确定】按钮。

步骤 8：按照步骤 7 的方法，为中间小图的热点设置交换图像“状态 3”，为最下面小图的热点设置交换图像“状态 4”。然后单击文档窗口上方工具栏中的“预览”按钮![预览]，进入预览状态，当鼠标指针滑过小图时，在右侧就会变为此小图的放大图像。

步骤 9：修改行为事件。选择菜单栏中的【窗口】→【行为】命令。打开行为面板。单击小图上的热点，在事件的下拉菜单中选择“onClick”单击事件，如图 3-24 所示。然后修改其他小图热点的行为事件。

a）

b）

图 3-22 “状态 2”和“状态 3”的效果

a）“状态 2”的效果 b）“状态 3”的效果

图 3-23 “交换图像”对话框

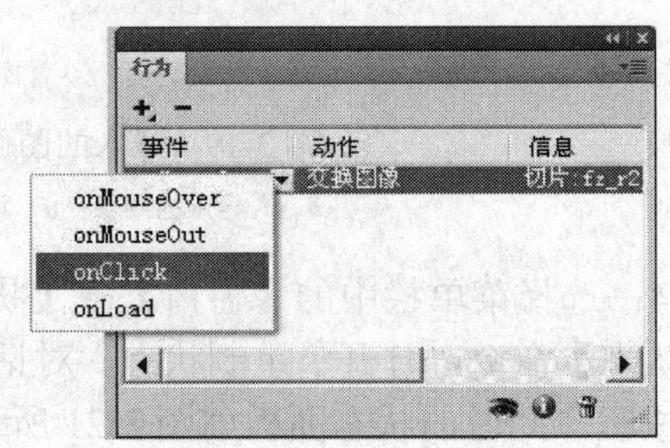

图 3-24 行为的设置

步骤 10：保存文档，命名为 fz.png。按<F12>键在 IE 浏览器中预览效果，当鼠标分别单击每个小图时，在右侧会出现此小图的放大图像。

说明：本例中选用图像作为交换对象，也可以使用文字进行交换。在交换图像的位置即本例大图上只能创建切片区域。

3.1.5 图像优化、切割及导出

1. 图像的优化

网页图像设计的最终目标就是设计制作出占用空间较小的优美图像。为了达到此目的，需要为图像选择一种具有最佳压缩比的文件格式，同时能最大限度地保持图像的质量不受损失，这就需要对图像进行优化——也就是寻找到最佳的颜色、压缩比和质量的混合方式。

在 Fireworks 中，优化设置只应用于被导出的图像。因此，在图像的设计制作过程中可以自由地进行创作，而不必担心颜色的限制或是应用后的效果。然后在准备导出图像时，再

对优化设置进行比较、选择。在 Fireworks 中，对图像进行优化的内容包括以下几个方面：

1）选择一个最佳的文件储存格式。不同的文件格式对于压缩文件中颜色信息有着各自不同的方法，所以对于不同类型的图像选择适当的文件格式可以极大地缩小文件的大小。

2）设置文件格式的参数选项。每一种图像文件格式对于控制图像压缩都有一套独特的参数选项。对于 GIF 图像，可以通过抖动处理来补偿图像中较少的颜色；对于 JPG 图像，可以通过平滑处理、细微的模糊处理，来帮助 JPG 图像压缩，以减小文件的大小。

3）调整图像中的颜色。通过限制图像使用某一套具体的颜色，也就是常说的色板，来限制颜色的使用数目，然后对色板上不使用的颜色进行清理。色板上的颜色越少，意味着图像中的颜色也越少，当然文件的大小就缩小了。减少使用的颜色数同时会缩减图像的质量，所以在图像质量和文件大小之间要寻求最佳的平衡。

2. 图像的切割

众所周知，好的网站中往往网页浏览速度比较快。在不减少内容的情况下，网页应做得越小越好，而给网页瘦身最有效的方法就是减小图片的大小。但是当不得不在网页中插入一幅大尺寸的图像时，可以采用切图的方法将一整幅图片按照相近的色区切割成多个小图片，并对每个小图片进行优化，这样可达到减小图片大小的目的。

在 Fireworks 中，可以很容易地对制作的图像进行优化并导出为常用的网页图像格式，导出和优化设置并不会改变原始的 Fireworks 文档。

3. 图像优化、切割、导出的综合运用

既可以对整幅图像进行优化，也可以将整幅图像切割后再对各部分进行优化。下面以对图像切割后再进行优化为例进行介绍，具体操作步骤如下。

步骤 1：打开一幅图像。选择工具箱中的切片工具，对图像按色块进行切割，将图像切割成左、中、右三部分，如图 3-25 所示。

图 3-25　切割图像

步骤 2：选择菜单栏中的【窗口】→【优化】命令，打开优化面板。选择左侧的切片进

行 GIF 格式的优化设置，如图 3-26a 所示。

步骤 3：选择中间的切片，进行 JPEG 格式的优化设置，如图 3-26b 所示。

步骤 4：选择右侧的切片，进行 GIF 格式的优化设置，如图 3-26c 所示。

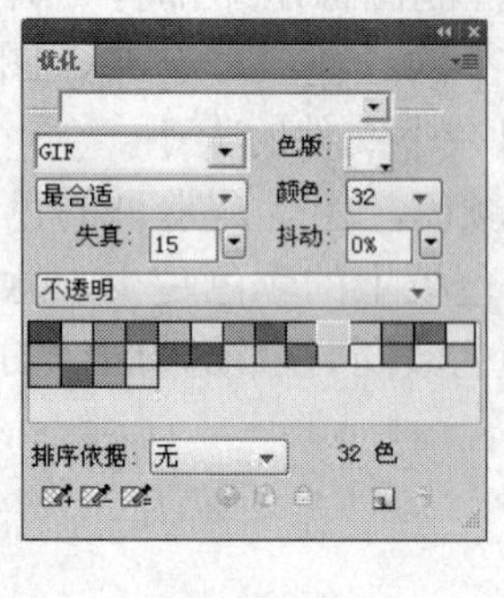

a）

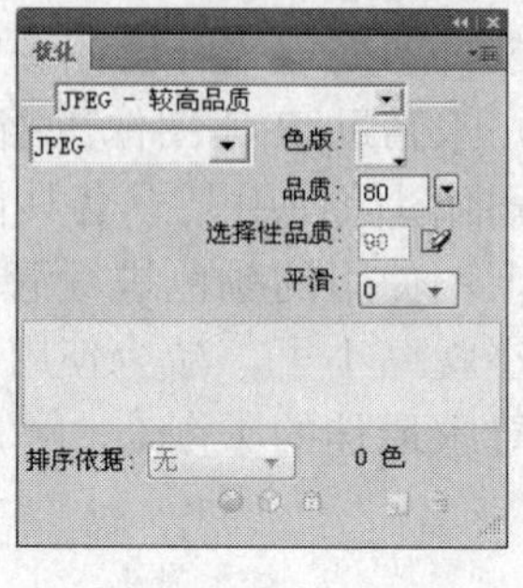

b）

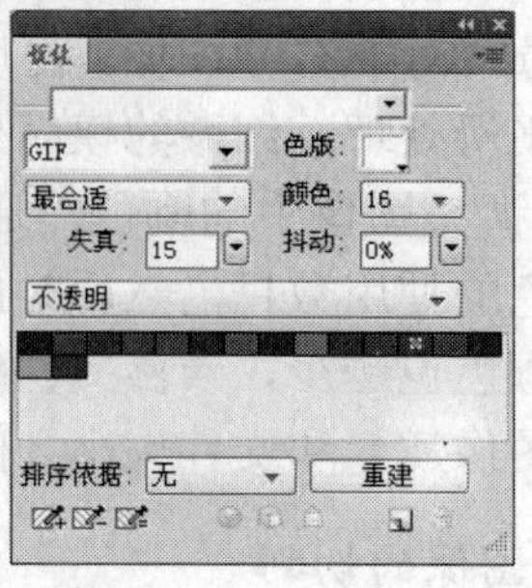

c）

图 3-26 切片的优化设置

a）左侧切片的 GIF 设置 b）中间切片的 JPEG 设置 c）右侧切片的 GIF 设置

步骤 5：在工具栏中选择“2 幅”工具，进行优化设置前后的比较，如图 3-27 所示。在保证图像品质的前提下，尽量减少图像的大小。

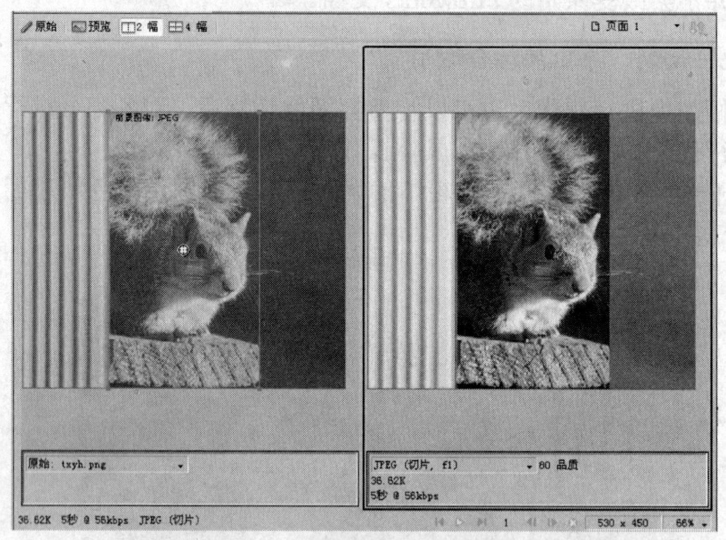

图 3-27 优化设置前后的比较

步骤 6：选择菜单栏中的【文件】→【导出】命令，打开“导出”对话框，将图像及切片以 HTML 格式导出，如图 3-28 所示。

步骤 7：同时保存一幅 txyh.png 图像文件，便于以后进行修改。

说明：在“导出”对话框中勾选“将图像放入子文件夹中”复选框，则【浏览】按钮被激活，切割的所有图片将被保存到 images 子文件夹中，也可单击【浏览】按钮选择其他文件夹来保存。

在导出图像时，也可选择菜单栏中的【文件】→【图像预览】命令，在打开的“图像预览”对话框中进行优化设置后再将其导出，如图 3-29 所示。

色彩鲜艳的图片如照片等，一般采用 JPEG 格式进行优化设置；而颜色比较暗淡的图片，一般采用 GIF 格式进行优化设置。

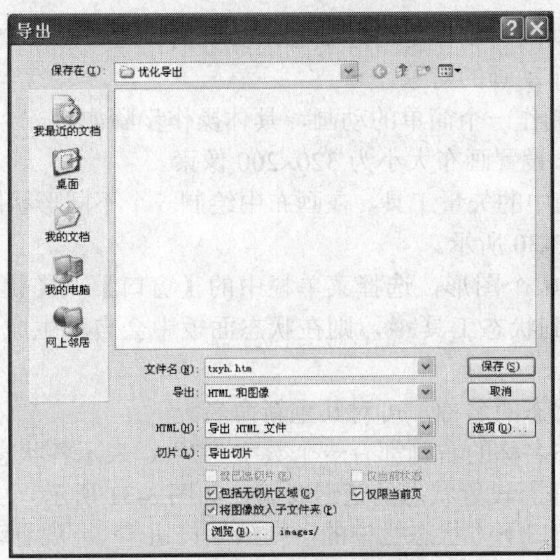

图 3-28 “导出”对话框

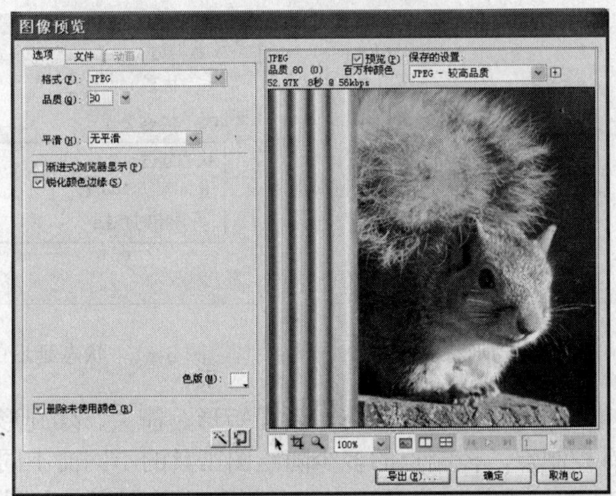

图 3-29 “图像预览”对话框

3.2 制作及导出动画

3.2.1 制作动画

动画可以为网站增加活泼生动、复杂多变的效果。在 Fireworks 中，可以通过创建动画元件自动生成动画。每个元件储存在对应的一个状态中，当按顺序播放所有状态时，就形成了动画。利用动画元件可以制作出淡入、淡出、变大、变小、旋转等效果。一个文档中可以有多个动画元件，从而创建较复杂的动画效果。Fireworks 可以将动画作为 GIF 动画文件或 SWF 文件等导出。

1. 状态动画

在 Fireworks 中，动画的制作是通过状态来实现的。通常，一个动画由多个状态构成，状态中包含了组成每一个动画的对象。

下面利用状态面板制作一个简单的动画，具体操作步骤如下。

步骤 1：新建文档，设置画布大小为 320×200 像素。

步骤 2：利用工具箱中的矢量工具，在画布中绘制 6 个不同形状的图形，其中有正方形、圆形、圆圈形等，如图 3-30 所示。

步骤 3：同时选中 6 个图形，选择菜单栏中的【窗口】→【状态】命令，打开状态面板，选择其底部的分散到状态工具，则在状态面板中会自动生成 6 个状态，每个状态上放置一个图形。

步骤 4：双击每个状态的名称，可对其重新命名。

步骤 5：在每个状态名称的右侧都有一个数字“7”，表示各状态的延迟时间为 0.07 秒。鼠标左键双击此处即可重新设置状态的延迟时间，如图 3-31 所示。

步骤 6：单击文档窗口下方状态栏中的“播放”按钮，观看动画。最后将文档保存为 donghua1.png。

图 3-30　绘制不同形状的图形

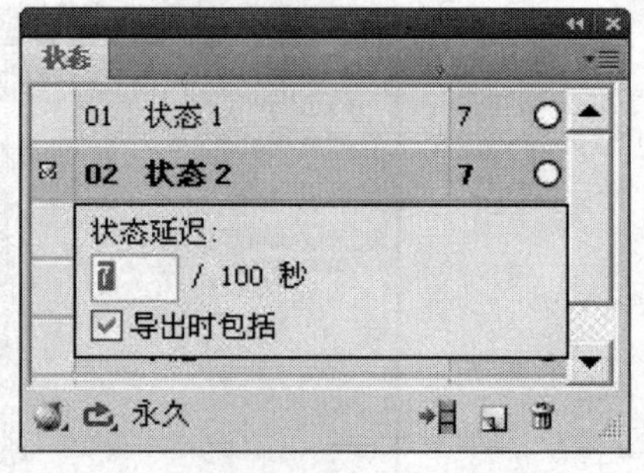

图 3-31　状态延迟的设置

说明：利用工具箱中的 L 形、斜切矩形、斜面矩形、箭头、螺旋形、饼形等工具绘制图形时，每种图形上都有控制点，控制点的多少随绘图工具的不同而不同。可通过控制点来对图形进行调整，图 3-32 所示为使用斜面矩形工具绘制的图形，左图为绘制的原始斜面矩形，右图为调整控制点后的图形。

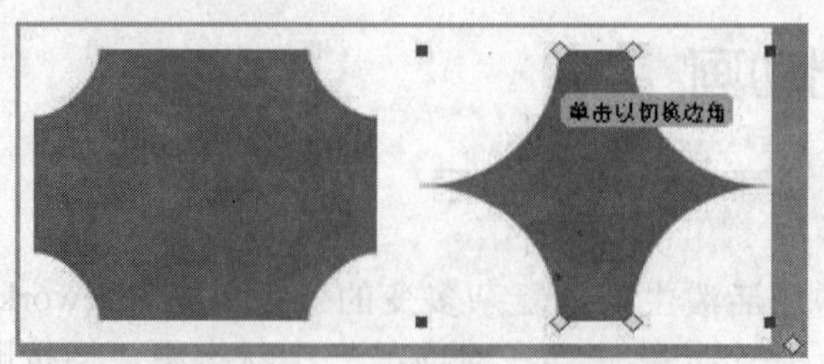

图 3-32　矢量工具绘制的图形

2. 创建动画元件

在 Fireworks 中，创建的动画元件将被自动存放到文件库面板中，可使用它们再创建其他动画。

通过创建动画元件制作动画的具体操作步骤如下。

步骤 1：新建文档，导入一幅图像。

步骤 2：使用指针工具选中图像，按<F8>键将其转换为“动画”元件。

步骤 3：在按钮打开的“动画”对话框中，设置动画的各项参数，如图 3-33a 所示。单击【确定】按钮，会出现自动增加状态的提示框，将其关闭后，画布上的图像对象将转换为动画元件实例，如图 3-33b 所示。

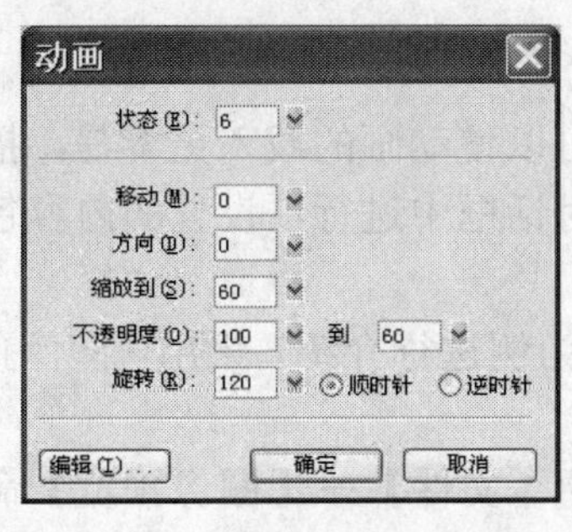

a）

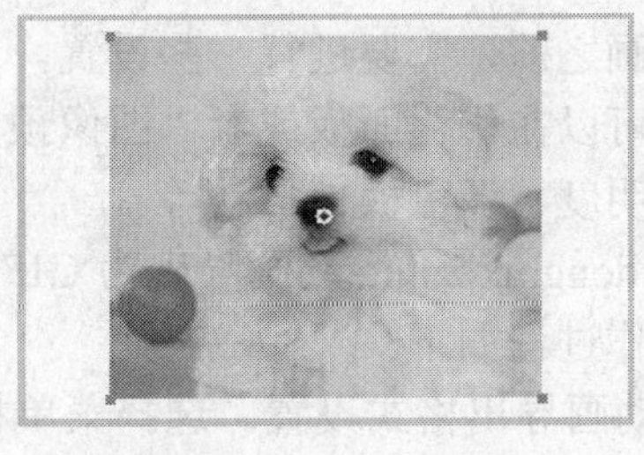

b）

图 3-33　创建动画元件

a）动画参数设置　b）动画元件实例

步骤 4：选择菜单栏中的【窗口】→【状态面板】命令，打开状态面板，可以看到共有 6 个状态。按住<Shift>键选中所有的状态，双击“7”处将状态延时修改为 30 秒。

步骤 5：单击文档窗口下方状态栏中的“播放”按钮 ▷，观看动画效果，图片在原地顺时针旋转、由大到小、由清晰到朦胧慢慢消影。将文档保存为 donghua2.png。

说明：（1）动画的属性设置

“动画”对话框中的各选项的意义如下：

1）状态：表示动画的状态数。

2）移动：表示每两个状态之间的距离。

3）方向：表示动画的运动方向。

4）缩放到：表示动画对象从第一个状态到最后一个状态的尺寸变化。输入 60%，表示每个状态的尺寸是前一状态的 0.6 倍。

5）不透明度：表示动画对象显示的不透明程度，通常用于制作淡入淡出效果。从 100 到 60，制作的是淡出效果。

6）旋转：表示动画对象旋转的角度。

7）旋转方向：可以选择顺时针旋转或者逆时针旋转。

（2）动画元件的运动路径

画布上的图像对象转换为动画元件实例后，会出现决定动画位移和方向的动画路径。动画路径上的关键点代表对应的状态，绿点代表动画的起点，红点代表动画的终点，蓝点代表中间状态。将鼠标指向红点，按住鼠标左键拖动其位置，可以改变了动画运动的方向和位移。

donghua2.png 中动画路径的起点和终点重合，故其产生的是在原地旋转淡出的效果。使用鼠标拖动画布中动画元件实例上的红点，改变动画的路径，如图 3-34 所示，将产生从左到右、由大到小、顺时针旋转的消影效果。

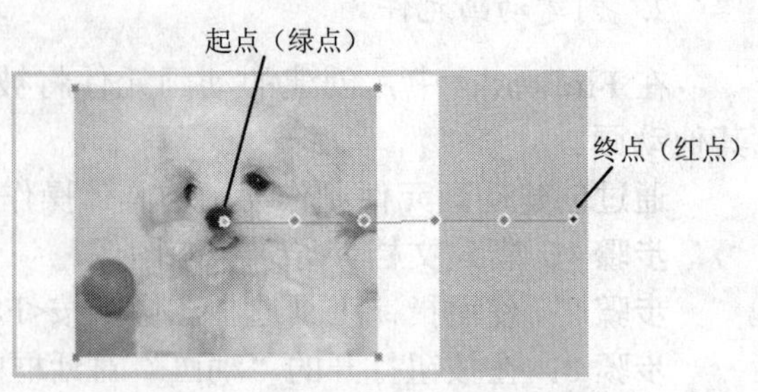

图 3-34　修改动画路径

3.2.2　导出动画

在导出动画之前，需要进行一些设置，这样可以使动画的载入更容易，播放更流畅。导出动画的设置可以在优化面板或者“图像预览”对话框中进行，设置的内容包括动画文件的导出格式、透明度、调色板、抖动等。

下面以将 donghua2.png 动画导出为 GIF 动画为例进行介绍，采用“图像预览”对话框的方式，具体操作过程如下。

步骤 1：动画导出格式设置。选择菜单栏中的【文件】→【图像预览】命令，打开“图像预览”对话框，从格式中选择“GIF 动画”，如图 3-35 所示。

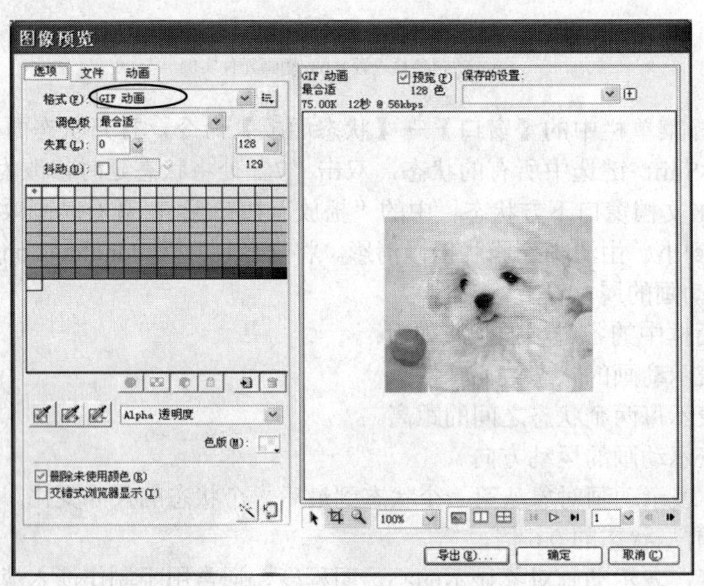

图 3-35　“图像预览”对话框

为了保证导出后的文件为动画形式，需要选择格式为“GIF 动画”。GIF 动画可以使剪贴画和卡通图像达到最佳效果。

步骤 2：透明度设置。在“图像预览”对话框中可以选择“索引色透明度”或“Alpha 透明度”。注意只有 GIF 格式的图像文件可以将背景色导出为透明形式。

透明度作为导出设置的一部分，可以使 GIF 动画文件中的一种或多种颜色在 Web 浏览器中显示为透明，这在需要网页背景或图像透过动画显示时是非常有用的。

步骤 3：动画优化设置。在“图像预览”对话框中选择设置“调色板”、“最大颜色数”选项。应根据图像的具体情况来选择调色板的类型。最大颜色数的值越大，图像上的色彩就越丰富，当然文件也就比较大，那么就要在色彩和图像质量上寻找平衡点。优化设置可以将文件压缩成最小的包以便快速载入和导出，从而极大地提高了在网站上下载的速度。

步骤 4：动画循环次数设置。在状态面板或“图像预览”对话框的“动画”选项卡中，选择底部的 GIF 动画循环工具，根据需要选择“无循环”、“永久”或是具体的数据。

步骤 5：设置完成后单击“图像预览”对话框中的【导出】按钮，将其导出为 GIF 动画格式。

3.3　制作及导出弹出菜单

3.3.1　制作弹出菜单

弹出菜单在网页制作中起到重要的导航作用，当鼠标指针移到触发网页对象，如切片、热点、按钮上或单击这些对象时，浏览器中即显示弹出菜单，供用户选择浏览。一般在弹出菜单中都附加 URL 链接。

每个弹出菜单项都以 HTML 或图像单元格的形式显示，并具有“弹起”状态和“滑过”状态，并且在这两种状态中都包含文本。要预览弹出菜单，可按<F12>键在浏览器中预览。在 Fireworks 文档窗口中的预览状态不会显示弹出菜单。

Fireworks 提供了“弹出菜单编辑器”，利用它可以快速方便地创建垂直或水平弹出菜单。本例将在以前制作的导航栏基础上介绍弹出菜单的制作过程，具体操作过程如下。

步骤 1：打开以前制作的 daohang.png 文件，修改画布大小。

步骤 2：使用指针工具选中“动物相册”按钮元件实例，将鼠标移至中心控制点处，单击鼠标左键，在弹出的菜单中选择【添加弹出菜单】命令，打开“弹出菜单编辑器”对话框。

步骤 3：在“内容”选项卡中添加相关内容，如图 3-36 所示。

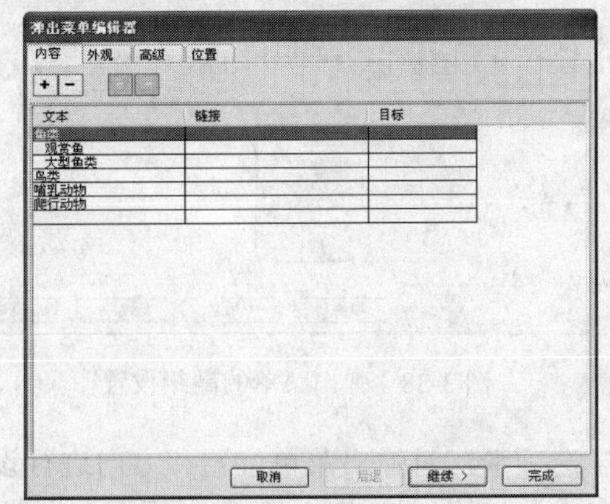

图 3-36　弹出菜单的内容设置

“内容”选项卡中的按钮为添加菜单项；按钮为删除菜单项；按钮用于将选中的菜单项变成上级菜单的子菜单；按钮用于将子菜单还原为同级菜单；“文本”用于输入菜单项的名称，“链接”用于输入菜单项的对应链接路径，“目标”用于设置链接页面出现的形式。

步骤 4：选择“外观”选项卡，进行文本格式的设置。为“滑过状态”和“弹起状态”应用图形样式，选择菜单的形式为“垂直菜单”，如图 3-37 所示。

步骤 5：选择“高级”选项卡，可进行单元格大小、边距和间距、文字缩进、菜单消失延时以及边框宽度、颜色、阴影和高亮等设置，如图 3-38 所示。

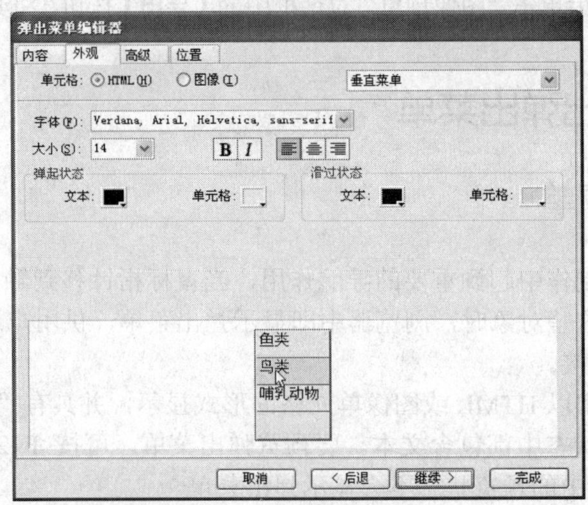

图 3-37　弹出菜单的外观设置

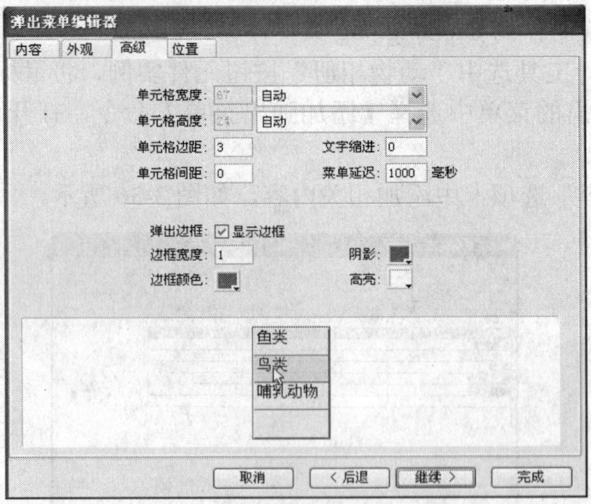

图 3-38　弹出菜单的高级设置

步骤 6：选择“位置”选项卡，对弹出菜单位置和方向进行设置，如图 3-39 所示。

步骤 7：最后单击【完成】按钮，按<F12>键在浏览器中浏览，效果如图 3-40 所示。

步骤 8：保存文档，命名为 popmenu.png。

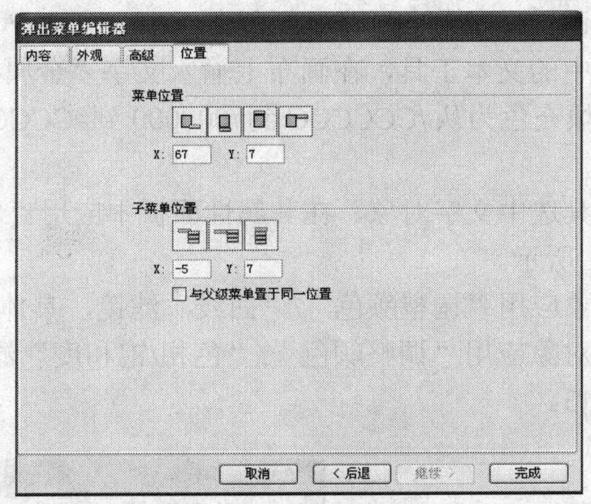

图 3-39　弹出菜单的位置设置

图 3-40　弹出菜单的预览效果

3.3.2　导出弹出菜单

选择菜单栏中的【文件】→【导出】命令，打开“导出”对话框，选择导出类型为“HTML 和图像”，文件名为 popmenu.htm，单击【保存】按钮，即可将弹出菜单导出。

Fireworks 生成了在 Web 浏览器中查看弹出菜单所需的所有 JavaScript。将含有弹出菜单的 Fireworks 文档导出为 HTML 时，会自动生成一个名为 mm_css_menu.js 的 JavaScript 文件，此文件与 HTML 文件在同一文件夹中。在上传文件时，需要将 mm_css_menu.js 上传到与包含该弹出菜单网页相同的位置。如果希望将该文件发送到其他位置，必须在 Fireworks 的 HTML 代码中更新引用 mm_css_menu.js 的超级链接，以便反映自定义位置。如果文档中有若干个弹出菜单，或者有若干个含弹出菜单的文档，Fireworks 只创建一个 mm_css_menu.js 文件。

当菜单包含子菜单时，Fireworks 会生成一个名为 arrows.gif 的图像文件。该图像是一个出现在菜单项旁边的小箭头，它表示存在一个子菜单。无论文档中包含多少个子菜单，Fireworks 总是使用同一个 arrows.gif 文件。

3.4　制作实例

3.4.1　金属特效文字

文字特效在网页或广告制作中经常被用到。下面介绍在 Fireworks 中制作金属字效果，具体操作步骤如下。

步骤 1：新建文档，设置画布大小及背景颜色。

步骤 2：选择工具箱中的文本工具，在画布上输入文字“金属字”，设置文字的字体为隶书，字号 100、加粗，填充色为从#CCCCCC 到#000000 到#CCCCCC 的线性渐变填充，填充的方向是从上到下。

步骤 3：使用指针工具选中文字对象，在其属性面板中应用“斜角和浮雕”/“内斜角”滤镜，具体设置如图 3-41 所示。

步骤 4：再将文字对象应用“调整颜色”/“曲线”滤镜，具体设置如图 3-42 所示。

步骤 5：继续将文字对象应用“调整颜色”/“色相/饱和度”滤镜，其中色相值为 45，饱和度为 63，亮度值为–13。

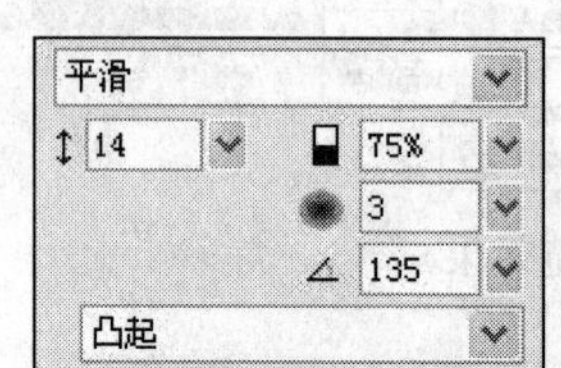

图 3-41　内斜角的参数设置

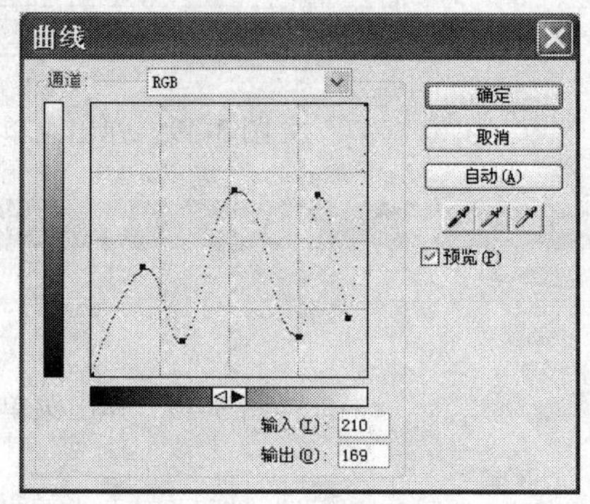

图 3-42　曲线的参数设置

步骤 6：再继续将文字对象应用“阴影和光晕”/“投影”效果，设置填充颜色为#666666，具体设置如图 3-43 所示。

步骤 7：如果金属效果不明显，可再做适当调整，完成效果如图 3-44 所示。

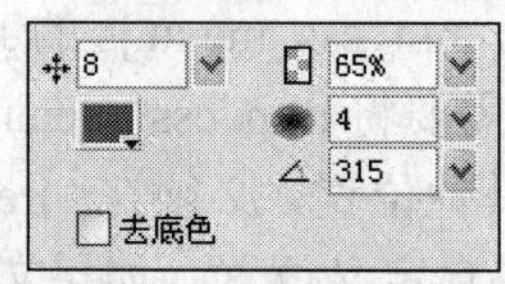

图 3-43　投影的参数设置

图 3-44　金属文字特效

步骤 8：将文档保存为 metalwz.png。

3.4.2　图标

利用 Fireworks 可以制作各种企业或者网站的图标，多数图标中对文字进行变形或修饰。下面以一个热爱大自然为主题的网站图标为例进行介绍，具体操作步骤如下。

步骤 1：新建文档，设置画布大小及背景颜色。

步骤 2：使用工具箱中的文本工具，输入两段文字“iziran”、“爱自然”，分别设置文字的字体、字号和颜色。

步骤 3：使用指针工具选中文字“iziran”，选择菜单栏中的【文本】→【转换为路径】

命令，将文字转换为路径，此时“iziran”为一个组合路径。然后单击画布的空白处，此时“iziran”中每个字母就是一个独立路径。

步骤 4：使用指针工具选中第一个字母“i”，再选择菜单栏中的【修改】→【组合路径】→【拆分】命令，这样 i 字母就被拆分为上下两个路径，如图 3-45a 所示。选中 i 字母上面的原点，在其属性面板中设置颜色为红色，这样就实现了同一个字母两种颜色的效果。用同样的方法处理第二个 i 字母，效果如图 3-45b 所示。

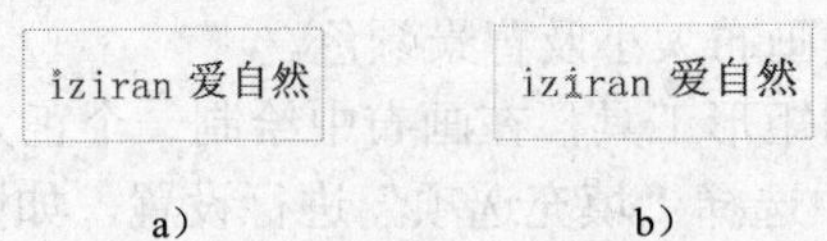

a）　　b）

图 3-45　对字母 i 的颜色处理

a）i 被分割为两个路径　b）第二个 i 被处理之后的效果

步骤 5：使用部分选定工具选中第一个字母 i 的下面部分，选择右下角上的点并向右下方拖动鼠标到合适位置，松开鼠标后的效果如图 3-46 所示。

步骤 6：将“爱自然”中的“爱”字改为白色，由于背景为白色，现在将看不到“爱”字。

下面制作一个红心。首先使用工具箱中的椭圆工具绘制一个只有填充的小圆，然后将其复制，将两个小圆并排放置。使用指针工具同时选中两个小圆，选择菜单栏中的【修改】→【组合路径】→【联合】命令，此时效果如图 3-47 所示。

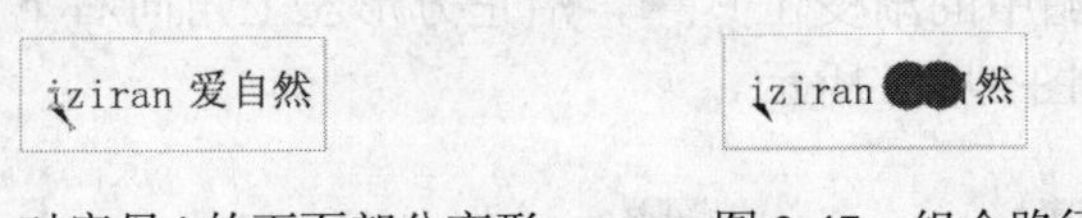

图 3-46　对字母 i 的下面部分变形　　图 3-47　组合路径

步骤 7：使用部分选定工具选择组合后路径下面部分的中间控制点，并向下拖动，效果如图 3-48 所示。

步骤 8：按照步骤 7 的方法向左侧拖动刚才控制点的左上方控制点。然后选中该控制点，出现两个调节点。用部分选中工具拖动其中一个调节点进行曲线弧度的调整，如图 3-49 所示。

图 3-48　路径变形图　　3-49　曲线弧度调整

步骤 9：按照步骤 8 的方法处理右侧的控制点，一个心形就绘制完成，效果如图 3-50a 所示。调整心形的位置，放在“爱自然”文字的下面。为了增加立体感，在其属性面板中为心形应用“投影和光晕”/“光晕”滤镜，效果如图 3-50b 所示。

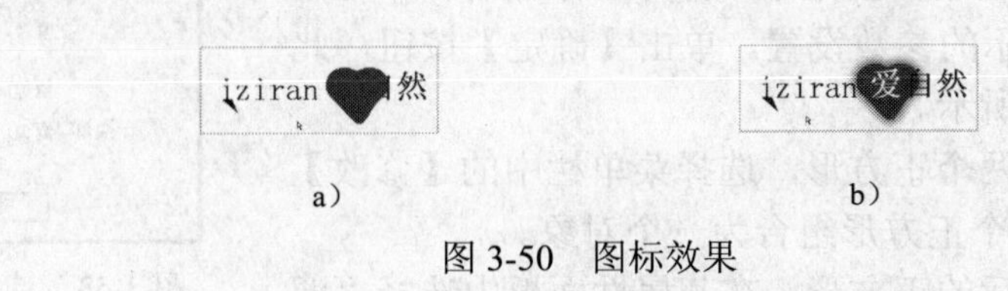

a）　　b）

图 3-50　图标效果

a）心形　b）最终效果

步骤 10：将文档保存为 tubiao.png。

3.4.3 制作立体按钮

在网页中经常有一些漂亮的立体按钮，起到了非常好的美化作用。下面介绍一种简单的制作立体按钮的方法，具体步骤如下。

步骤 1：新建文档，设置画布大小及背景颜色。

步骤 2：使用工具箱中的矩形工具，在画布中绘制一个正方形。然后单击工具箱中填充色工具的下拉箭头，从中选择“填充选项”进行设置，如图 3-51 所示。

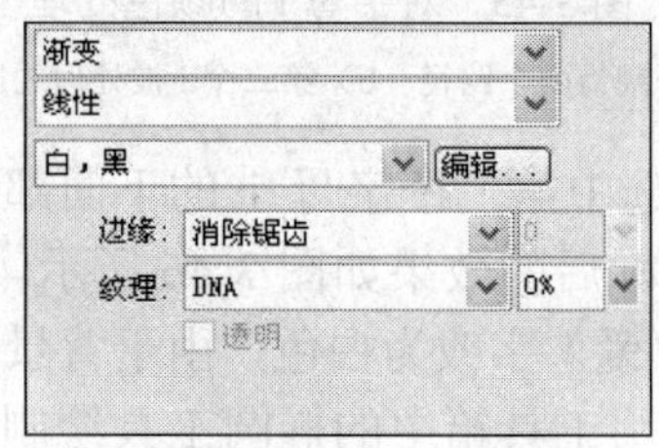

图 3-51　填充选项的设置

步骤 3：选择工具箱中的渐变工具，沿正方形左上角向右下角方向拖动油漆桶，改变填充样式，所得结果如图 3-52a 所示。

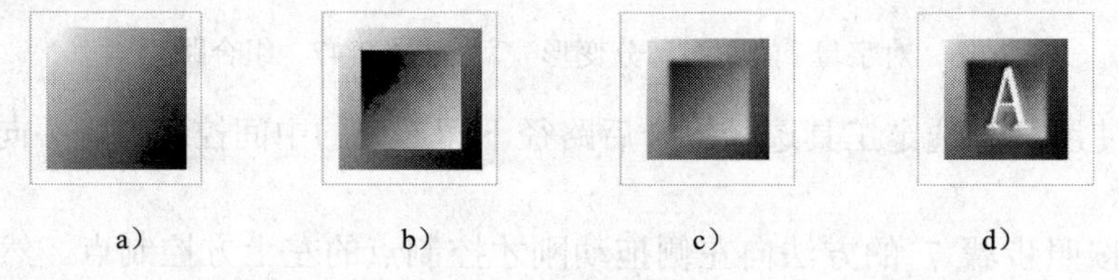

图 3-52　按钮的效果

步骤 4：使用指针工具选中该正方形，再选择菜单栏中的【编辑】→【克隆】命令进行复制；选择菜单栏中的【修改】→【变形】→【旋转 180°】命令，将正方形旋转；然后选择工具箱中的缩放工具，按住<Alt>键，在保持中心位置不变的情况下，将其缩小，效果如图 3-52b 所示。

步骤 5：使用指针工具选中小正方形，在其属性面板中设置“边缘”选项为羽化、数值为 2。

步骤 6：同时选中两个正方形，选择菜单栏中的【修改】→【改变路径】→【伸缩路径】命令，打开“伸缩路径”对话框，进行如图 3-53 所示的参数设置。单击【确定】按钮，此时按钮效果如图 3-52c 所示。

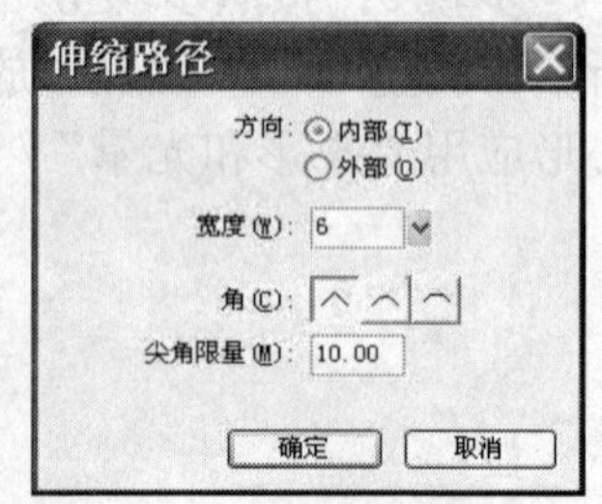

图 3-53　伸缩路径的设置

步骤 7：同时选中两个正方形，选择菜单栏中的【修改】→【组合】命令，将两个正方形组合为一个对象。

步骤 8：选中组合后的正方形，在其属性面板中选择“调整颜色”/“色相/饱和度”滤镜，设置色相值为−81，饱和度为 77，亮度为 16，此时可以发现按钮颜色发生了变化。

步骤 9：选择工具箱中的文本工具，输入白色字母“A”，将文字调整到正方形中心位置。然后在其属性面板中选择“斜角和浮雕”/“凹入浮雕”滤镜，完成的效果如图 3-52d 所示。

步骤 10：将文档保存为 ltan.png。

3.4.4　水波涟漪

在 Fireworks 中，利用蒙版和动画元件可以制作出水波涟漪的动画效果，具体制作步骤如下。

步骤 1：打开一幅图像。

步骤 2：选择菜单栏中的【窗口】→【层】命令，打开层面板。选中图像所在的背景层，在层面板的选项菜单中选择【在状态中共享层】命令。选中图像并进行复制操作，将一个图像放入“层 1”中，并连续按键盘的向上键 3 次，将其向上移动 3 个像素。

步骤 3：水波线条的制作。使用工具箱中的椭圆工具绘制两个白色填充的椭圆，相对位置如图 3-54a 所示。使用指针工具同时选中两个椭圆，选择菜单栏中的【修改】→【组合路径】→【打孔】命令，制作出月牙形的路径，效果如图 3-54b 所示。使用复制、变形、移动工具，复制出多个月牙形路径，效果如图 3-54c 所示。

a）

b）

c）

图 3-54　水波线条的制作

a）绘制两个椭圆　b）椭圆打孔后的效果　c）复制多条路径

步骤 4：选中所有的路径，选择菜单栏中的【修改】→【组合】命令，将所有路径组合成一个组合对象。

步骤 5：选中“层 1”中的位图图像，按<F8>键将其转换为动画元件，“动画”对话框的参数设置如图 3-55 所示。在弹出的提示框中单击【是】按钮，这样状态面板中将自动变为 6 个状态。

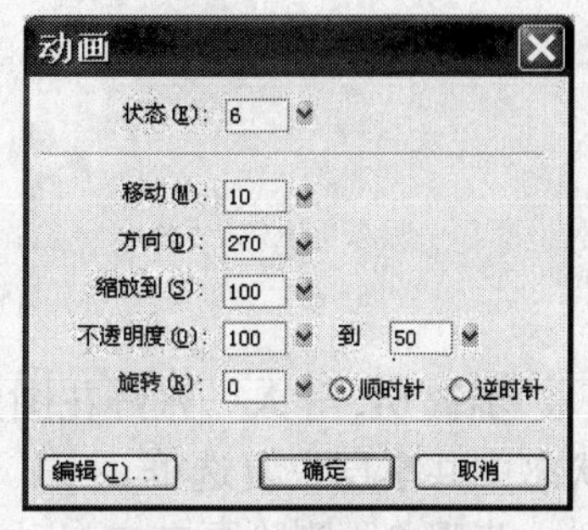

图 3-55　“动画”对话框

步骤 6：选择菜单栏中的【窗口】→【状态】命令，打开状态面板。在状态面板中选中“状态 1”，按住<Shift>键，同时选中画布上的动画元件和组合对象，再选择菜单栏中的【修改】→【蒙版】→【组合为蒙版】命令，此时的层面板如图 3-56 所示，“状态 6”中图像的效果如图 3-57 所示。

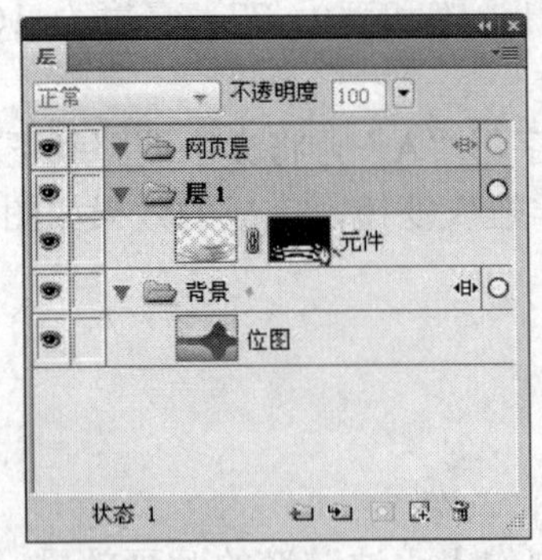

图 3-56　组合为蒙版之后的图层面板

图 3-57　“状态 6”的图像效果

步骤 7：单击文档窗口下方状态栏中的“播放”按钮，预览水波涟漪的动画效果。为了更逼真，可以在状态面板中将状态延迟设为 15。最后将文档保存为 shuibo.png。

3.4.5　飞舞的蝴蝶

下面介绍制作蝴蝶飞舞的动画效果，具体操作过程如下。

步骤 1：导入一张带蝴蝶的图片，利用工具箱中的魔术棒等选取工具，将蝴蝶从原图中提取并剪切出来。

步骤 2：选择菜单栏中的【编辑】→【插入】→【新元件】命令或按<Ctrl+F8>组合键，打开“转换为元件”对话框，选择“动画”元件。

步骤 3：在打开的元件编辑器中，粘贴第 1 步剪切出来的蝴蝶，按比例调整大小后进行复制，如图 3-58a 图所示。

步骤 4：选择菜单栏中的【窗口】→【状态】命令，打开状态面板，添加一个新状态，粘贴上步复制的蝴蝶。按住<Alt>键，在保持蝴蝶中心点不变的情况下进行缩放，并调整其亮度和对比度，两个状态中的蝴蝶如图 3-58 所示。单击文档窗口上方工具栏中的【页面 1】按钮 页面 1，退出元件编辑器。

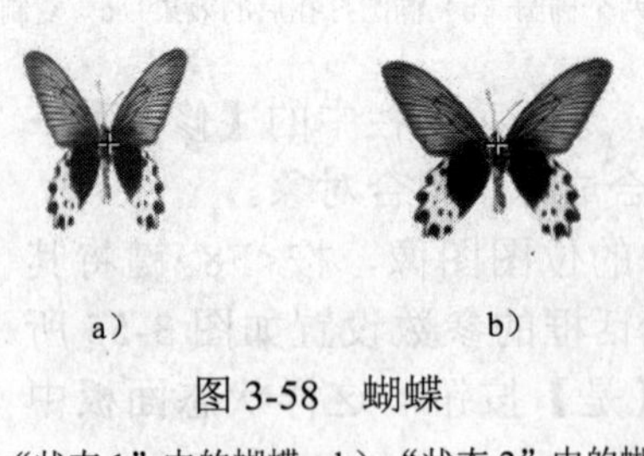

a）　　b）

图 3-58　蝴蝶

a）“状态 1”中的蝴蝶　b）“状态 2”中的蝴蝶

步骤 5：导入一张鲜花图片，放入层 1 中。选中层 1，在层面板的选项菜单中勾选“在状态中共享层”复选框。

步骤 6：删除画布中自动添加的动画元件实例。在层面板中新建层 2，从文档库面板中重新将动画元件实例拖动到画布中，会弹出如图 3-59 所示的提示框，单击【确定】按钮，然后调整元件实例的位置。

步骤 7：单击文档窗口下方状态栏中的“播放”按钮，观看效果，如图 3-60 所示。将文档保存为 butterfly.png。

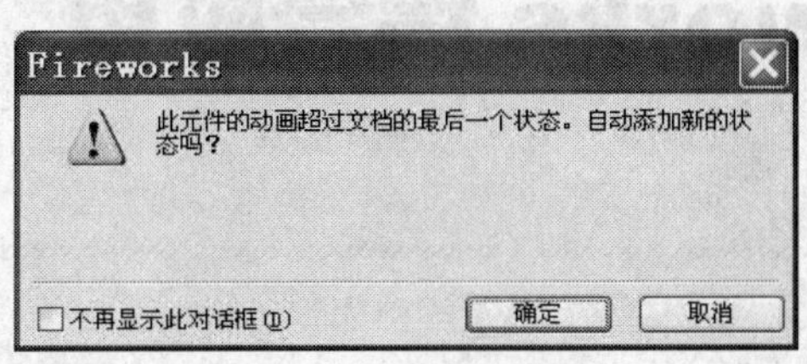

图 3-59　弹出的提示框

图 3-60　飞舞的蝴蝶

3.5　本章要点和概念

1）羽化就是为所选像素创建透明效果，使像素选区的边缘模糊，从而达到所选区域与周围的像素混合的目的。羽化半径决定了选区边缘模糊的像素量，数值越大，羽化程度也越大。

2）蒙版又称遮罩，是一种由最上层对象为下层对象提供外形，而下层对象为最上层对象提供色彩的图像处理效果。

3）按钮是网页的导航元素，利用 Fireworks 中的按钮编辑器可以创建各种形式的 JavaScript 按钮。

4）导航栏实际上是一组外观、形状一样的按钮，只是其上显示的文字不同而已。

5）翻转效果是指当鼠标指针滑过或指向某一图像时图像会发生变化。注意在交换图像的位置上只能创建切片区域。

6）对图像进行优化时，在图像质量和文件大小之间要达到最佳的平衡。

7）导出动画时，注意选择保存类型为 GIF 动画，否则辛辛苦苦制作出来的动画将会变成静态的图像。

8）弹出菜单在网页制作中起到重要的导航作用，当鼠标移到触发网页对象如切片、热点、按钮，或单击这些对象时，浏览器中即显示弹出菜单，供用户选择浏览。

习　题

3-1　导出图像时，如何选择图像的格式？如何将图像背景设置成透明的？

3-2　创建动画元件后，能否将路径设置成任意形状？

3-3　在同一个文档中能否创建多个动画元件的动画？

3-4　弹出菜单导出为网页形式时，会自动生成哪些文件？

3-5　实际操作：

1）制作一个动画。

2）试找一幅图像，进行图像的分割及切片的优化设置，并输出此图像。

3）制作一个翻转效果，当鼠标移动到图片的某个区域时，此区域的颜色将发生变化。

4）制作一个导航栏，并创建弹出菜单。

第 4 章　Fireworks 综合应用

本章知识点和技能点

1）页面布局的概念和方法。
2）图像批处理的操作方法。
3）巩固前面所介绍的各种操作技术。

4.1　页面布局

本章通过设计制作第一章中策划的“动物天地”网站首页的页面，详细介绍在网页设计制作的不同阶段如何利用 Fireworks 处理各种不同的任务。在页面设计中，合理的布局会让浏览者对网站的中心内容一目了然，从而能够吸引浏览者继续浏览。这就要求设计者利用丰富的想象力和创造力，从网页中各功能模块的实际需要出发进行布局安排。

在 Fireworks 中，主要利用层面板进行页面的基本布局，包括 Logo 图标、Banner 动画、导航栏、版权声明、页面内容等。

4.1.1　页面布局结构

版面是指在浏览器中看到的一个完整的页面。因显示器分辨率的不同，同一个页面可能会出现不同的尺寸。而布局是指以最适合浏览的方式将图片与文字排放在页面的不同位置上。从美观整洁的角度出发，整个网站一般都采用统一的结构，其大致可分为 4 个部分，从上至下分别为：站点图标 Logo 和标题广告 Banner 部分、导航条部分、网页主要内容部分、版权和注释部分。

对于工作区的设置，以 1024×768 像素的显示分辨率为基准，设置为 950×600 像素，在这种情况下屏幕的右侧和下端不会出现滚动条。在页面表达的内容比较多时，可以适当增加页面的高度，或者采用 Deamweaver 中的框架结构来实现更完美的效果。

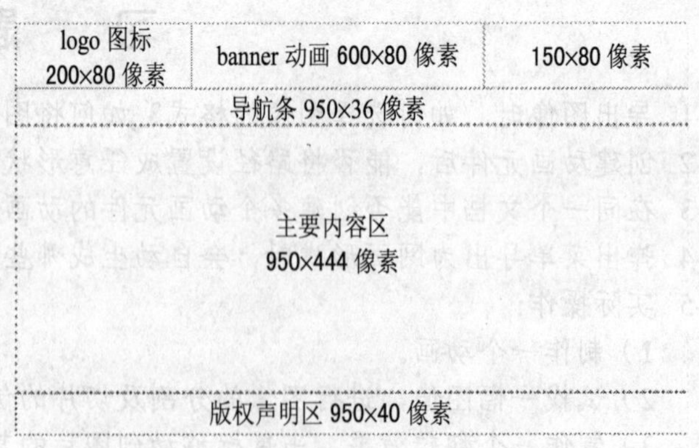

图 4-1　首页的布局结构

“动物天地”网站的首页采用如图 4-1 所示的结构，图中的单位均为像素。页面结构主要分为 4 个部分，最上面为网站的 Logo 图标、Banner 动画以及其他信息，接着就是网站的导航条，中间是主要内容部分，最下面为版权声明内容。

Logo 图标是与其他网站链接的标志，是网站形象的重要体现。一个好的 Logo 图标应设计精美、独特，与网站的整体风格相融，能够反映网站的类型、内容及风格特点。

Banner 又称横幅广告、标题广告，是一个表现站点内容的图片，一般放置在页面的上部，通常为动画形式，这样更具有吸引力。

4.1.2　页面设计与制作

1. 制作 Logo 图标

“动物天地”网站的 Logo 图标主要包括网站的主题和网站域名，具体制作过程如下。

步骤 1：新建文档，设置画布大小为 200×80 像素，背景颜色为白色。

步骤 2：使用工具箱中的文本工具分别输入两段文字“动物天地”和“www.dwtd.com”，任意选择字体、字号、颜色，并调整其位置，如图 4-2a 所示。

a）

b）

图 4-2　Logo 图标

a）输入文字　b）对文字应用样式

步骤 3：选择菜单栏中的【窗口】→【样式】命令，打开样式面板。使用指针工具选中画布中的文字“动物天地”，然后在样式面板的样式类型组合框中选择“文本整体样式”，单击“020”号样式，如图 4-3a 所示，则“动物天地”文字就应用了该样式。

用同样的方法为“www.dwtd.com”应用“文本创意样式”中的“002”号样式，如图 4-3b 所示，并在其属性面板中设置文字大小为 20。调整位置后 Logo 效果如图 4-2b 所示。

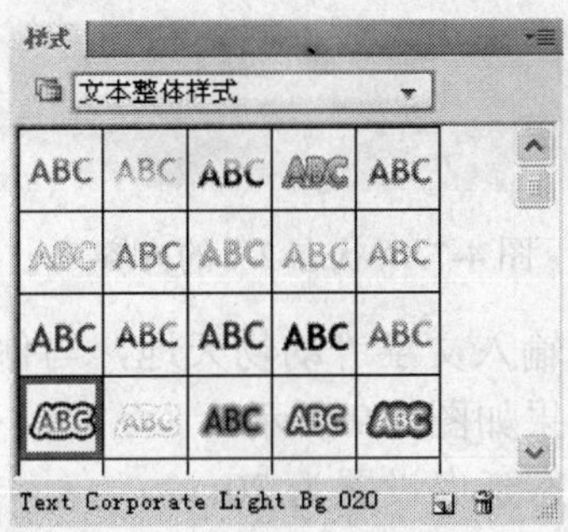

a）

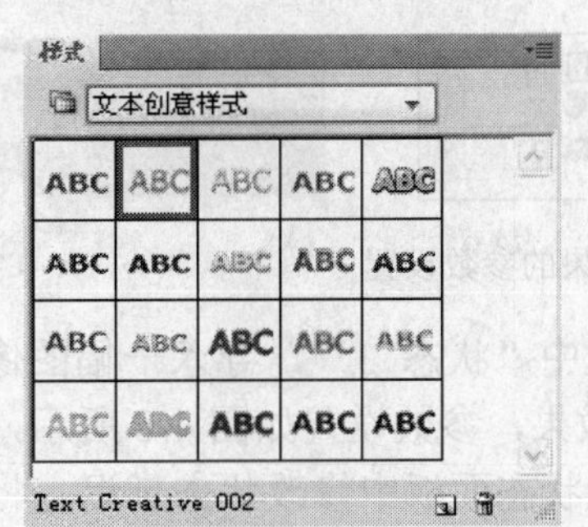

b）

图 4-3　样式选择

a）文本整体样式面板　b）文本创意样式面板

步骤 4：以 GIF 格式导出图像，命名为 logo.gif。同时再保存为 PNG 格式，便于以后进行修改。

样式是对象的填充、笔触、滤镜等属性的集合。将某个样式应用到一个对象上时，该对象就会具有该样式所包含的所有属性。

2．制作 Banner 动画

步骤 1：新建文档，设置画布大小为 600×80 像素。

步骤 2：选择菜单栏中的【文件】→【导入】命令，导入一幅图像，调整其大小与画布一致。然后使用工具箱中的文本工具在图像上输入文字“请爱护动物，保护自然”，设置文字字体为华文新魏，字号 33，颜色为白色。对文字应用投影效果，参数设置如图 4-4 所示。

步骤 3：使用工具箱中的钢笔工具，在画布上绘制一条矢量路径。使用指针工具同时选中矢量路径和文字，选择菜单栏中的【文本】→【附加到路径】命令，文字将沿着矢量路径排列，效果如图 4-5 所示。

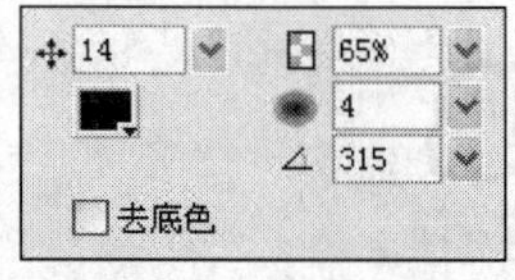

图 4-4　投影效果的参数设置

图 4-5　文本附加到路径

文字默认从绘制路径的起点开始排列，如果文字长度大于路径的长度，会出现转行排列的现象。如果文字长度小于路径的长度，通过选择文字属性面板中的文字居中对齐可使文字在路径的中间排列。附加的路径既可以是开口的，也可以是封闭的。

步骤 4：选择菜单栏中的【窗口】→【状态】命令，打开状态面板，添加 2 个新状态。选中“状态 2”，导入一幅图像，输入文字“人与自然，和谐共处”，设置文字字体为华文新魏，字号 33，颜色为白色。对文字应用光晕效果，参数设置如图 4-6 所示，效果如图 4-7 所示。

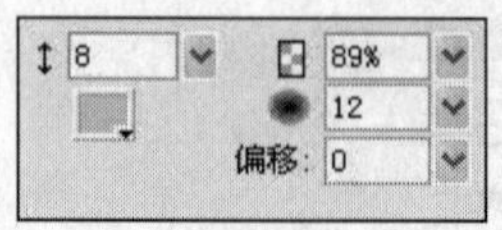

图 4-6　光晕效果的参数设置

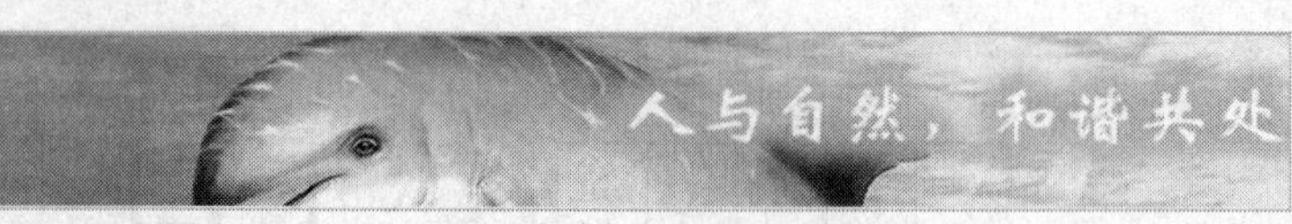

图 4-7　“状态 2”的内容

步骤 5：选中“状态 3”，导入一幅图像，输入文字“动物天地，与你相伴”，为文字增加外斜角的效果，参数设置如图 4-8 所示，效果如图 4-9 所示。

步骤 6：在状态面板中修改状态延迟，将状态延迟设置为 90。

步骤 7：预览动画效果，如不满意，可进行调整。

步骤 8：最后将动画以 GIF 动画的形式导出，命名为 banner.gif，同时再保存为 PNG 格式，便于以后进行修改。

说明：在导出动画时需要设置保存的类型为“GIF 动画”，如果不进行设置，则可能将辛辛苦苦制作的动画导出为静态的图像。

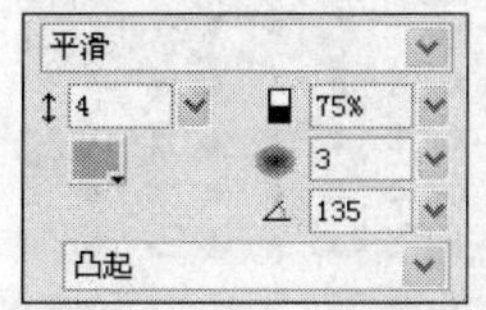

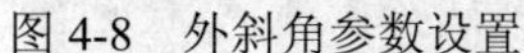

图 4-8　外斜角参数设置

图 4-9　“状态 3”的内容

3．进行总体页面布局

步骤 1：新建文档，设置画布大小为 950×600 像素，背景颜色为白色。

步骤 2：导入前面制作好的 Logo 图标。打开层面板，将“层 1”重命名为 Logo，勾选层面板选项菜单中的“在状态中共享此层”复选框；然后选择菜单栏中的【文件】→【导入】命令，导入制作好的 logo.gif，设置大小 200×80 像素，X、Y 坐标分别为 0。在层面板中单击眼睛图标右侧的方框，出现锁头图标，表示锁住此层。

步骤 3：导入前面制作好的 banner.gif 动画。选择菜单栏中的【文件】→【导入】命令，导入制作好的 banner.gif 动画，设置大小 600×80 像素，X、Y 坐标分别为 200、0。在图层面板中会自动生成 GIF 层，将其重命名为 Banner，并锁住此层。由于 banner.gif 为 3 个状态的动画，则此时状态面板会自动变为 3 个状态，将它们的状态延迟修改为 90。

步骤 4：在层面板中添加一个新层，命名为 right，勾选层面板选项菜单中的“在状态中共享此层”复选框；使用工具箱中的文本工具输入所需文字，效果如图 4-10 所示。在层面板中锁住此层。

设为首页
加入收藏

图 4-10　导入 Logo 和 Banner

步骤 5：制作导航栏。在层面板中添加一个新层，命名为 dhl，勾选层面板选项菜单中的“在状态中共享此层”复选框。使用工具箱中的矩形工具绘制 950×36 像素、颜色为 #00CC00 的矩形，X、Y 坐标分别为 0、81。使用工具箱中的直线工具绘制栏目之间的分割线，再使用工具箱中的文本工具输入字体为隶书、字号为 18 的白色栏目名称，最后使用工具栏中的对齐工具调整及对齐栏目名称和分割线，效果如图 4-11 所示。在层面板中锁住此层。

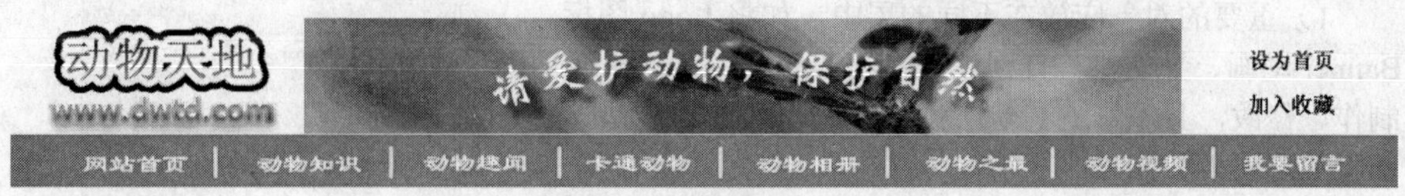

图 4-11　制作导航栏后的效果

步骤 6：制作版权声明。在层面板中添加一个新层，命名为 copyright，勾选层面板选项菜单中的“在状态中共享此层”复选框。使用工具箱中的矩形工具在画布底端绘制一个 950×40 像素无笔触的矩形，颜色设置为#009900；再使用工具箱中的文本工具输入文字“Copyright©2010 版权所有”，并调整文字的位置。在层面板中锁住此层。

说明：选择菜单栏中的【窗口】→【其他】→【特殊字符】命令，打开特殊字符面板，如图 4-12 所示，从中找到版权符号©。

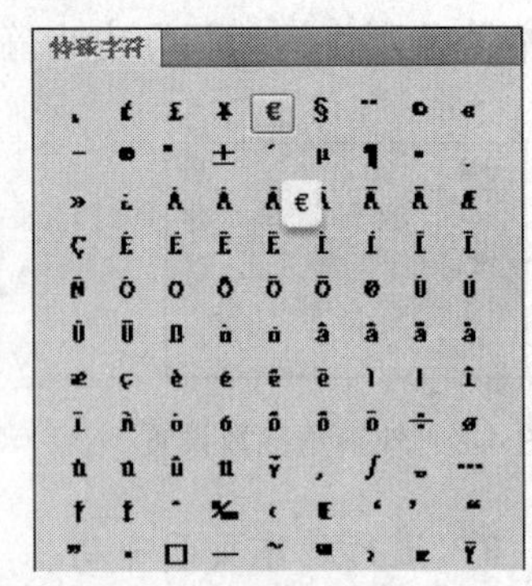

图 4-12 特殊字符面板

步骤 7：填充内容。在层面板中添加一个新层，命名为 content，勾选层面板选项菜单中的“在状态中共享此层”复选框。使用工具箱中的矩形工具和圆角矩形工具绘制主要区块，并导入所需的图像和文字，调整其位置，效果如图 4-13 所示。在层面板中锁住此层。

图 4-13 最终的页面布局效果

步骤 8：根据需要制作弹出菜单、设置超级链接等。

步骤 9：至此，“动物天地”网站的首页制作完成，以 PNG 格式保存，命名为 index.png。

说明：在进行网页布局时应注意以下问题：

1）重要的对象应放在不同的层中，如将 Logo 图标、Banner 动画、导航栏等分别放置在不同的层中，这样便于制作、修改，且不影响其他层中的对象。刚刚制作完成的首页的层面板如图 4-14 所示。

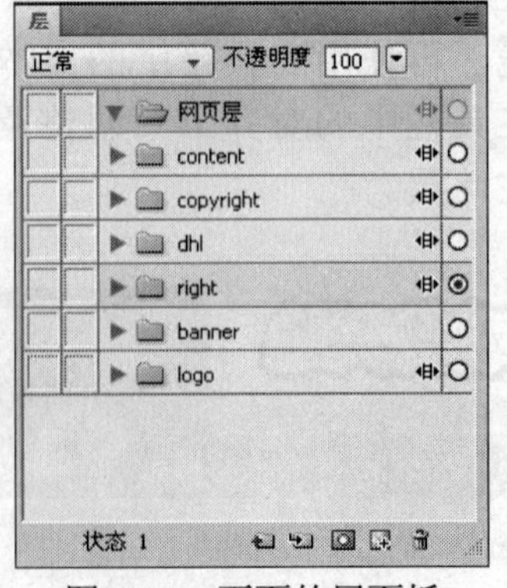

图 4-14 页面的层面板

2）所有层均要勾选“在状态中共享此层”复选框，这样只需在一个状态的层面板中添加对象，其他的状态中都能显示此对象。

3）善于使用眼睛图标和锁头图标。眼睛图标存在，表示此对象可见，反之为此对象不可见；锁头图标出现表示此对象不可编辑，反之为此对象可编辑。

4）层有排列顺序的问题，上层中的对象会遮挡下层中的对象，因此需注意层的排列顺序。

5）尽量只允许一个对象采用动画技术。如果有多个对象采用动画技术，它们的状态数应尽量相同，否则在预览时，由于状态数的不同会出现“闪动”的现象。

4.1.3　页面导出

Fireworks 可直接导出 HTML 格式的网页文件，如果希望导出的页面文件能够在 Dreamweaver 中作进一步的处理，则必须在导出 Fireworks 文档前使用切片进行切割，然后再以页面文件形式导出，这样在 Dreamweaver 可对切片部分进行修改和编辑。

1．直接导出

在前面制作的网站首页中，Banner 是动画，如果直接将其导出为 HTML 格式的网页文件，则 Banner 的动画效果将失去，而变成静态的图像。如果在导出前进行优化设置，在优化面板中选择“GIF 动画”格式，再将其导出为 HTML 格式的网页文件，预览页面文件时 Banner 就具有了动画效果。

直接导出的 HTML 网页文件在 Dreamweaver 中无法对其中的某一部分进行修改和编辑。直接导出 HTML 网页文件的操作过程如下。

步骤 1：选择菜单栏中的【文件】→【导出】命令，打开导出面板，设置“保存类型”为“HTML 和图像”，以 index1.htm 文件名保存。

步骤 2：选择保存文件夹中的 index1.htm 文件，右击后从弹出的快捷菜单中选择【打开方式/使用 Dreamweaver CS4】命令，打开 Dreamweaver 应用程序。

步骤 3：在 Dreamweaver 中，无法单独选中 Logo 图标或 Banner 动画进行编辑或修改。为了避免出现上述问题，就需要用切片对其进行分割、优化后再导出。

2．切片后再导出

步骤 1：使用工具箱中的切片工具，将首页切割成 Logo 图标、Banner 动画、导航栏、版权声明、主要内容区等几个矩形块，如图 4-15 所示。

步骤 2：优化切片。选中 Banner 部分的切片，在优化面板中将格式设置为“GIF 动画”，再选中其他的切片进行优化设置。

步骤 3：选择菜单栏中的【文件】→【导出】命令，打开导出面板，将保存类型设置为“HTML 和图像”，以 index2.htm 文件名保存，同时保存为 index2.png。

步骤 4：在浏览器中预览效果，Banner 具有动态的效果。

步骤 5：在 Dreamweaver 中，可以单独选中各区域进行修改和编辑了，如图 4-16 所示。

图 4-15 切割首页

图 4-16 使用 Dreamweaver 打开 index2.htm

4.2 图像批处理

Fireworks 提供了强大而又非常快捷的批处理功能，能够自动完成一组图像的格式转化、尺寸缩放、重命名等操作。

对图像进行批处理操作的步骤如下。

步骤 1：新建文档或打开已有的文档。

步骤 2：选择菜单栏中的【文件】→【批处理】命令，打开“批次”对话框。在“查找范围”下拉列表框中浏览找到需要进行批处理的图像，然后单击【增加】按钮，加入到对话框下方的列表区域中，如图 4-17 所示。

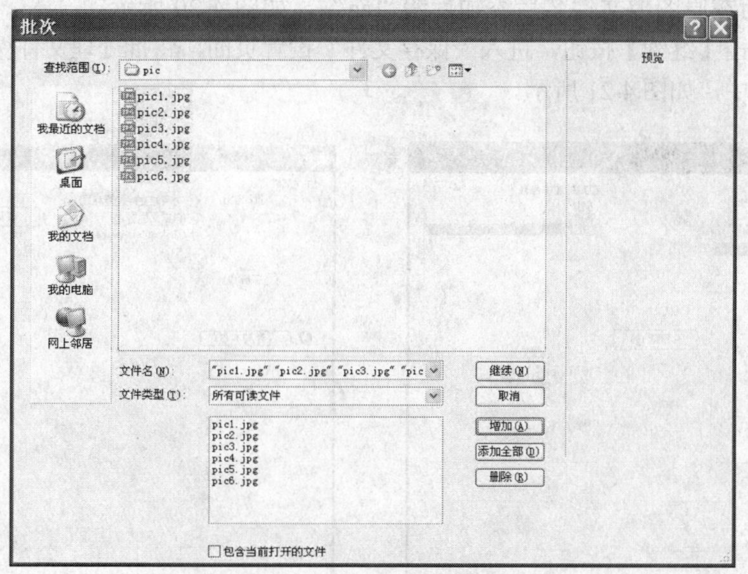

图 4-17 “批次”对话框

如果同一文件夹中的图像都要处理，则可直接单击【添加全部】按钮；如果文件夹中的图像不是都要处理，可按住<Ctrl>键一次选择多个不连续的图像文件，或按住<Shift>键一次选择多个连续的图像文件，然后单击【增加】按钮。要处理的图像也可以不在同一文件夹中，每选中一个文件夹中的图像后单击【增加】按钮即可。

步骤 3：单击【继续】按钮，打开“批处理”对话框。在“批次选项”列表框中选择“导出”项，单击【添加】按钮，然后在“设置”下拉列表框中选择所需设置，如图 4-18 所示。也可单击【编辑】按钮，在打开的“导出预览”对话框中进行设置。

步骤 4：在“批次选项”列表框中选择“缩放”项，单击【添加】按钮，将图像大小设置为 150×100 像素，如图 4-19 所示。

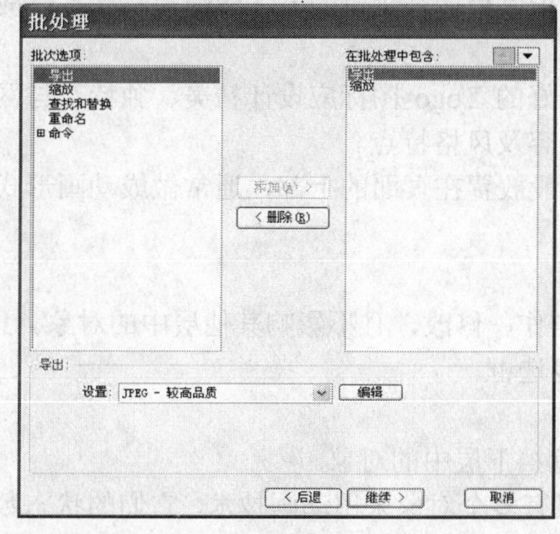

图 4-18 设置“导出”项

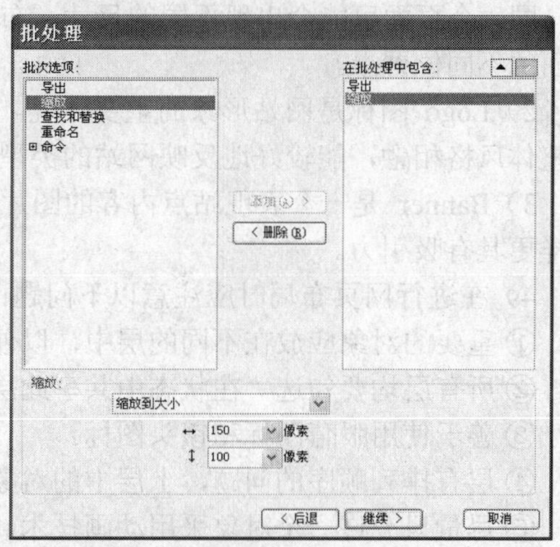

图 4-19 设置“缩放”项

步骤5：在“批次选项”列表框中选择“重命名”项，单击【添加】按钮，对导出的文件命名，设置为在原图像文件名后添加后缀“aa”，如图4-20所示。

步骤6：单击【继续】按钮，进入“保存文件”设置页面，将批处理文件保存在“D:\sucai\images”文件夹中，如图4-21所示。

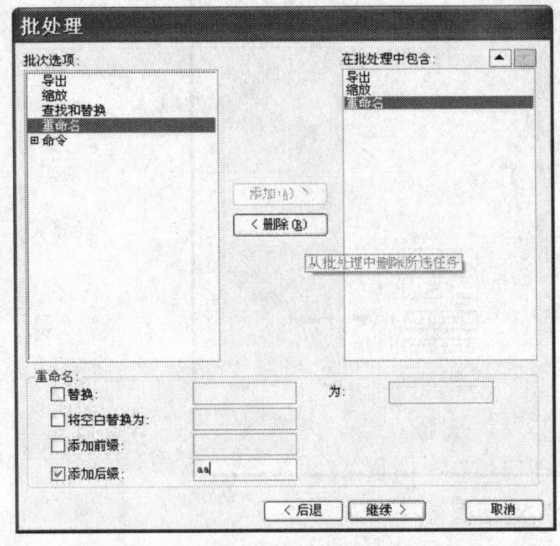

图4-20 设置“重命名”项　　图4-21 保存设置

步骤7：单击【批次】按钮，Fireworks将自动完成所选择图像文件的导出、缩放和重命名操作，随后弹出如图4-22所示的提示框，单击【确定】按钮完成批处理操作。

图4-22 “批处理”提示框

4.3 本章要点和概念

1）版面是指在浏览器中看到的一个完整的页面，包含框架与层。因显示器分辨率的不同，同一个页面可能会出现不同的尺寸。布局是指以最适合浏览的方式将图片与文字排放在页面的不同位置上。

2）Logo图标是网站形象的重要体现。一个好的Logo图标应设计精美、独特，与网站的整体风格相融，能较好地反映网站的类型、内容及风格特点。

3）Banner是一个表现站点内容的图片，一般放置在页面的上部，通常做成动画形式，这样更具有吸引力。

4）在进行网页布局时应注意以下问题：

① 重要的对象应放在不同的层中，以便于制作、修改，且不影响其他层中的对象。

② 所有层均要勾选“在状态中共享此层”复选框。

③ 善于使用眼睛图标和锁头图标。

④ 层有排列顺序的问题，上层中的对象会遮挡下层中的对象。

⑤ 尽量只允许一个对象采用动画技术。如果有多个对象采用动画技术，它们的状态数应尽量相同。

5）批处理功能能够自动完成一组图像的格式转化、尺寸缩放、重命名等操作，从而提高图像编辑与处理的效率。

习　题

4-1　导出文件时应用切片有何好处?

4-2　如何对动画进行切片优化?

4-3　利用 Fireworks 进行网页布局时，应注意哪些问题?

4-4　批处理功能可以自动完成哪些操作?

4-5　实际操作题:

1）设计制作一个网站的首页，包括 Logo 图标、Banner 广告、导航栏、栏目、主要内容等。

2）对设计制作的网站首页进行切割处理后导出为 HTML 文件格式。

Fireworks 综合作业

➘ 作业要求

1）绘制自己的手机，要求 PNG 格式及正确的导出格式。

2）制作静态 Logo 图标，要求 PNG 格式及正确的导出格式。

3）制作动画 Banner 广告，要求 PNG 格式及正确的导出格式。

4）首页布局，要求有 Logo、Banner、标题、栏目（4 个或以上）、版权声明，可以切片或不做切片，要求 PNG 格式及正确的导出格式。

第三部分 Flash CS4

第 5 章 Flash 入门

本章知识点和技能点

1）Flash 工作环境的设置、工具的使用、支持的文件类型。
2）Flash 文档的建立、保存及预览。
3）Flash 基本概念：舞台和场景、帧、图层、元件和实例。
4）Flash 处理对象的类型及对象之间的转换。
5）帧及帧内容的基本操作。

5.1 Flash 简介

Flash CS4 是 Adobe 公司推出的二维动画制作软件。利用 Flash CS4 制作的动画，不但能够在较低的数据传输速率下实现高质量的动画效果，同时还具有较好的交互性，因此非常适合在网络环境下应用。目前 Flash 在网页制作、平面设计、多媒体软件开发等领域已经得到了广泛的应用。

Flash CS4 对计算机的硬件系统和软件系统都有一定的要求，否则它的工作效率和速度将达不到预期的效果。

5.1.1 系统要求及硬件配置

在安装 Flash CS4 之前，请尽量确保计算机已配备以下硬件和软件：

- 1GHz 或更快的处理器。
- 1GB 可用内存，3.5GB 可用磁盘空间。
- 1024×768 像素分辨率屏幕（建议 1280×800 像素分辨率），16 位显卡。
- CD-ROM 驱动器。
- Microsoft Windows XP/Windows Vista 及以上操作系统。
- 多媒体功能需要 QuickTime 7.1.2 软件。

5.1.2 Flash 的工作界面

Flash CS4 的工作界面如图 5-1 所示。该界面和 Flash 以往的版本有许多不同之处。具体来说，这个界面更加具有亲和力，操作也比以前更方便。Flash CS4 不但大大简化了编辑过程，还为用户提供了更大自由发挥的空间。

一般情况下，使用 Flash 创建或编辑影片时，将涉及菜单栏、场景、工具箱、时间轴、功能面板等几个关键区域。

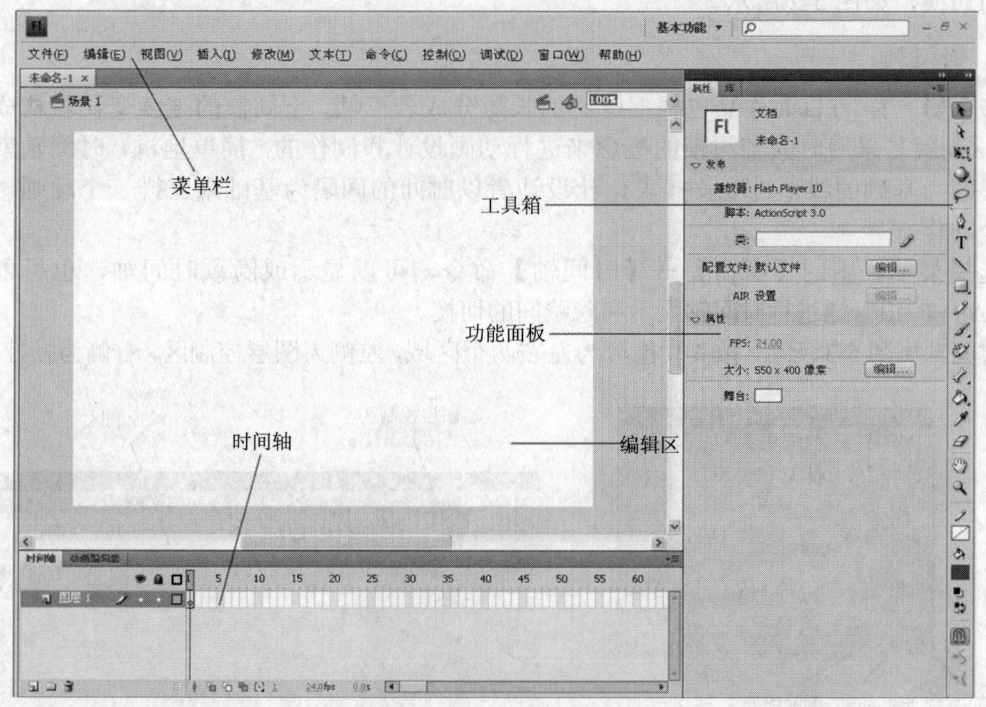

图 5-1 Flash 工作界面

1. 菜单栏

菜单栏包含了 Flash 中所有可以使用的菜单命令。利用这些菜单命令，可以实现文件管理、动画的编辑和测试等操作。

2. 舞台和场景

（1）舞台

舞台就是影片中作品的编辑区域，它是对影片中各对象进行编辑、修改的场所。在舞台上可以放置图片、文字、按钮、动画等元件。舞台大小及背景色是由影片属性所决定的。

（2）场景

跟多幕剧一样，同样的舞台上可以出现不同场景，场景为舞台上的一幕。场景的大小、色彩等属性是可以设置的。场景的设置实际上就是“文档属性”的设置。

注意：本书中舞台和场景这两个术语使用时常常通用。

场景与时间轴中的关键帧相对应，当选中某层中的一个关键帧后，场景中的对象即是此关键帧所代表的对象。

选择菜单栏中的【视图】→【标尺】或【网格】或【辅助线】命令，场景中将出现标尺、网格及辅助线，可用于对象定位。

（3）场景面板

一个比较复杂的动画往往采用多个场景，并按其在场景面板上排列的先后顺序进行播放，这样利于对动画进行制作和修改。通过场景上的场景选择工具可以进行场景之间的切换；也可选择菜单栏中的【窗口】→【其他面板】→【场景】命令，打开场景面板进行场景的切换，如图 5-2 所示。

3. 时间轴

与电影一样，Flash 作品也根据时间的长短分成若干帧，不同帧的连续变化就构成了动画。Flash 就是采用时间轴与帧的概念来进行动画设计和制作的。简单地讲，时间轴就是一个以时间为基础的线形进度安排表，让设计者以时间的间隔为基础来安排一个动画影片的每一个动作。

选择菜单栏中的【窗口】→【时间轴】命令，可以显示或隐藏时间轴，也可以通过<Ctrl+Alt+T>组合键进行时间轴显示和隐藏间的切换。

时间轴如图 5-3 所示，按其功能分为左右两个区域，左侧为图层控制区，右侧为帧控制区。

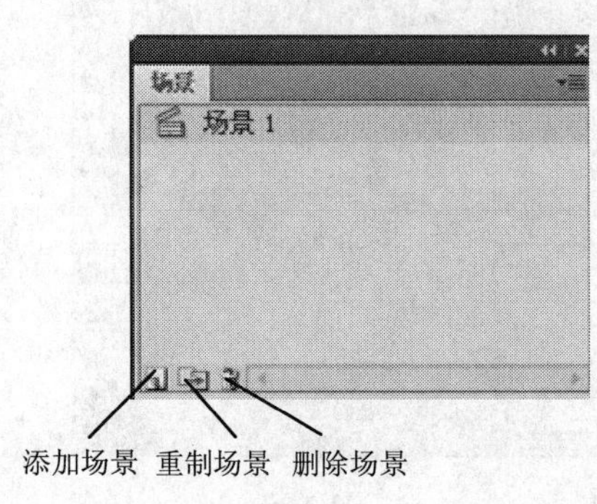

图 5-2　场景面板

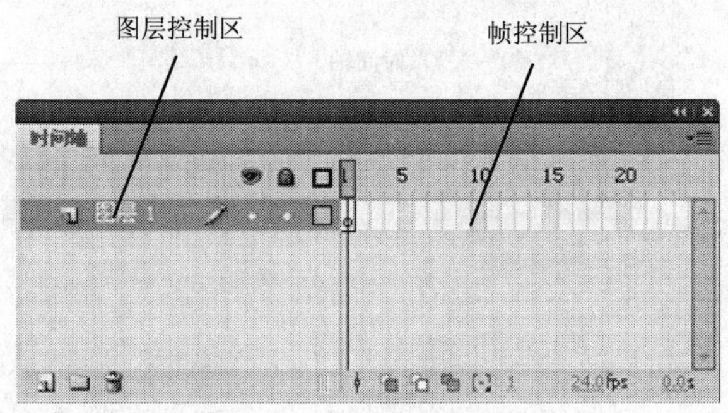

图 5-3　时间轴面板

（1）图层控制区

图层控制区是进行图层显示、增加或删除图层、设置图层属性等操作的区域，它由图层区及底部“新建图层”、“新建文件夹”、“删除”3 个图标按钮组成。当前舞台中正在编辑的作品的所有图层名称、状态等都会按照图层放置的顺序排列在图层区域中，图层的观看顺序是从上到下，位于上层的对象将会遮挡下层中的对象。

图层区由图层标签和、、3 个图标按钮组成。双击图层标签的名称，可以进行更改。选中某一图层后右击鼠标，将弹出有关图层操作的命令列表，可进行有关图层的各种操作。例如，选择【属性】命令，将打开“图层属性”对话框，如图 5-4 所示。3 个图标按钮的作用分别是显示或隐藏图层、锁定或解锁定图层、显示图层的轮廓。

（2）帧控制区

帧控制区主要由帧数、播放头及底部的工具及信息提示栏组成。Flash 默认帧数间隔为 5

帧；播放头指示场景中当前显示的帧；帧控制区底部的工具有帧居中、绘图纸外观、绘图纸外观轮廓、编辑多个帧、修改绘图纸标记；信息提示栏中的 1 表示当前帧；24.0f/s 表示帧频为每秒播放 24 帧，数字越大表示播放的速度越快。

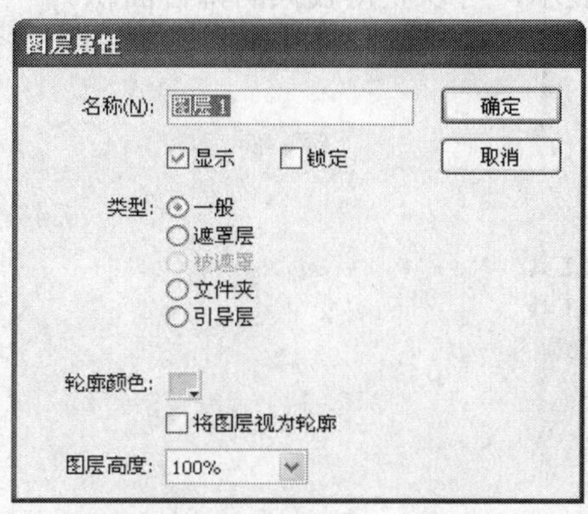

图 5-4 “图层属性”对话框

4. 功能面板

Flash 工作界面的右侧是放置各种面板的默认区域，该区域中的每个面板都是可以浮动的，并带有收放特性。选择【窗口】菜单中的相应命令，可以打开或关闭相应的面板。双击各功能面板的名称处或单击其工具栏处，可以折叠或展开相应的功能面板。如果将功能面板组合起来，则会使 Flash 工作界面效率更高，如图 5-5 所示的是将对齐、颜色、变形 3 个面板组合在一起的效果。按<F4>键可以隐藏或显示所有面板。

在所有的面板中，属性面板的使用频率较高，作用也比较重要。属性面板主要用于设置所选对象、工具箱中的工具以及文档等的相应属性。属性面板中的内容会随着所选对象的不同而发生变化，如果未选中任何对象，属性面板将显示文档的相关属性，可进行影片发布设置，更改舞台大小、背景色、帧频等，如图 5-6 所示。选择菜单栏中的【窗口】→【属性】命令，可以显示或隐藏属性面板。

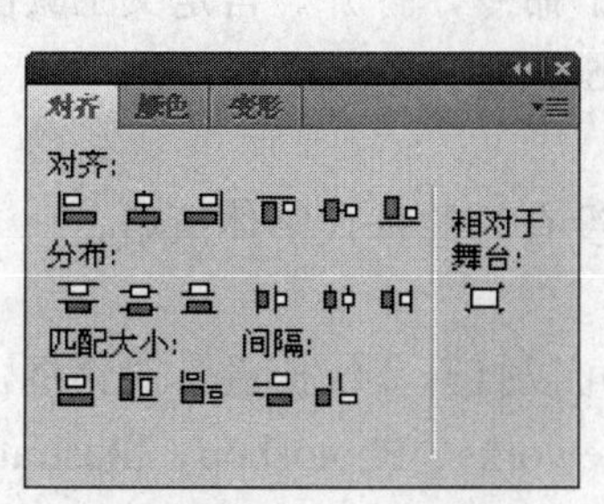

图 5-5 组合的浮动面板

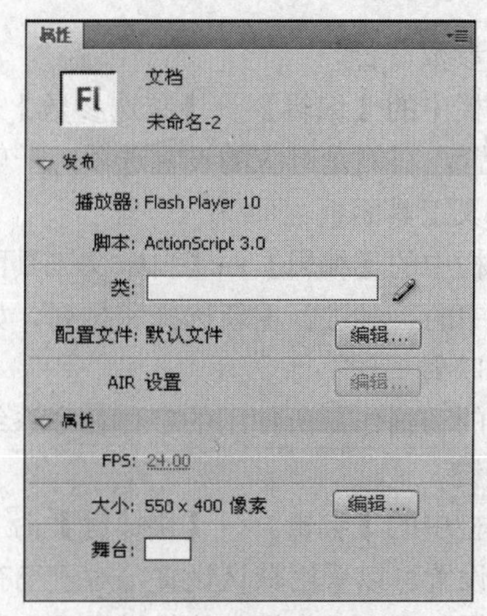

图 5-6 文档的属性面板

5. 工具箱

Flash 中的工具集中存放在工具箱中。工具箱有两种显示方式，一种是单列显示，一种是多列显示。默认情况为单列显示，可以获得较大的舞台面积。

工具箱分为绘图工具、视图调整工具、颜色修改工具和选项设置工具 4 个不同功能区域，如图 5-7 所示。

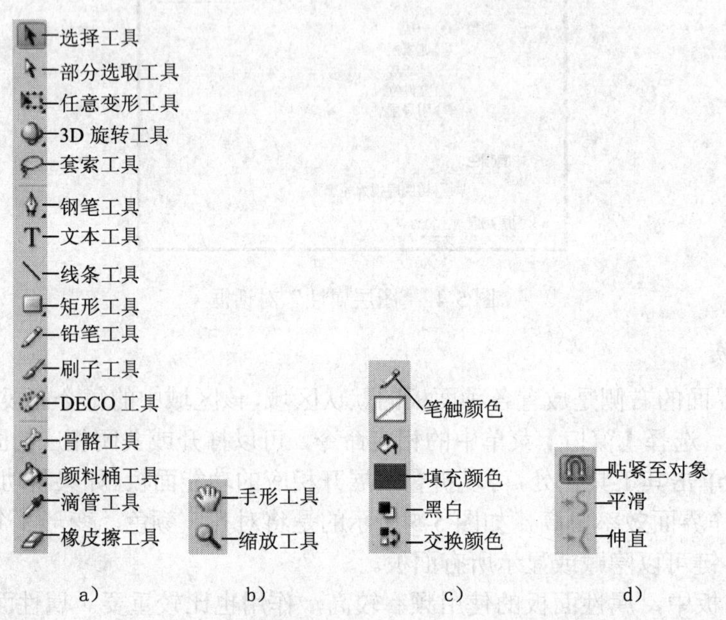

图 5-7 Flash 的工具箱

a）绘图工具 b）视图调整工具 c）颜色修改工具 d）选项设置工具

选择菜单栏中的【窗口】→【工具】命令或使用<Ctrl+F2>组合键，可以显示或隐藏工具箱。

6. 个性化设置

（1）首选参数设置

选择菜单栏中的【编辑】→【首选参数】命令，可以打开“首选参数”对话框，左侧共有 9 个分类设置，右侧是对应的设置选项，一般使用默认设置即可，如图 5-8 所示。

（2）自定义工具面板

选择菜单栏中的【编辑】→【自定义工具面板】命令，打开“自定义工具面板”对话框，可以对工具箱中的工具进行重新选择和排列，如图 5-9 所示。

（3）字体映射

指当导入的动画作品所使用的字体在本系统中没有时的替代字体策略。

（4）快捷键

选择菜单栏中的【编辑】→【快捷键】命令，可以打开“快捷键”对话框，如图 5-10 所示。快捷键的设置可以采用默认设置，对于已有 Fireworks、Photoshop、Illustrator 等软件操作习惯的用户，提供了延续习惯的快捷键设置方法。

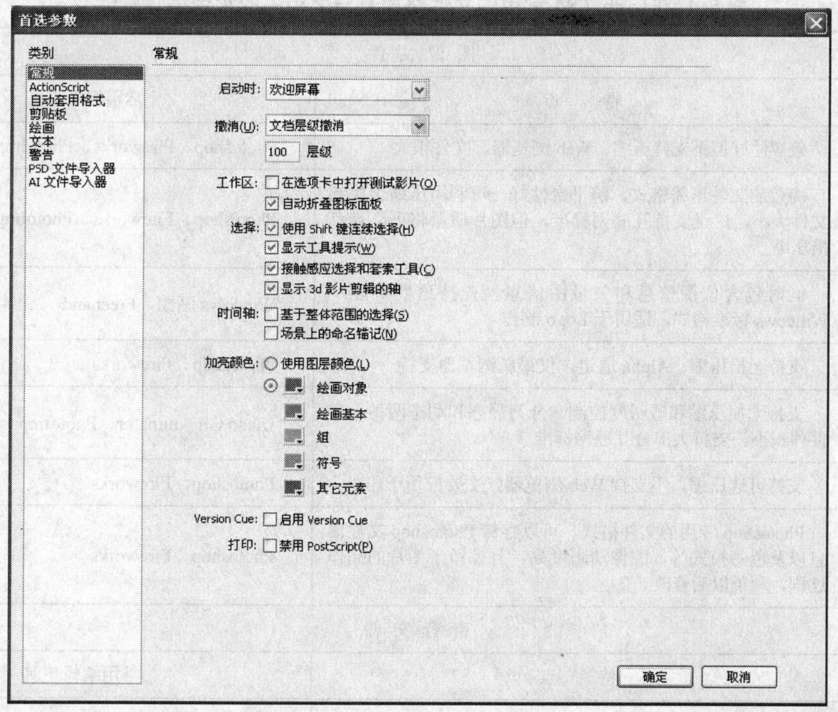

图 5-8 “首选参数”对话框

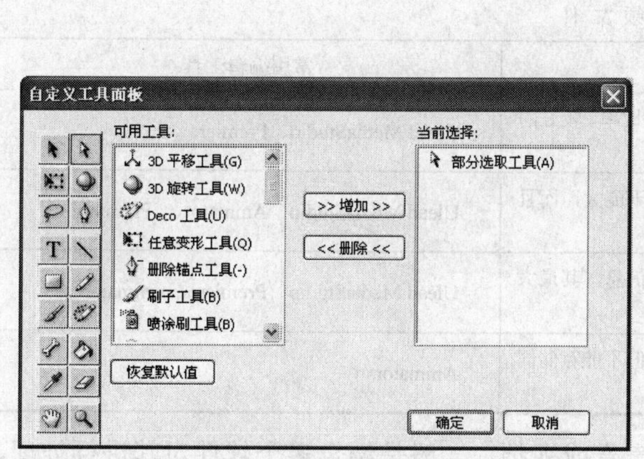

图 5-9 “自定义工具面板”对话框

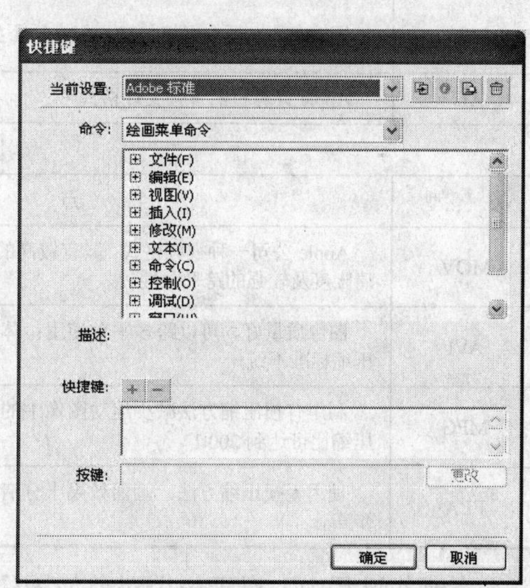

图 5-10 “快捷键”对话框

5.1.3 Flash 支持文件类型

Flash 支持多种图像、声音、视频文件格式，常用的文件格式以及与之相关的常用编辑软件见表 5-1。

表 5-1　Flash CS4 常用的文件格式及与之相关的常用编辑软件

图像文件		
类　型	特　点	常用编辑工具
BMP	兼容性好但不支持压缩、Web 浏览器，文件很大	Photoshop、Fireworks、PhotoImpact
JPEG	高效的文件压缩格式，跨平台性好，可利用压缩比控制文件大小，广泛支持互联网标准，但图片质量将下降且有损压缩	Photoshop、Fireworks、PhotoImpact
WMF	同时包含位图信息和矢量图信息，支持透明处理、Windows 标准格式，适用于 Logo 制作	Windows 画图、Freehand
PNG	支持无损压缩、Alpha 通道，仅最新浏览器支持	Photoshop、Fireworks
GIF	支持无损压缩和透明度控制，分为静态和动态两种，文件体积小，支持大部分互联网标准	Ulead Gif Animator、PhotoImpact
TIFF	支持可选压缩，不支持 Web 浏览器，主要应用于印刷	Photoshop、Fireworks
PSD	Photoshop 专用的文件格式，可以存储 Photoshop 文件信息以及色彩模式等，图像清晰度高，且保留了图片的制作过程，利于以后修改	Photoshop、Fireworks
声音文件		
类　型	特　点	常用编辑工具
WAV	记录声音的波形，只要采样率高、采样字节长、机器速度快，则声音质量非常高，但文件太大，不适合网络传输	Windows 录音机、Sound Forge、Cool Edit、Ulead Audio Editor、NGWave Audio Editor
MP3	压缩率大，适合网络传输，但音质不如 CD	MP3 Workshop、Ulead Audio Editor、NGWave Audio Editor
AIF	Apple 计算机的音频文件格式	NGWave Audio Editor
视频文件		
类　型	特　点	常用编辑工具
MOV	Apple 公司一种视频格式，具有较高的压缩比率、较好的清晰度及较强的跨平台性	Ulead MediaStudio、Premiere
AVI	图像质量好，可以跨多平台使用；体积过于庞大，而且压缩标准不统一	Ulead MediaStudio、Animator、 Premiere
MPG	利用有损压缩方法减少运动图像中的冗余信息，其最大压缩比可达到 200:1	Ulead MediaStudio、Premiere、Animator
FLA	使用无损压缩方法，画面效果十分清晰，但不能存储同步声音	Animator

在制作过程中，对于一个对象如图像、声音或视频，一般是结合多个软件对其进行处理，综合每个工具的优势以达到最佳的处理效果。例如，要将一幅静态图片制作成动态的“风吹”效果，如果使用 Flash 软件制作，则其过程会比较复杂。如果先通过 Photoshop 对静态图片进行初步的加工修饰后，再利用 PhotoImpact 中的动态滤镜使该图片产生动画效果，最后使用 Ulead GIF Animator 对动画文件中的帧进行添加、删除操作，这样形成的文件不但可以供 Flash 使用，而且制作过程也清晰明了。因此，掌握多种工具软件并能够结合运用，在创作过程中可以达到事半功倍的效果。

5.2　Flash 基础知识

5.2.1　基本概念

1. 帧

时间轴是对帧进行操作的场所。在时间轴上，每一个小方格就是 1 帧。在 Flash 中，帧是最小的时间单位，默认状态下，以 5 帧作为一个单位进行数字标识。

帧在时间轴上的排列顺序一般就决定了一个动画的播放顺序，而每个帧中具体包含什么内容，则需在相应帧的场景中进行制作。如仅在第 1 帧绘制了一幅图，那么这幅图只能作为第 1 帧的内容，其他帧是没有内容的。注意帧的播放顺序会按照时间轴的时间递增方向进行，除非采用 Action 控制了自动播放的顺序。

在 Flash 中，帧有关键帧、普通帧和过渡帧 3 种类型，如图 5-11 所示。

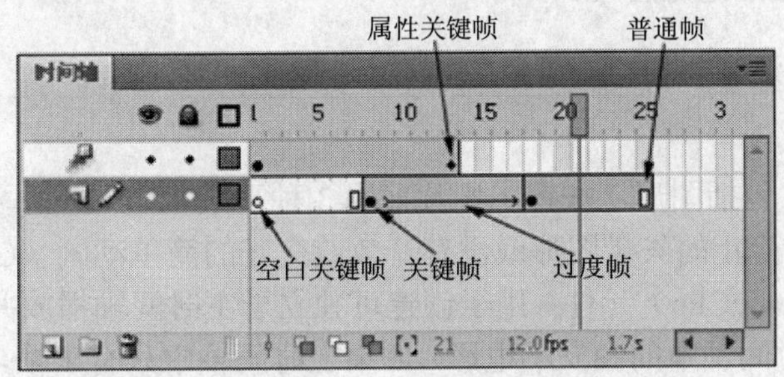

图 5-11　帧的类型

（1）关键帧

关键帧是指控制一段动画的开始或结束的帧。在关键帧中可以加入动作脚本命令、调整动画元素的属性。关键帧又可以细分为有对象的关键帧、空白关键帧和属性关键帧。

1）有对象的关键帧是指有内容的关键帧，以实心圆点表示。

2）空白关键帧是指没有内容的关键帧，以空心圆点表示。

3）在 Flash CS4 中，新增的“属性关键帧”是指在补间动画的特定时间或帧中定义的属性值，以实心菱形表示。

（2）普通帧

普通帧是指延续关键帧状态的帧，起到定格的作用。

（3）过渡帧

过渡帧是指两个关键帧之间的空白内容根据用户的设定通过 Flash 自动计算得到的帧。如在设计一个篮球落地的动画时，仅需设计篮球下落前的状态和落地的状态，至于落下前的状态和落地的状态之间的内容就由 Flash 自身计算自动产生了，无需用户再一帧一帧地设计。由于过渡帧的存在，为用户减少了大量中间过程的制作，因此减轻了工作量，提高了工作效率。

2. 图层

形象地说，图层可以看成是叠放在一起的透明胶片，而各个胶片之间是独立的。在不同图层上编辑不同的动画，它们之间将互不影响，放映时将得到合成后的效果。

在 Flash 中，图层的增加并不会增加动画文件的大小；相反，正是因为图层的存在，可以更加方便地安排、组织和控制动画中的图形、文字、元件、声音、动作等对象。在 Flash 的图层中，不仅能存放图形、图像对象，而且还可以存放声音、控制信息等。在 Flash 中，除普通图层外，还包含了遮罩层、引导层和图层夹 3 种特殊的图层。

1）普通图层：指通常用于放置图形、文字、声音等对象的图层。

2）引导层：指控制 Flash 中对象做复杂曲线运动的特殊图层，在该图层中用户可以绘制引导线，被控制的对象将会按照这条路径进行复杂运动。

3）遮罩层：是一个控制舞台显示区域的特殊图层，遮罩层中的内容无论是在预览过程中还是在最后的作品中都将不被显示。在被遮罩的图层中，只有被遮罩层遮住的部分被显示出来，其余的部分将不被显示。

4）图层夹：当一个场景中应用的图层较多时，可以建立文件夹把相应的图层放入同一个文件夹中，以便于对图层进行管理。

3. 元件、实例、库

（1）元件

在 Flash 中，元件包括图形、按钮、影片剪辑 3 种形式。

1）图形元件：指静止的矢量图形或没有音效或交互的简单动画（GIF 动画）。

2）影片剪辑（MovieClip）元件：用于创建可独立于主时间轴播放并可重复使用的动画片段。影片剪辑就像主时间轴中的独立小电影，如果主时间轴中只有 1 帧，其内的影片剪辑元件有 10 帧，则该 10 帧影片剪辑元件仍能完整播放。影片剪辑支持音频信息、交互响应或包含另一个元件等。

3）按钮（Button）元件：支持鼠标操作，用于创建鼠标事件，如单击、指向等，做出相应的交互式按钮。

元件只需创建一次，即可在整个文档或其他文档中重复使用。元件不单纯可以通过 Flash 制作产生，还可以通过导入操作从其他应用程序中获得。在 Flash 中，任何元件一旦被创建后都会自动存放在库中。每个元件都有自己的时间轴，可以将帧、关键帧和层添加到元件的时间轴中，如果元件是影片剪辑或按钮，则可以使用动作脚本控制元件。

（2）实例

实例是元件在舞台上的一次具体使用。重复使用实例不会增加文件的大小，因此在制作 Flash 动画时，应尽量使用实例，这样不仅可以减少重复劳动、提高制作效率，而且可以大幅度降低 Flash 文档的大小。

元件和实例之间存在着关联关系，元件的改变将直接导致所有对应的实例的改变。每个元件实例都有独立于该元件的属性，可以更改元件实例的色调、透明度和亮度，对元件实例进行变形等。

（3）库

库是 Flash 中存放和管理元件的场所。Flash 中的库有两种类型：一种是 Flash 自身所带的公共库，此类库可以提供给任何 Flash 文档使用；另一种是在建立元件或导入对象时形成的库，此类库仅可以被当前文档或同时打开的文档调用，该类库会随创建它的文档打开而打开，随文档关闭而关闭。

使用库可以减少动画制作中的重复制作并且可以减小文件的体积，在 Flash 制作过程中，应有调用库的意识，养成使用库面板的习惯。

选择菜单栏中的【窗口】→【公共库】命令，可以调出公共库面板；选择菜单栏中的【窗口】→【库】命令或者使用<Ctrl+L>组合键可以打开库面板，如图 5-12 所示。

图 5-12　库面板

4. Flash 中的对象类型

Flash 中处理的对象类型主要有：矢量对象、位图对象、文本对象及元件实例对象，如图 5-13 所示。4 种对象的属性面板是有差别的。

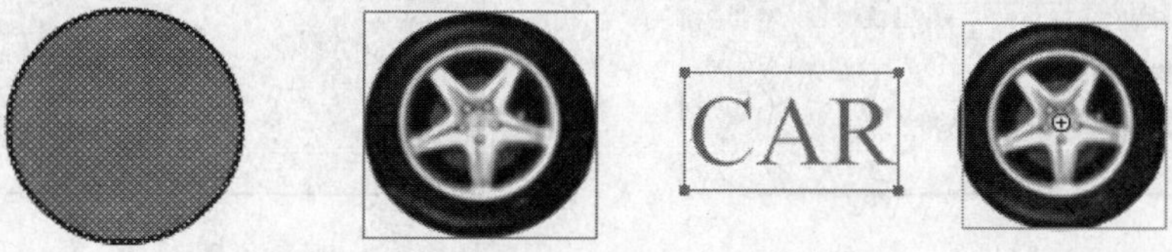

a）

b）

c）

d）

图 5-13　Flash 处理的对象类型

a）矢量对象　b）位图对象　c）文本对象　d）元件实例对象

（1）矢量对象

Flash 中的矢量对象是用被称为矢量的线段和曲线来描述的图像，由线条和色块组成。矢量对象的大小与图形的尺寸无关，而与图形复杂的程度有关；矢量对象可被放大到任意程度而不会影响其效果。图 5-13a 所示的矢量对象的属性面板如图 5-14a 所示。

（2）位图对象

外部图像导入到 Flash 中，以位图对象的形式存在。位图属于实体对象的性质，只能适当缩小尺寸和采用压缩算法，以减少动画作品的大小。图 5-13b 所示的位图对象的属性面板如图 5-14b 所示。

（3）文本对象

使用 Flash 工具箱中的文本工具，可以在场景中输入文本。文本的输入框有两种模式，一种是不固定宽度的单行模式，即文本框宽度会随着文字的长短自动扩展；另一种是固定宽度的多行模式，即使用鼠标在需要输入文本的地方拖动出所需宽度和高度的文本框，由于限定了宽度，随着文字的长度增加，文本将自动换行。

在 Flash 中，文本对象的类型主要有静态文本、动态文本和输入文本 3 种。静态文本可以转换为矢量对象使用；动态文本用于需要实时更新数据的情况；输入文本供用户以交互的方式输入文字。动态文本和输入文本都需要一个变量接受文本，以供 Flash 的动作脚本对其进行处理。图 5-13c 所示的文本对象的属性面板如图 5-14c 所示。

（4）元件实例对象

图 5-13d 所示为舞台上的一个元件实例对象。与位图对象的区别在于，在元件实例对象中

会出现一个“+”号，其位置会随着所选注册点的位置不同而发生变化。对元件实例对象可以进行色调、透明度、亮度等色彩效果设置。图 5-13d 所示元件实例对象的属性面板如图 5-14d 所示。

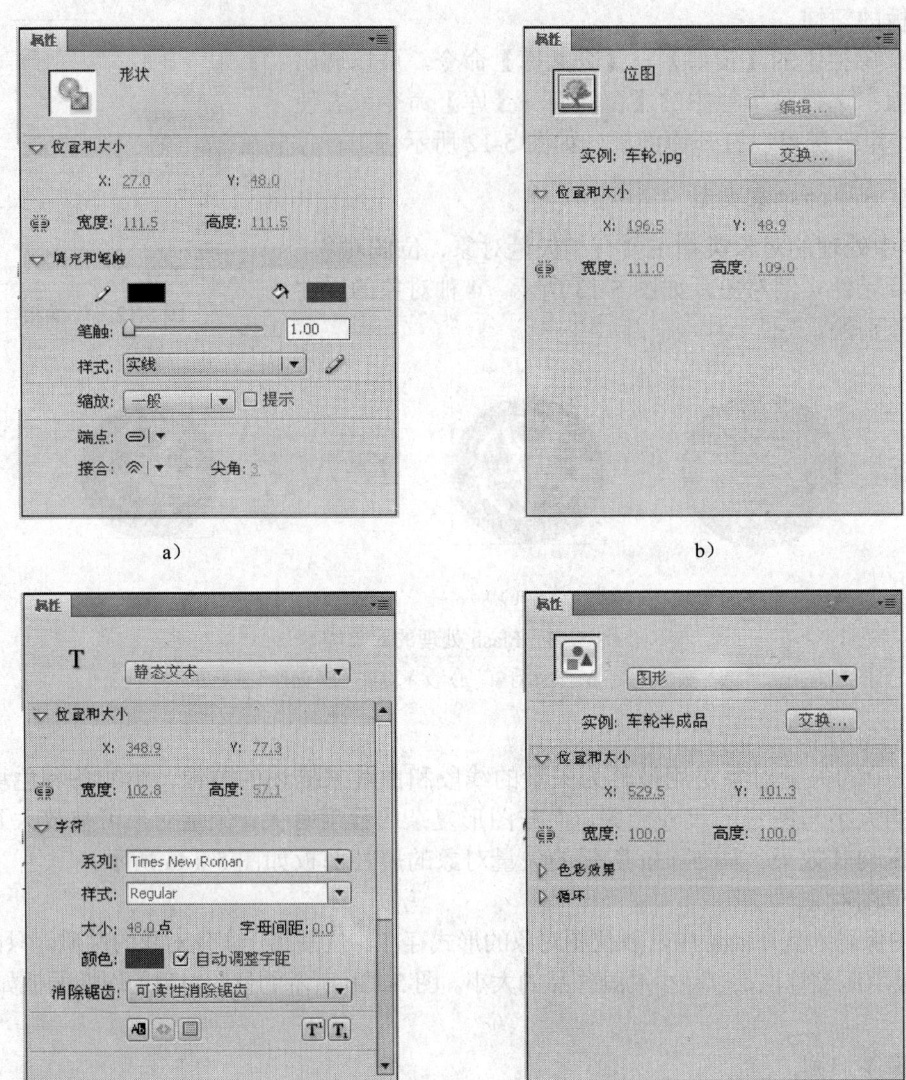

图 5-14 Flash 处理对象的属性面板

a）矢量对象的属性面板 b）位图对象的属性面板 c）文本对象的属性面板 d）元件实例对象的属性面板

5.2.2 建立与保存文档

1. 创建文档

通过选择菜单栏中的【文件】→【新建】命令，或选择工具栏中的新建工具，会打开“新建文档”对话框，如图 5-15 所示。选择“类型”列表框中的“Flash 文件（ActionScript 3.0）”、

“Flash 文件（ActionScript 2.0）”、“Flash 文件（Adobe AIR）”或“Flash 文件（移动）”项后单击【确定】按钮，将在 Flash 文档窗口中创建一个新文档。

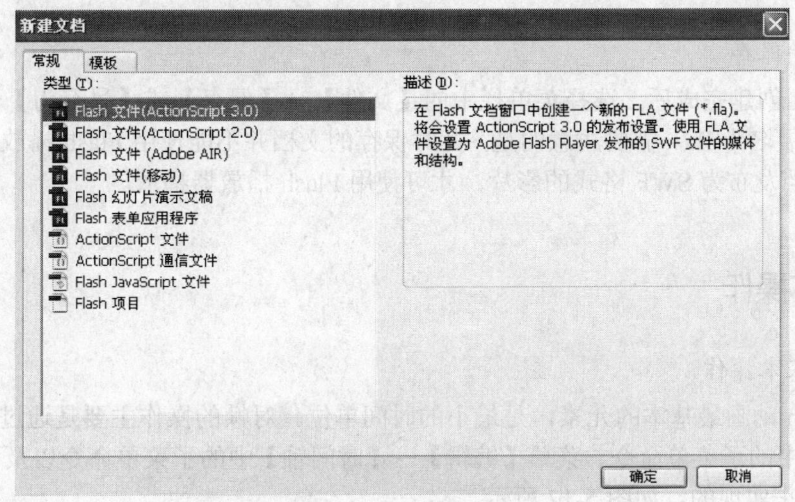

图 5-15 “新建文档”对话框

2. 文档的属性设置

在制作 Flash 动画时，首先要对一些基本属性进行设置，如舞台尺寸、背景颜色等。单击属性面板中“大小”右侧的【编辑】按钮或选择菜单栏中的【修改】→【文档】命令，都可以打开如图 5-16 所示的“文档属性”对话框，在该对话框中进行文档属性的设置。

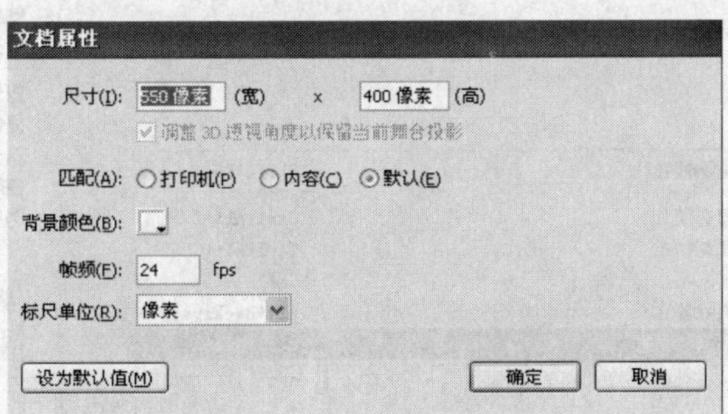

图 5-16 “文档属性”对话框

1）尺寸：设置舞台的宽度和高度。

2）匹配：使作品的大小与打印机的打印范围相同。

3）背景颜色：定义舞台的颜色。该项设置会影响整个文档中所有场景和帧的背景颜色。

4）帧频：定义每秒播放的帧数，标准影片频率为每秒 24 帧。

5）标尺单位：当设定为只显示标尺时，可以通过“标尺单位”设置计量单位。选择菜单栏中的【视图】→【标尺】命令，可以显示或隐藏标尺。注意，“尺寸”选项中的单位是随着“标尺单位”中的单位变化而变化的。

6）设为默认值：单击该按钮可以将此时文档各项参数设定为默认值，再次新建一个 Flash

文档时，将以此默认值作为文档属性。

当文档属性设定完成后，可以通过时间轴中的状态栏或文档属性面板了解当前文档的一些属性信息。

3. 文档的保存

Flash 文档创建完成后，选择菜单栏中的【文件】→【保存】或【另存为】命令，进行文档保存，其扩展名为 fla。需要注意的是，此时保存的文档并不能使用 Flash 播放器播放，必须将该 Flash 文档发布为 SWF 格式的影片，才可使用 Flash 播放器播放。

5.2.3 基本操作

1. 帧的基本操作

帧是 Flash 动画最基本的元素，是最小的时间单位。对帧的操作主要是通过菜单【插入】→【时间轴】中的子菜单命令、菜单【编辑】→【时间轴】中的子菜单命令以及时间轴的快捷菜单或快捷键来实现的，如图 5-17 所示。

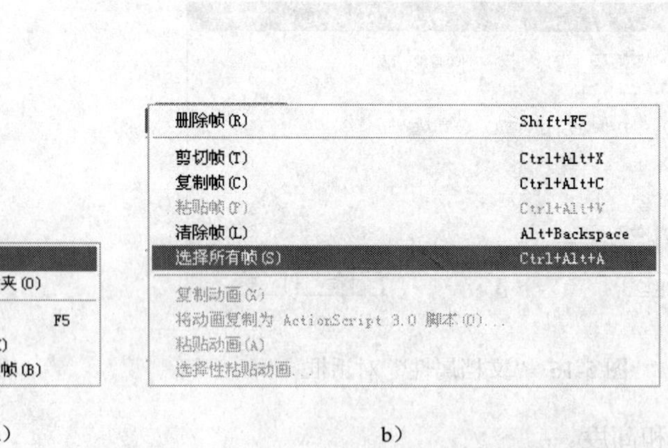

图 5-17 帧的基本操作

a）【插入】→【时间轴】的子菜单命令

b）【编辑】→【时间轴】的子菜单命令 c）时间轴的快捷菜单

（1）帧的选定

关键帧、普通帧、过渡帧的选择方法是相同的，方法如下：

1）在时间轴中用鼠标左击或右击指定的帧即选定单个帧。

2）在时间轴中右击鼠标，在弹出的时间轴快捷菜单中选择【选择所有帧】命令，可以选定所有图层的所有帧。

3）选择菜单栏中的【编辑】→【时间轴】→【选择所有帧】命令，可以选定所有图层的所有帧。

4）使用<Ctrl+Alt+A>组合键选定所有图层的所有帧。

5）按住<Ctrl>键并左击鼠标，可选定多个不连续的帧区域。

6）按住<Shift>键并左击鼠标，可选定多个连续的帧区域。

7）在时间轴中左击鼠标选中一帧，按住鼠标左键并拖动，可以实现连续帧区域的选定；对于多个帧的选定操作不仅只局限当前图层，还可以在多个图层之间进行。

（2）添加关键帧

1）选中时间轴中除第 1 帧外的任意一个帧，选择菜单栏中的【插入】→【时间轴】→【关键帧】或【空白关键帧】命令，可以创建关键帧或空白关键帧。

2）右击时间轴中除第 1 帧外的任意一个帧，在弹出的快捷菜单中选择【插入关键帧】或【插入空白关键帧】命令，可以实现插入一个关键帧或空白关键帧的操作。

说明：如果前一个关键帧为空白关键帧，那么在其后插入的关键帧无论是关键帧还是空白关键帧，Flash 都认为是空白关键帧。

3）在时间轴中选中需要插入关键帧的帧单元格，按<F6>键可创建关键帧，按<F7>键可创建空白关键帧。

4）在过渡帧中改变舞台上的内容，该帧将自动转换成关键帧。

5）可以像在 Windows 中操作一样，按住<Shift>键单击鼠标左键选择连续多个帧或按住<Ctrl>键单击鼠标左键选择多个不连续帧，然后选择菜单栏中的【插入】→【时间轴】→【关键帧】或【空白关键帧】命令，创建系列关键帧或系列空白关键帧。通过<F6>键、<F7>键或者时间轴快捷菜单也可以进行该项操作。

（3）删除关键帧

1）在时间轴中右击需要删除的关键帧，在快捷菜单中选择【删除帧】命令。

2）在时间轴中选中需要删除的关键帧，使用<Shift+F5>组合键。

3）对于多个连续或不连续的帧，也可以通过删除单个帧的方法进行删除。

说明：在快捷菜单和菜单【修改】→【时间轴】中包含【清除关键帧】命令，它与【删除帧】命令的区别在于，【删除帧】命令是将指定的帧从时间轴中删除，而【清除关键帧】命令是将指定的帧舞台中的内容删除，将该帧转换为普通帧，并没有将该帧从时间轴中删除。

（4）普通帧的添加和删除操作

1）选择菜单栏中的【插入】→【时间轴】→【帧】命令、按<F5>键或选择时间轴快捷菜单中的【插入帧】命令，可以添加普通帧。

2）选择时间轴快捷菜单中的【删除帧】命令、选择菜单栏中的【编辑】→【时间轴】→【删除帧】命令或使用<Shift+F5>组合键，可以删除普通帧或过渡帧。

（5）帧的复制和剪切

关键帧、普通帧、过渡帧的复制和剪切方法基本相同，首先选中需要复制或剪切的帧或帧区域（可以通过<Shift>键或<Ctrl>键和鼠标配合选择）。

1）选择时间轴快捷菜单中的【复制帧】或【剪切帧】命令，对指定对象进行复制或剪切，然后在时间轴中选定要粘贴的位置，再选择时间轴快捷菜单中的【粘贴】命令，完成复制或剪切工作。

2）通过<Ctrl+Alt+C>组合键或<Ctrl+Alt+X>组合键对指定对象进行复制或剪切，利用<Ctrl+Alt+V>组合键完成粘贴操作。

3）选择菜单栏中的【编辑】→【时间轴】→【复制帧】或【剪切帧】命令对指定对象进行复制或剪切，然后再选择菜单栏中的【编辑】→【时间轴】→【粘贴】命令完成复制或剪切工作。

4）先左击指定的帧或帧连续区域，当鼠标指针变化为移动标志时，拖拽鼠标到目标处可完成帧移动操作即剪切操作。

5）先左击指定的帧或帧连续区域，然后按住<Shift>键对指定对象进行拖拽操作，可以实现连续区域剪切的操作。

6）先左击指定的帧或帧连续区域，然后按住<Alt>键可以实现帧复制操作。

（6）帧的转换

可以通过帧的转换操作将普通帧、过渡帧转换为关键帧。

1）选中需要转换的帧或帧区域，选择时间轴快捷菜单中的【转换为关键帧】或【转换为空白关键帧】命令，将指定的帧或帧区域转换为关键帧或空白关键帧。

2）选中需要转换的帧或帧区域，再选择菜单【修改】→【时间轴】中的子菜单命令完成操作。

3）通过<F6>键和<F7>键，完成相应操作。

（7）帧的反转

帧的反转是指将选定的一组帧的排列顺序颠倒过来，反转后的一组帧在播放时如同电视中的倒播。

1）选择菜单栏中的【修改】→【时间轴】→【翻转帧】命令，实现帧反转操作。

2）选择时间轴快捷菜单中的【翻转帧】命令，实现帧反转操作。

（8）与帧操作相关的工具

在时间轴上存在着多个与帧有关的工具按钮，在进行帧的操作时，这些工具会带来很大的方便。

1）帧居中：单击此按钮，可以迅速将指定帧标志在时间轴显示范围内居中显示。如指定帧标志处于650帧处而此时时间轴显示范围为1～60帧处，单击该按钮后时间轴的显示范围变化为620～680，即650帧成为显示范围的中间点。

2）绘图纸外观：单击此按钮，可以以洋葱皮效果显示多个帧中的内容。

3）绘图纸外观轮廓：单击此按钮，可以以洋葱皮效果显示多个帧中内容的轮廓。

绘图纸外观、绘图纸外观轮廓这两个工具按钮在对指定范围内帧内容进行微调时十分方便。

4）编辑多个帧：单击此按钮，可以实现多个帧内容的编辑操作。

5）修改绘图纸标记：单击此按钮，在弹出的子菜单中包含了以下项。

① 始终显示标记：选择该项后，无论绘图纸外观是否打开，总会在时间轴标题中显示绘图纸外观标记。

② 锚记绘图纸：选择该项后，绘图纸外观标记将锁定在它们在时间轴标题中的当前位置。

一般情况下，绘图纸外观范围是和当前帧的指针以及绘图纸外观标记相关的。通过选定绘图纸外观标记，可以防止它们随当前帧的指针移动。

③ 绘图纸 2：选择该项后，在当前帧的两边显示 2 个帧。

④ 绘图纸 5：选择该项后，在当前帧的两边显示 5 个帧。

⑤ 所有绘图纸：选择该项后，在当前帧的两边显示全部帧。

6）帧显示状态：在弹出的命令菜单中可以对时间轴的显示状态进行不同的设定，如图 5-18 所示。

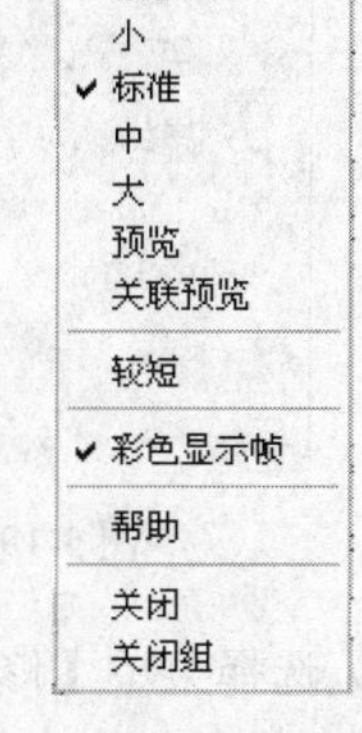

图 5-18 “帧显示状态”菜单

2. 帧内容的基本操作

这里的帧内容是指某个单帧中的内容，也就是平时所说的一个场景中的内容。该部分的操作也可以通过菜单命令、快捷菜单或快捷键来实现。

（1）对象的选定

1）通过工具箱中的选择工具点选、框选或部分选择工具的框选选定对象。

2）使用<Ctrl+A>组合键进行全选。

3）选择菜单栏中的【编辑】→【全选】命令进行全选。

4）通过快捷菜单中的【全选】命令进行全选。

5）按住<Shift>键单击鼠标左键选择多个对象。

（2）对象的复制和剪切

可以将一个帧中的对象在本帧内部复制或剪切，也可以在帧与帧之间进行。首先选定需要复制或剪切的内容。

1）选择菜单栏中的【编辑】→【复制】或【剪切】命令，完成复制或剪切操作。

2）选择快捷菜单中的【复制】或【剪切】命令，完成复制或剪切操作。

3）通过<Ctrl+C>组合键或<Ctrl+X>组合键，完成复制或剪切操作。

4）选定目标位置后，选择菜单栏中的【编辑】→【粘贴到中心位置】、【粘贴到当前位置】或【选择性粘贴】命令，完成粘贴操作。

5）选择快捷菜单中的【粘贴】或【粘贴到当前位置】命令，完成粘贴操作。

6）通过<Ctrl+V>组合键完成粘贴操作。

除此以外，还可以通过按住<Alt>键拖拽对象实现内容的复制操作。

说明：在 Flash 中，还有一种特殊的复制形式——变形复制。选择菜单栏中的【窗口】→【变形】命令或者按<Ctrl+T>组合键调出变形面板，如图 5-19 所示。当选定一个对象后可以通过变形面板上的“重制选区和变形”按钮将对象进行变形复制，这种复制不影响源对象的形状。

（3）对象的删除

选中需要删除的对象，按<Delete>键即可完成帧内容的删除。

（4）对象的对齐和排列

1）选择菜单【修改】→【对齐】中的子菜单命令，可以完成对象的对齐操作。“对齐”子菜单中共有 11 个命令，如图 5-20 所示。通过这些命令可以对帧中的多个对象进行对齐操作。

2）选择菜单栏中的【窗口】→【对齐】命令，打开对齐面板，可以实现多个对象的对齐操作。

变形
96.0%
96.0%
旋转
-170.2°
倾斜
-170.2°
-170.2°
3D 旋转
X: 0.0°
Y: 0.0°
Z: 0.0°
3D 中心点
X: 0.0
Y: 0.0
Z: 0.0

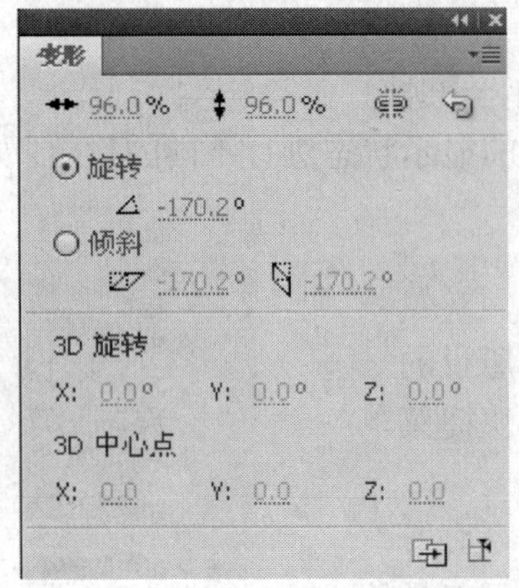

图 5-19 变形面板

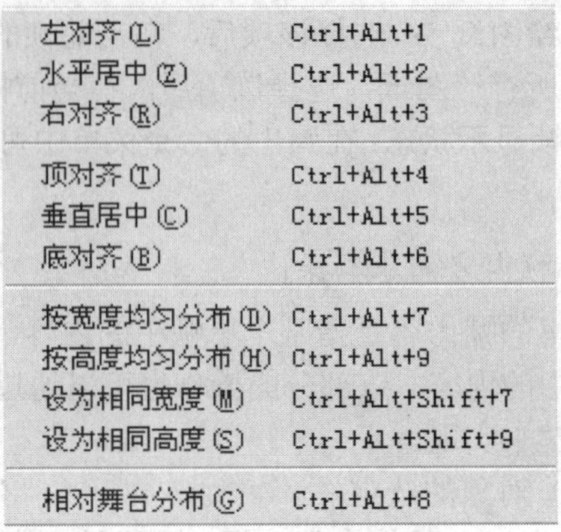

左对齐(L) Ctrl+Alt+1
水平居中(Z) Ctrl+Alt+2
右对齐(R) Ctrl+Alt+3
顶对齐(T) Ctrl+Alt+4
垂直居中(C) Ctrl+Alt+5
底对齐(B) Ctrl+Alt+6
按宽度均匀分布(D) Ctrl+Alt+7
按高度均匀分布(H) Ctrl+Alt+9
设为相同宽度(M) Ctrl+Alt+Shift+7
设为相同高度(S) Ctrl+Alt+Shift+9
相对舞台分布(G) Ctrl+Alt+8

图 5-20 “对齐”子菜单

3）选择菜单【修改】→【排列】中的子菜单命令，可以完成对象的排列操作。“排列”子菜单中共有 6 个命令，如图 5-21 所示。通过这些命令可以对帧中的多个对象进行层次排列的操作。

例如，在一个帧的场景中共有 2 张图片，一张作为背景图片、一张作为内容图片，此时就有可能出现背景图片将内容图片完全遮挡住的情况。为此，可以先选择背景图片，然后选择菜单栏中的【修改】→【排列】→【下移一层】或【移至底层】命令，将内容浮于背景层之上。

说明：“排列”子菜单命令只有在一个帧的场景中至少有两个及以上对象时才可以使用。

（5）对象的变形

选择菜单【修改】→【变形】中的子菜单命令，可以完成帧对象的变形操作。“变形”子菜单中共有 11 个命令，如图 5-22 所示。

移至顶层(F) Ctrl+Shift+上箭头
上移一层(R) Ctrl+上箭头
下移一层(E) Ctrl+下箭头
移至底层(B) Ctrl+Shift+下箭头
锁定(L) Ctrl+Alt+L
解除全部锁定(U) Ctrl+Alt+Shift+L

图 5-21 “排列”子菜单

任意变形(F)
扭曲(D)
封套(E)
缩放(S)
旋转与倾斜(R)
缩放和旋转(C)... Ctrl+Alt+S
顺时针旋转 90 度(0) Ctrl+Shift+9
逆时针旋转 90 度(9) Ctrl+Shift+7
垂直翻转(V)
水平翻转(H)
取消变形(T) Ctrl+Shift+Z

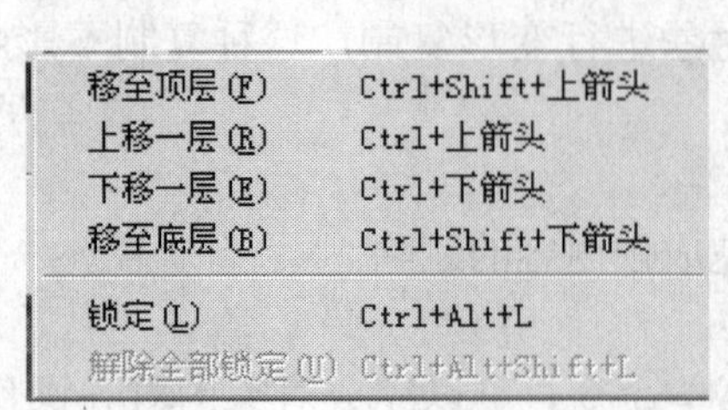

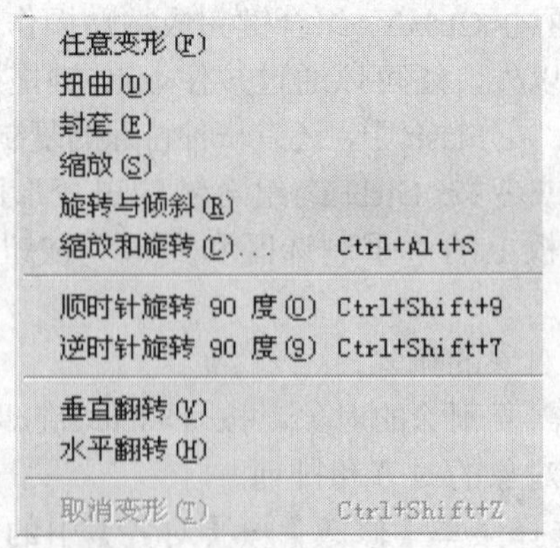

图 5-22 “变形”子菜单

（6）对象的组合

一个帧中多个对象可以进行组合操作。一旦多个对象成为组后，可以把其看成一个整体进行操作，如放大、缩小、移动、删除等。

组合操作首先要对需要组合的对象进行选定（选定对象至少要有两个），然后选择菜单栏中的【修改】→【组合】命令，进行组合操作。

如果需要对已经组合的对象进行独立操作时，就需要进行取消组合的操作，方法是先选中组合对象，然后选择菜单栏中的【修改】→【取消组合】命令即可取消组合。

（7）对象的分离

当帧的内容为位图图像时，Flash 将其作为一个整体来进行处理。但有时需要对这些对象进行一些再加工，如分离背景、复制其中的一个部分等，此时就需要对对象进行分离操作。分离操作可以对一个对象进行，也可以对多个对象同时进行。

选择菜单栏中的【修改】→【分离】命令或按<Ctrl+B>组合键，可以对对象进行分离操作。分离操作会对对象产生以下影响：

1）断开元件实例与元件之间的关系，此时元件的改变将不会导致分离后元件实例的改变。

2）可将位图对象、文本对象、元件实例对象转换为矢量对象。

3）放弃动画元件中除当前帧之外的所有帧。

4）对文本块应用分离操作时，每个字符将会产生单独的文本块；再对单个文本块进行分离操作时，会将字符转换为矢量对象。

（8）变换位图

当多个图像文件存放在同一个文件夹时，可以选择菜单栏中的【修改】→【位图】→【交换位图】命令，将已经存在于舞台中的图像更换为该文件夹下其他的图像。

（9）位图转换为矢量图

选择菜单栏中的【修改】→【位图】→【转换位图为矢量图】命令，可以将位图对象转换为矢量对象。

3. 影片的预览和测试

在 Flash 中，用户既可以在 Flash 的编辑环境中预览和测试影片，也可以在单独的窗口或 Web 浏览器中进行影片的预览和测试。

1）选择菜单栏中的【控制】→【播放】命令或按<Enter>键，可以在编辑环境中预览影片。

2）选择菜单栏中的【窗口】→【工具栏】→【控制器】命令，在打开的播放控制器中进行播放操作，如图 5-23 所示。还可以选择【控制】菜单中的其他命令对影片的播放进行更多的控制。

3）选择菜单栏中的【控制】→【测试影片】和【测试场景】命令，或按<Ctrl+Enter>组合键，可以将当前影片导出为 Flash 影片在新窗口中进行播放。如果当前影片已经保存为 FLA 格式，执行测试操作后，会在该文件所在的文件夹中生成一个与该文件同名的 SWF 格式文件。

4. 创建和编辑元件

在 Flash 中创建元件时，可以从场景中选择对象将其转换为元件，也可以直接创建新元件。

（1）将场景中的对象转换为元件

在场景中可以将任意对象转换为元件，操作步骤如下。

步骤 1：使用工具箱中的选择工具，选中场景中的一个或多个对象。

步骤 2：选择菜单栏中的【修改】→【转换为元件】命令或按<F8>键，打开“转换为元件”对话框，如图 5-24 所示。

图 5-23　播放控制器

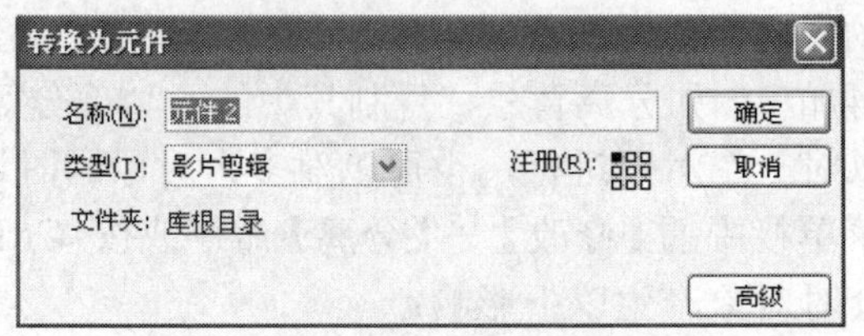

图 5-24　“转换为元件”对话框

步骤 3：输入元件名称，选择元件的类型，确定元件注册点的位置，然后单击【确定】按钮，所选对象即被转换为元件并存放在文档库面板中，场景中的对象成为了一个元件实例。

（2）创建新元件

创建新元件的操作步骤如下。

步骤 1：选择菜单栏中的【插入】→【新建元件】命令或按<Ctrl+F8>组合键，打开“创建新元件”对话框，如图 5-25 所示。

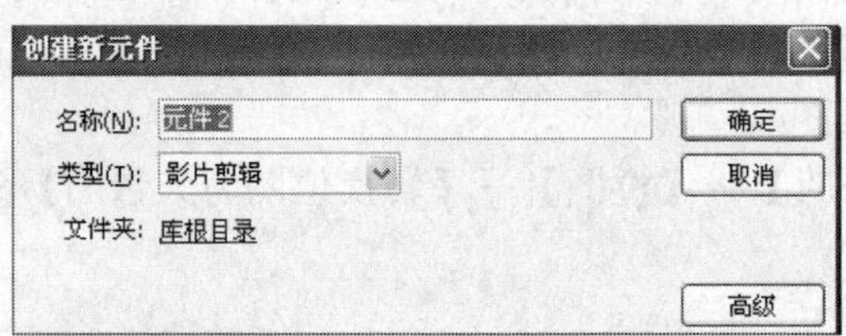

图 5-25　“创建新元件”对话框

步骤 2：输入元件名称，选择元件的类型，然后单击【确定】按钮，进入元件编辑模式创建和编辑元件的内容。在元件编辑模式中，舞台的中心有个“+”标志。

步骤 3：元件编辑结束后，单击场景 1图标按钮返回场景编辑模式。

说明：影片剪辑需要选择菜单栏中的【控制】→【测试影片】命令进行播放，不能在场景中按<Enter>键预览效果。

5. Flash 处理对象之间的转换

选择菜单栏中的【修改】→【分离】命令或使用<Ctrl+B>组合键，可以将位图对象、文本对象、元件实例对象转换为矢量对象。

选择菜单栏中的【修改】→【转换为元件】命令或按<F8>键，可以将矢量对象、文本对象、位图对象转换为元件实例对象。

5.3　动画实例

5.3.1　小汽车

下面通过制作小汽车的实例介绍元件与实例的应用，制作过程如下。

步骤 1：新建文档，设置画布大小为 500×400 像素，背景颜色为黑色，帧频为 12f/s。

步骤 2：选择菜单栏中的【文件】→【导入】→【导入到舞台】命令，将素材“车身.jpg”图像文件导入到舞台中，结果如图 5-26 所示。使用<Ctrl+L>组合键打开库面板，会看到库面板中添加了位图类型的“车身.jpg”对象。

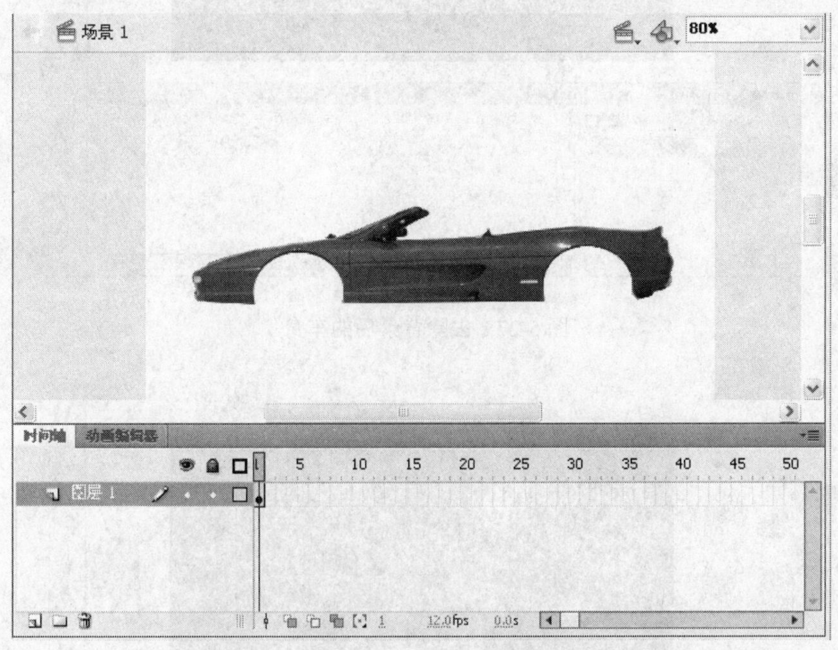

图 5-26　导入的车身图像

步骤 3：导入的车身图像有白色的背景，为了以后动画不会遮盖住背景，需要去除图像的背景。使用工具箱中的选择工具，选中舞台中车身图像，再选择菜单栏中的【修改】→【分离】命令或使用<Ctrl+B>组合键进行分离操作，此时车身部分会以白色小圆点形式显示。

步骤 4：选择工具箱中的套索工具，并在选项中复选魔术棒，在车身图像的空白处双击鼠标左键，再在车身图像以外的地方单击鼠标左键，此时可以看到车身已经从背景中分离出来。选择车身图像按舞台的大小调整其比例，结果如图 5-27 所示。

步骤 5：舞台中的车身图像已被打散成为矢量图形。因为以后的动画制作还需要将它转换为元件，利用工具箱中的选择工具选中车身矢量对象，按<F8>键将其转换为图形元件，命名为“车身成品”。

步骤 6：在时间轴的图层控制区中单击鼠标左键，创建新图层。将素材“车轮.jpg”导入到舞台中，并进行分离操作。在分离时可以使用魔术棒配合<Delete>键来分离图片，每单击一次图片的白色区域就按一次<Delete>键，进行多次操作可将车轮分离出来，结果如图 5-28 所示。将车轮图像转换为图形元件，命名为“车轮半成品”。

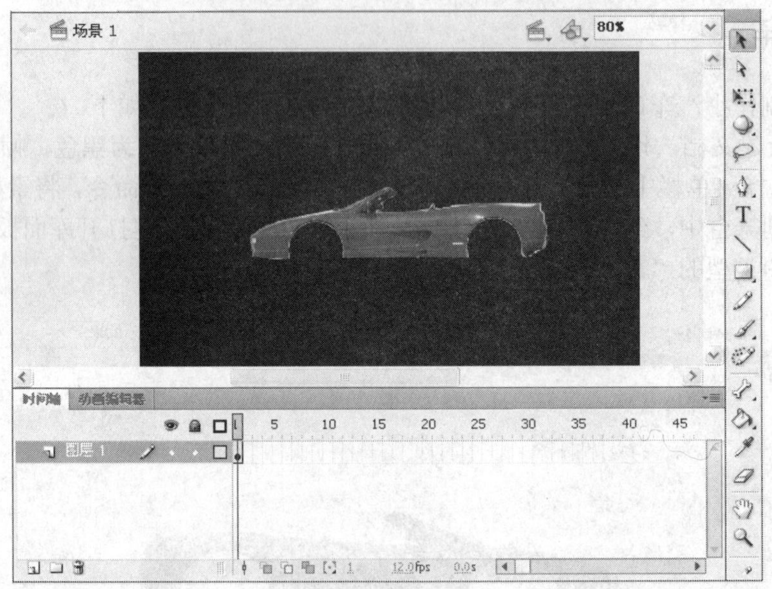

图 5-27　去除背景后的车身

图 5-28　去除背景后的车轮

步骤 7：按<Ctrl+F8>组合键，创建一个名称为“车轮成品”的影片剪辑，从库面板中将“车轮半成品”元件拖至元件编辑模式的舞台中心处。在时间轴第 25 帧处按<F6>键，插入一个关键帧，选中第 1 帧到第 25 帧中的任意一帧，右击鼠标在快捷菜单中选择【创建传统补间】

命令，在其属性面板中设置旋转方向为“逆时针”，次数为 3 次。

步骤 8：单击文档名称下方的“返回场景”按钮，将库中的“车身成品”元件拖至舞台的适当位置，同样将“车轮成品”影片剪辑也拖至舞台的适当位置。注意，因为车轮是两个，所以需要进行两次从库面板中的拖拽操作。调整两个车轮的大小，效果如图 5-29 所示。

步骤 9：按<Ctrl+Enter>键预览作品。保存文档，命名为 car.fla。

本实例主要涉及舞台、元件、实例的应用，同时还涉及创建传统补间动画的操作。为了操作方便，素材图片已经过 Photoshop 的加工。读者在以后的操作中应该了解到，对于 Flash 中一个对象的加工，并不是仅仅只靠 Flash 自身功能就能完成的，有时还需要通过其他软件以提高工作效率和工作质量。

在动画制作过程中，动态对象采用“影片剪辑”元件形式进行存放，而静态对象一般采用“图形”元件形式存放。库可以减少动画制作中的重复制作并且可以减小文件的体积。

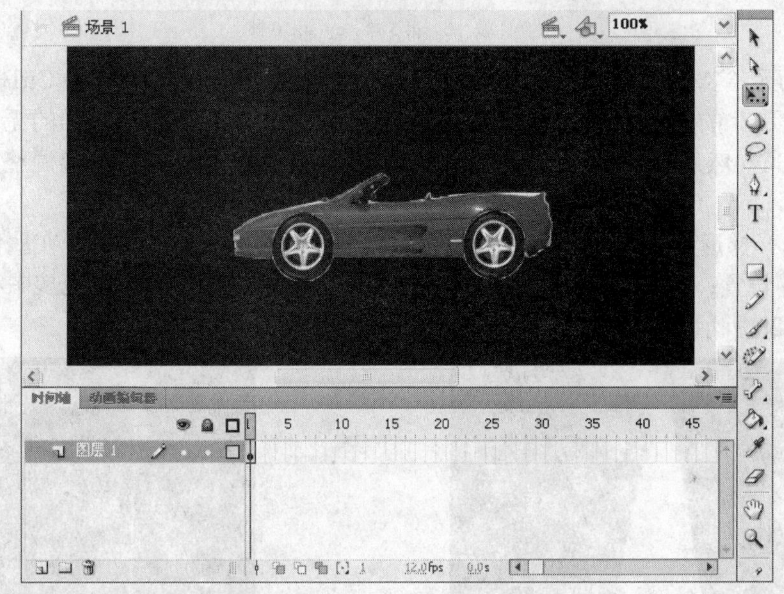

图 5-29　汽车成品

5.3.2　仿卡通动画

步骤 1：新建 Flash 文档，设置画布大小为 320×240 像素，帧频为 12f/s，背景颜色为黑色。将图片素材导入到库中。

步骤 2：重命名“图层 1”为“ren”，选择第 1 帧，将库面板中的 1.jpg 拖拽到舞台中，图片大小和舞台大小一致。选中图片，在其属性面板中将 X、Y 坐标分别设置为 0，然后选择菜单栏中的【修改】→【位图】→【转换位图为矢量图】命令，将位图图像转换为矢量图，在打开的“转换位图为矢量图”对话框中进行属性设置，如图 5-30 所示。

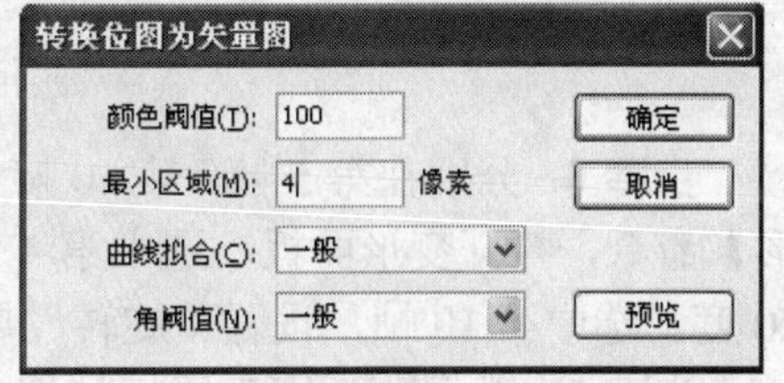

图 5-30 “转换位图为矢量图”对话框

步骤 3：在第 5 帧处按<F7>键添加一个空白关键帧，将库中的 2.jpg 拖拽到舞台中，调整其位置与舞台对齐，也将其转换为矢量图。在第 10 帧处将 3.jpg 进行相同的处理。第 1 帧、第 5 帧、第 10 帧的内容如图 5-31 所示。

a）

b）

c）

图 5-31　各关键帧中的内容

a）第 1 帧　b）第 5 帧　c）第 10 帧

步骤 4：为了给舞台增加一些效果，再给舞台上增加一些灯光。使用<Ctrl+F8>组合键创建一个名称为“dg”的影片剪辑，使用矩形工具在舞台上绘制一个大小适当的无笔触矩形，填充色为#CCCCCC。然后，再使用任意变形工具组中的扭曲工具，将矩形调整为梯形，结果如图 5-32a 所示。

步骤 5：选择梯形后按<F8>键，将其转换为图形元件。然后选中梯形，在属性面板中进行“色彩效果”的设置：Alpha 为 36%。选择任意变形工具，按住鼠标左键拖拽中心圆点至梯形顶端，如图 5-32b 所示。

a）

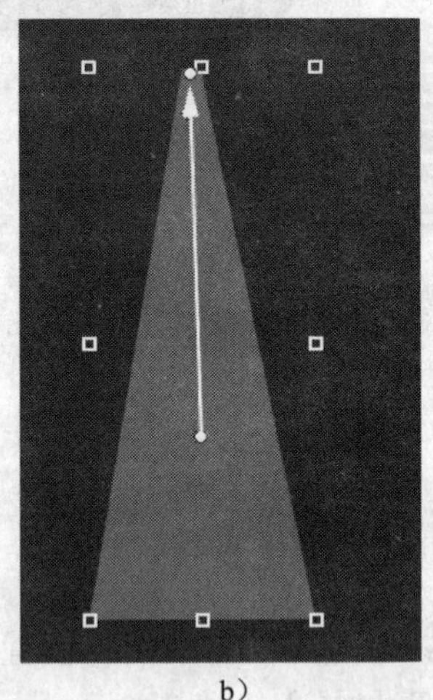
b）

图 5-32　矩形调整

a）扭曲结果图　b）调整矩形的中心

步骤 6：分别在第 5 帧、第 10 帧处按<F6>键插入关键帧。选择菜单栏中的【窗口】→【变形】命令，打开变形面板。选中第 1 帧，设置“旋转”属性值为 20，表示将梯形顺时针旋转 20 度。选中第 10 帧，设置“旋转”属性值为-20，表示将梯形逆时针旋转 20 度。

步骤 7：单击“返回”图标按钮返回到场景中，在图层控制区中添加新图层，命名为“dg”。选定第 1 帧并将“dg”影片剪辑从库中拖拽至舞台适当位置，调整灯光的大小，结果如图 5-33 所示。

图 5-33 调整灯光大小的结果

步骤 8：整个动画的时间轴如图 5-34 所示。按<Ctrl+Enter>组合键预览效果。保存该文档，命名为 jijian.fla。

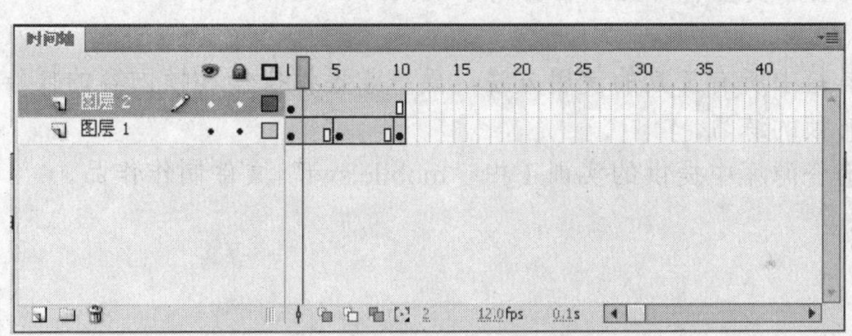

图 5-34 击剑动画的时间轴面板

本实例的主要操作涉及对象中心的调整方法。可以调整对象的中心位置，其目的在于当该对象进行旋转等运动时，可以控制它以哪个点为转轴。具体操作为先选中对象，然后再选择任意变形工具，这两个操作的顺序是可以颠倒的，此时就可以调整对象的中心位置了。

说明：对于图形元件，仅可以进行任意变形中的旋转、倾斜和缩放操作，而矢量图形除了可以进行旋转、倾斜和缩放操作外，还可以进行扭曲和封套操作。

5.4 本章要点和概念

1）在使用工具箱中的工具时，最好先进行工具属性的设置，然后再应用工具。

2）元件只需创建一次，即可在整个文档或其他文档中重复使用。元件一旦被创建后都会自动存放在库中。在动画制作过程中，动态对象采用影片剪辑元件形式进行存放，而静态对象一般采用图形元件形式存放。

3）实例是元件在舞台上的一次具体使用，重复使用实例不会增加文件的大小，元件的改变将直接导致所有对应实例的改变。每个元件实例都有独立于该元件的属性，可以更改元件实例的色调、透明度和亮度，对元件实例进行变形等。

4）舞台就是影片中作品的编辑区域。在舞台上，可以放置图片、文字、元件等对象。舞台大小及背景色是由影片属性所决定的。

5）一个 Flash 动画一般是由多个场景集合在一起并按其在场景面板上排列的先后顺序进行播放的。

习　题

5-1 舞台和场景有什么作用？时间轴有何作用？

5-2 Flash 中的帧有哪些类型？各有什么作用？

5-3 Flash 中的库有哪些？各有什么作用？

5-4 制作动画时使用实例有哪些好处？

5-5 为什么要进行对象的组合操作？

5-6 Flash 处理的对象类型有哪些？各种对象之间如何进行转换？

5-7 实际操作：

1）掌握工具箱中所有工具的使用方法，熟练掌握帧操作和帧内容的操作。

2）进行翻转帧的练习。

3）模仿配套资源库中提供的实训 1 中“mobile.swf”文件制作作品。

第 6 章　Flash 动画制作

本章知识点和技能点

1）逐帧动画、补间动画、传统补间、补间形状的制作。
2）导线动画、遮罩动画、反向动画的制作。
3）声音及影片剪辑的应用。
4）动画的优化、发布与导出。

有了第 5 章的基础知识，就可以进行动画的制作了。本章将详细介绍在 Flash 中创建各类动画的方法。

6.1　Flash 动画类型

在 Flash 中，可以创建出以下几类基本的动画。

6.1.1　逐帧动画

逐帧动画是指在时间轴的每帧上逐帧绘制不同的内容，当连续播放帧时就形成了动画。逐帧动画是一种常见的动画形式，由于其没有过渡帧，且每个帧中的内容几乎没有完全相同的部分，这样就给动画制作工作增加了很多工作量，并且导致最终输出的文件也很大。当然，逐帧动画也有它的优点，如其制作方法容易掌握等。可以通过逐帧动画制作一些较为细腻的动画，如头发的飘动、走路、说话、眨眼等以及一些精致的 3D 效果。

在创建逐帧动画时，需要将每个帧都定义为关键帧，然后在每个帧中创建不同的内容。每个新建关键帧中最初包含的内容和它前面的关键帧是相同的，因此可以递增修改动画中帧的内容。

下面以蝴蝶扇动翅膀为例介绍逐帧动画的制作过程，具体步骤如下。

步骤 1：新建 Flash 文档。选择菜单栏中的【文件】→【导入】→【导入到舞台】命令，导入没有背景的蝴蝶图片。

步骤 2：在第 2～5 帧处分别按<F6>键插入关键帧，这样 5 个关键帧中的内容完全一样。

步骤 3：使用工具箱中的任意变形工具，按住<Shift>键，在保证图片中心位置不变的情况下，分别调整各关键帧中蝴蝶图片的大小，前 3 个关键帧中图片的大小变化小一些，后 2 帧中图片的大小变化大一些，这样可使得蝴蝶翅膀扇动得有快有慢。各关键帧中蝴蝶图片的效果如

图 6-1 所示。

步骤 4：按<Ctrl+Enter>组合键在 Flash 播放器中预览效果。然后保存为 frame.fla。

图 6-1　各帧的蝴蝶图片

6.1.2　补间动画

补间动画是通过为一个关键帧中的对象属性指定一个值并为另一个关键帧中的该属性指定另一个值而创建的动画。Flash 会自动计算这两个关键帧之间该属性的值。

创建补间动画的对象类型包括元件实例对象和文本对象。补间动画只能具有一个与之关联的对象实例，在创建动画时，使用的是属性关键帧而不是关键帧。补间动画的运动路径是贝塞尔曲线，可以随意调节，在整个补间范围内只有一个目标对象组成。

说明：从 Flash CS4 开始，关键帧和属性关键帧的概念有所不同。在创建补间动画时，关键帧是指时间轴中其元件实例首次出现在舞台中的帧；属性关键帧是指在补间动画的特定时间或帧中定义的属性值。

下面以汽车的曲线运动为例介绍补间动画的创建过程，具体步骤如下。

步骤 1：新建文档，设置画布大小为 130×656 像素。选择菜单栏中的【文件】→【导入】→【导入到库】命令，导入所需要的路面素材、汽车素材到库面板中。

步骤 2：将库面板中的“路面”图片拖入舞台，调整其在舞台中的位置。然后，将图层 1 重命名为“路面”，在第 120 帧处插入普通帧。

步骤 3：新建图层 2，重命名为“汽车 1”。将库面板中的“车 1”位图对象拖入舞台，放置在路面顶端，然后按<F8>键将其转换为影片剪辑“元件 1”。在第 15 帧处插入普通帧，选中第 1～15 帧中的任一帧，单击鼠标右键，从快捷菜单中选择【创建补间动画】命令。

步骤 4：再选中“汽车 1”图层中的第 15 帧，将舞台中的“元件 1”实例拖到下一个路面转折点时，在第 1 帧中的位置和第 15 帧中的位置间有了一条路径线。此时，第 15 帧中的普通帧已自动变为关键帧，这个关键帧就是属性关键帧。然后，利用工具箱中的选择工具或部分选取工具，调节路径线符合路面图片的情况，效果如图 6-2a 所示。

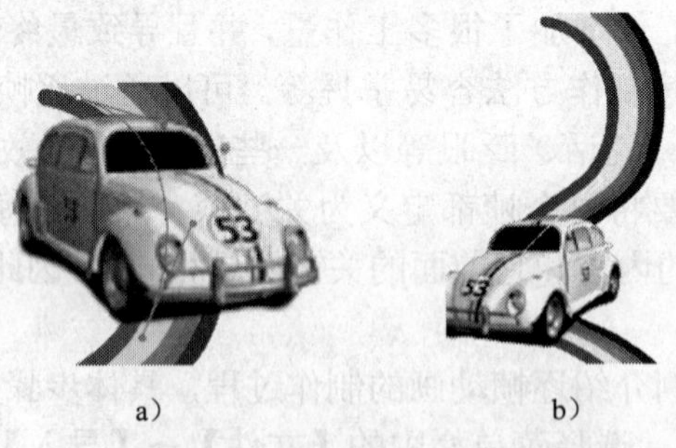

a）　　b）

图 6-2　补间动画的路径线

a）“汽车 1”图层补间动画的路径线　b）“汽车 2”图层补间动画的路径线

步骤 5：新建图层 3，重命名为“汽车 2”。在第 16 帧插入关键帧，将“车 2”位图对象拖入舞台放在路面第一个拐弯处，然后按<F8>键将其转换为影片剪辑“元件 2”。在第 30 帧处插入普通帧，选中第 15～30 帧中的任一帧，单击鼠标右键，从快捷菜单中选择【创建补间动画】命令。仿照步骤 4 完成汽车从第一个拐弯处到第二个拐弯处的运动轨迹设置，效果如图 6-2b 所示。

步骤 6：仿照步骤 3～5 完成汽车运动的整个轨迹。整个动画的时间轴面板如图 6-3 所示。

步骤 7：按<Ctrl+Enter>组合键在 Flash 播放器中预览效果。保存动画文件为 bujian.fla。

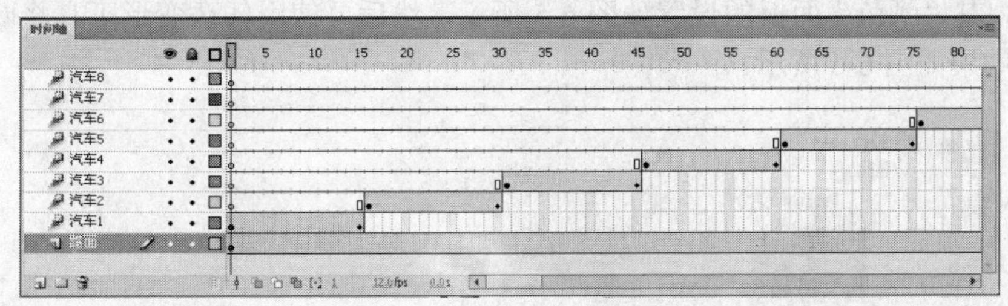

图 6-3 补间动画的时间轴面板

补间动画是一种在最大限度地减小文件大小的同时，创建随时间移动和变化的动画的有效方法。在补间动画中，只有指定的属性关键帧的值存储在 FLA 文件和发布的 SWF 文件中。

6.1.3 传统补间

Flash 中的传统补间动画与补间动画类似，但在某种程度上，其创建过程更为复杂，也不那么灵活。不过，传统补间所具有的某些类型的动画控制功能是补间动画所不具备的。

传统补间动画采用在两个关键帧之间添加过渡帧的方法，让 Flash 自身计算出过渡帧中的内容，从而提高了 Flash 制作动画的工作效率。传统补间动画的对象不能是矢量对象，如果矢量对象想参与传统补间动画，需要进行转换操作，如转换为图形、按钮、影片剪辑元件等。通过运用传统补间动画，可以实现元件实例的大小、位置、颜色、透明度、旋转等属性的变化。

创建传统补间动画的要点在于首、尾关键帧的制作和传统补间动画属性面板的使用。创建传统补间动画后，帧的属性面板如图 6-4 所示。

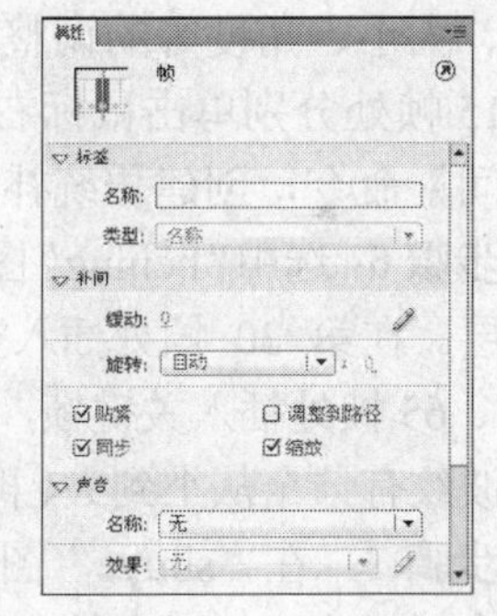

图 6-4 传统补间动画的帧属性面板

在创建传统补间动画时，可设置的属性如下。

1）缓动：用于调整补间帧之间的变化速率，可以直接拖动缓动数值处进行数值的改变。数据范围为-1～-100，表示动画运动的速度从慢到快；数据范围为 1～100，表示动画运动的速度从快到慢。

2）旋转：旋转有无、自动、顺时针、逆时针 4 个选项。

3）调整到路径：将补间对象的基线调整到运动路径，此项功能主要用于引导线运动。

4）同步：使元件实例的动画和主时间轴同步。

5）贴紧：贴紧至辅助线。

下面介绍制作树叶落到水中的动画效果，具体操作步骤如下。

步骤 1：新建 Flash 文档。导入背景图片，重命名图层 1 为“beijing”，然后在第 65 帧处插入普通帧。

步骤 2：按<Ctrl+F8>组合键，新建一个名为“sy”的图形元件，然后在元件编辑器中绘制树叶。

步骤 3：再按<Ctrl+F8>组合键，新建一个名为“water”的图形元件。先在元件编辑器中绘制一个圆，其“颜色”面板的设置如图 6-5 所示，然后再使用任意变形工具将圆进行纵向压缩，此时的效果如图 6-6 所示。

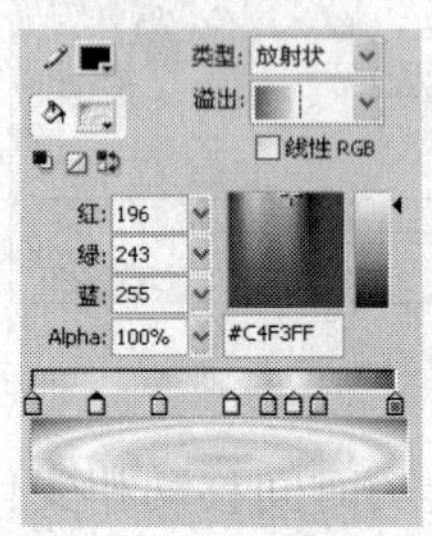

图 6-5　颜色面板

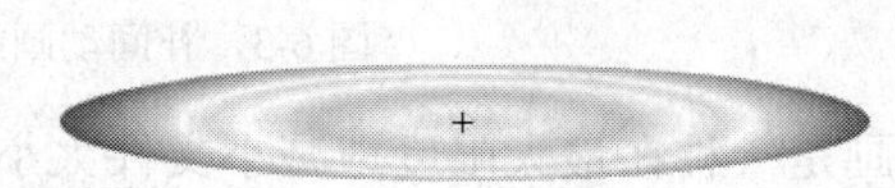

图 6-6　水波纹

步骤 4：选中“beijing”图层，在其上新建一个名为“shuye”的图层，并将库面板中的“sy”元件拖入到舞台中，调整其位置，处于舞台的上半部分即可。

步骤 5：在“shuye”图层的第 10 帧、15 帧、30 帧处按<F6>键插入关键帧，并对各帧舞台中的“sy”元件实例进行位置、大小、角度等的调整，如图 6-7 所示。在第 1 帧、10 帧、15 帧处分别单击鼠标右键，从快捷菜单中选择【创建传统补间】命令，创建传统补间动画。

图 6-7　各帧的元件实例

步骤 6：选中“beijing”图层，在其上新建一个名为“water”的图层。在第 30 帧处插入空白关键帧，将库面板中的“water”元件拖入到舞台中，然后在第 55 帧、65 帧处插入关键帧，并对各帧舞台中的“water”元件实例进行大小、透明度的调整，使得水波纹有一个从小到大、再慢慢消影的效果。然后在第 35 帧、55 帧处分别创建传统补间动画。

步骤 7：在“shuye”图层的第 35 帧和 55 帧处插入关键帧，调整 55 帧舞台中元件实例的位置和透明度，然后在第 35 帧处创建传统补间动画，在第 65 帧处插入普通帧，使得落到水中的树叶有随水波纹扩散而运动的效果。

步骤 8：整个动画的时间轴面板如图 6-8 所示。按<Ctrl+Enter>组合键在 Flash 播放器中预览效果，如图 6-9 所示。保存动画文件为 motion.fla。

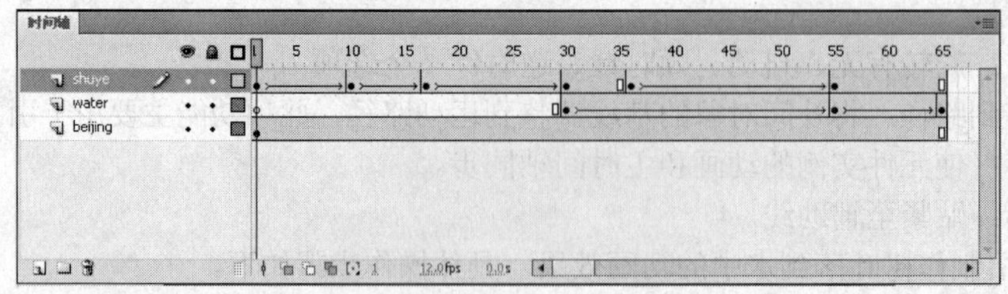

图 6-8　整个动画的时间轴面板

说明：只有将导入的位图或通过 Flash 制作的矢量对象转换成元件后，才能在其属性面板中进行“色彩效果”属性的设置，如亮度、色调、高级、透明度（Alpha）。

图 6-9 预览效果

6.1.4 补间形状

当创建补间形状动画时，首先要建立好首、尾两个关键帧中的内容，然后单击鼠标右键，从快捷菜单中选择【创建补间形状】命令，此时帧的属性面板如图 6-10 所示。

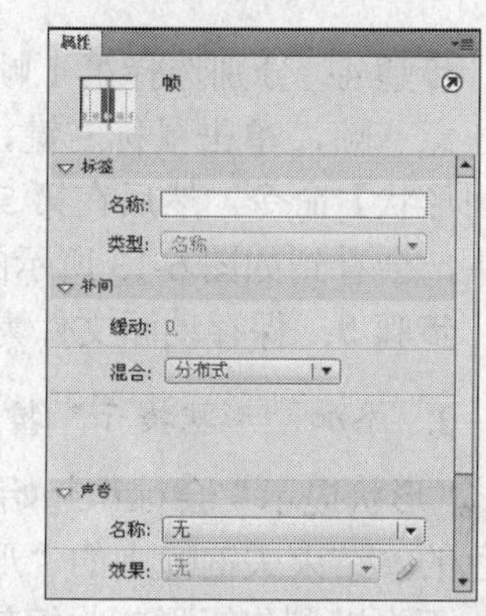

图 6-10 补间形状动画的帧属性面板

补间形状动画的主要属性如下：

1）缓动：用于调整补间帧之间的变化速率，可以直接在输入框中输入数值。数据范围为–1～–100，表示动画运动的速度从慢到快；数据范围为 1～100，表示动画运动的速度从快到慢。

2）混合：混合选项的下拉列表中有以下两个选项。

① 分布式：创建的动画中间形状比较平滑和不规则。

② 角形：创建的动画中间形状会保留有明显的角和直线，适合于具有锐化转角和直线的混合形状。

1. 创建补间形状动画

补间形状动画通过定义首尾关键帧，产生一种图形之间颜色、形状、大小、位置相互变化的效果。在补间形状动画制作过程中需要注意以下几点：

1）补间形状动画可以处理的对象为矢量对象。

2）补间形状动画的关键帧之间通过黑色箭头连接，且各过渡帧的颜色为绿色。

3）可以通过“添加形状提示”控制动画效果，形状提示位于图形边缘上时控制效果会更好。

下面介绍制作图形与文字之间变化的动画效果，操作过程如下。

步骤 1：新建 Flash 文档，设置画布大小为 400×200 像素。使用工具箱中的椭圆工具绘制一个无笔触的椭圆，填充颜色任意。

步骤 2：在第 20 帧处按<F7>键创建空白关键帧；单击时间轴面板下方的“绘图纸外观工具”按钮，拖动其标尺滑块调整它的位置，如图 6-11 所示。使用工具箱中的矩形工具在圆的位置处绘制一个无笔触的矩形，填充任意颜色。

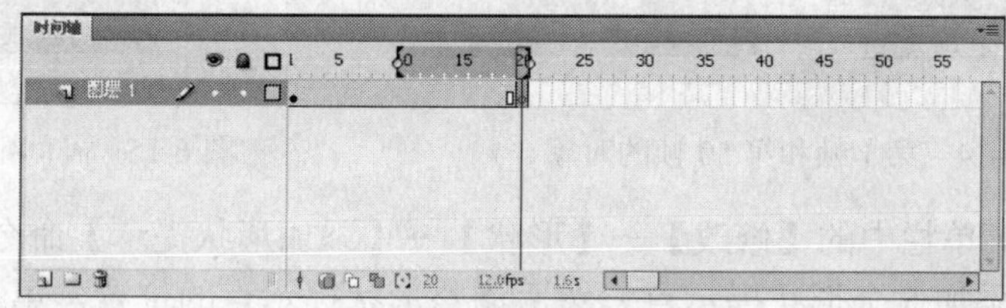

图 6-11 调整标尺滑块位置

步骤 3：在第 40 帧处创建空白关键帧，使用工具箱中的文本工具在舞台中输入文字“形状补间动画”，调整文字大小、字体、颜色及在舞台上的位置。使用选择工具选中文本块，按<Ctrl+B>组合键至少两次进行分离操作，从而将文本块转化为矢量对象。3 个关键帧中的对象如图 6-12 所示。

形状补间动画

图 6-12　关键帧中的对象

步骤 4：分别选择第 1 帧到 20 帧、20 帧到 40 帧中的任意一帧，单击鼠标右键，从快捷菜单中选择【创建补间形状】命令。然后在第 50 帧处插入普通帧。拖动播放头，会看到如图 6-13 所示的变形效果。

形状补间动画

图 6-13　图形与文字之间的转换效果

步骤 5：保存动画文件为 shape.fla。

2. 添加“形状提示”控制形状渐变

“形状提示”会标识起始形状和结束形状中的相对应点，起始关键帧上的“形状提示”是黄色的，结束关键帧上的“形状提示”是绿色的，当不在一条曲线上时为红色。

下面以制作矩形的收缩效果为例进行相关内容介绍，操作过程如下。

步骤 1：新建 Flash 文档，设置画布大小为 400×300 像素。

步骤 2：选择工具箱中的矩形工具，设置笔触颜色为透明，填充颜色任选，在舞台中绘制一个矩形。

步骤 3：在时间轴的第 50 帧处按<F6>键插入关键帧。使用工具箱中的线条工具绘制两条直线，调整两条直线至适合位置，然后单击画布的空白处，删除不需要的线段及区域。第 1 帧和第 50 帧的对象如图 6-14 所示。

步骤 4：在时间轴面板中选择第 1 帧和第 50 帧之间的任意一帧，单击鼠标右键，从快捷菜单中选择【创建补间形状】命令。按<Ctrl+Enter>组合键在 Flash 播放器中预览效果，发现矩形在变化时，其 4 个角上的位置也发生变化，如图 6-15 所示，这是不想要的，可以通过添加形状提示来解决。

图 6-14　第 1 帧和第 50 帧的对象

图 6-15　补间形状动画效果

步骤 5：选择菜单栏中的【修改】→【形状】→【添加形状提示】命令，为形状补间对象添加形状提示，共添加 5 个形状提示点。然后调整形状提示点的位置，第 1 帧和第 50 帧中形状提示点的位置，如图 6-16 所示。

步骤 6：按<Ctrl+Enter>组合键在 Flash 播放器中预览动画效果，矩形 4 个角的位置不再发生变化，如图 6-17 所示。然后保存动画为 shape1.fla。

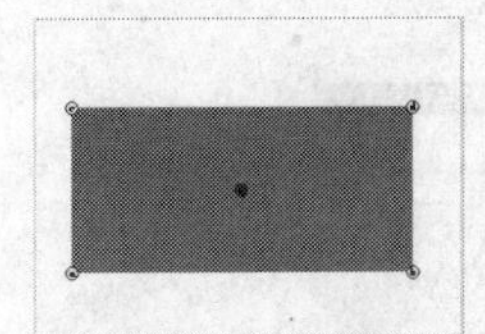

图 6-16 第 1 帧和第 50 帧中形状提示点的位置

图 6-17 添加形状提示后的补间形状动画效果

6.2 Flash 动画制作

6.2.1 导线运动

有时候动画对象需要沿着一定的路线移动，如地球围绕太阳运转的动画、蝴蝶上下飞舞的动画等，这时就要预先设定好对象的运动路径，通过一定的操作后，指定对象沿着这个路径进行运动。在 Flash 中，这种路径被称为引导线，引导线所在的图层被称为引导层。将一个或多个层关联到一个引导层，可使一个或多个对象沿同一条路径运动的动画形式被称为“引导路径动画”。这种动画可以使被引导的对象完成曲线或不规则运动。被引导的对象可以是图形、影片剪辑、群组等实例，引导线可以用钢笔、铅笔、线条、椭圆工具、矩形工具或刷子工具以及各个工具配合使用创建的不闭合的曲线。引导线在补间动画制作完成后仍然可以进行调整。注意对图层文件夹不能实现引导操作。

一般情况下，引导层仅对其下方相邻且关联的图层中的对象进行引导。在进行“附着”操作时，应当选择工具箱中的贴紧至对象复选工具，当对象移动到引导线附近时会自动靠近并自动吸附。在制作导线动画时应注意以下问题：

1）引导线上的任意一个点都可以作为端点，引导线不能是闭合的曲线。

2）可以使用工具箱中的任意变形工具来改变被引导对象的中心位置，不同的中心位置其动画效果是不同的。

3）在创建传统补间动画时，可以设置“旋转”、“缓动”等选项，还可以对运动对象进行色调、亮度、Alpha 透明度等调整，形成运动路径及色彩同时变化的动画效果。

1. 创建引导层的方法

引导层在动画制作中起辅助作用，可以分为普通引导层和运动引导层两种。

（1）普通引导层

普通引导层起到辅助静态对象定位的作用，它无须使用被引导层，可以单独使用。

创建普通引导层的方法如下：选中图层如图层 2，单击鼠标右键，从弹出的快捷菜单中选择【引导层】命令，这时图层将变成普通引导层，如图 6-18 所示。

（2）运动引导层

运动引导层在制作动画时起到引导路径的作用，需要被引导层的辅助才能实现其功能。

创建运动引导层的方法如下：选中要为其建立运动引导层的图层如图层 3，单击鼠标右键，从弹出的快捷菜单中选择【添加传统运动引导层】命令，即可在当前选中的图层上创建一个与之相关联的运动引导层，被引导图层的图标会自动向右缩进，如图 6-19 所示。

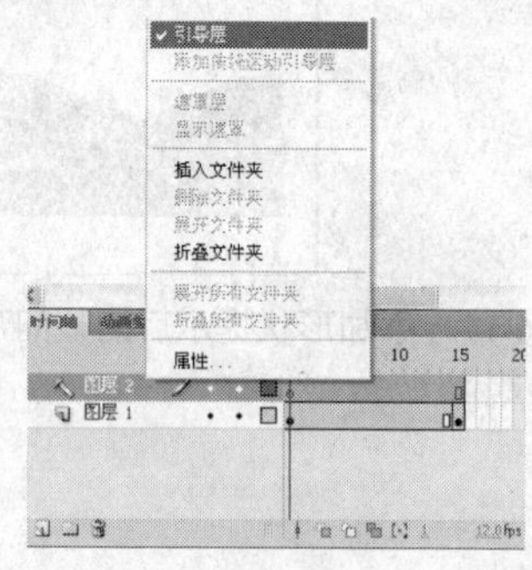

图 6-18　普通引导层

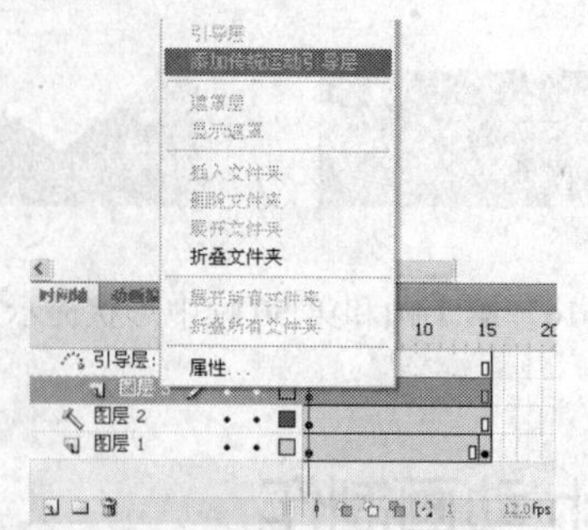

图 6-19　运动引导层

2. 引导层的应用

下面介绍利用导线运动制作逃跑的小兔动画效果，具体操作过程如下。

步骤 1：新建 Flash 文档，设置画布大小为 600×300 像素，帧频为 12f/s，背景颜色为白色。

步骤 2：选择菜单栏中的【文件】→【导入】→【导入到库】命令，将素材“背景.jpg”和“兔子.gif”导入到库面板中，在库面板中会自动生成“兔子.gif 拷贝”影片剪辑。

步骤 3：重命名图层 1 为“beijing”。将背景图片从库面板中拖入舞台中，调整其位置，然后在第 60 帧处插入普通帧。

步骤 4：选中“beijing”图层，在其上新建一个图层，命名为“tuzi”。选择第 1 帧，从库面板中将“兔子.gif 拷贝”影片剪辑拖入舞台，并进行缩小操作。分别在第 30 帧、31 帧处按<F6>键创建关键帧。

步骤 5：鼠标右键单击“tuzi”图层，从弹出的快捷菜单中选择【添加传统运动引导层】命令，添加运动引导层，并命名为“tzline”。使用工具箱中的刷子工具在“tzline”图层的舞台中绘制引导线，引导线示意如图 6-20 所示。

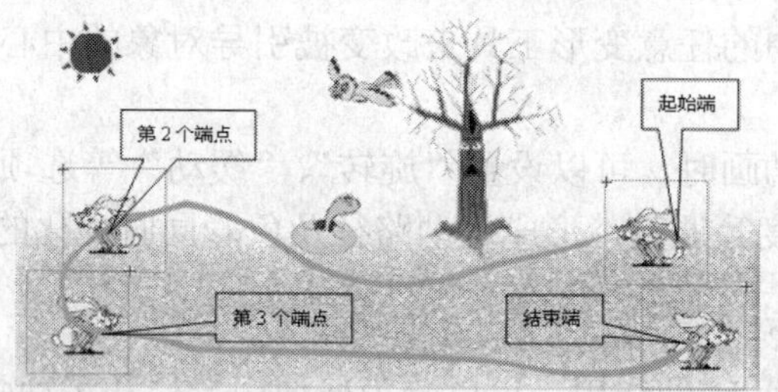

图 6-20　兔子引导线端点示意图

步骤 6：使用工具箱中的选择工具并复选贴紧至对象复选工具，选定“tuzi”图层的第 1 帧，拖动“兔子.gif 拷贝”影片剪辑实例的中心位置，移动到路径的起始端点处；在 30 帧将“兔子.gif 拷贝”影片剪辑实例移动到第 2 端点处。

步骤 7：选中第 31 帧舞台中的“兔子.gif 拷贝”影片剪辑，再选择菜单栏中的【修改】→【变形】→【水平翻转】命令，将兔子的奔跑方向进行反向。在第 60 帧处按<F6>键创建关键帧，然后在第 31 帧处将“兔子.gif 拷贝”影片剪辑实例移动到第 3 个端点处，在第 60 帧处将“兔子.gif 拷贝”影片剪辑实例移动到结束端点处。端点示意如图 6-20 所示。

步骤 8：仿照步骤 4～7 完成“baozi”图层及“bzline”传统运动引导层的创建及制作。

步骤 9：分别在“tuzi”图层和“baozi”图层的第 1 帧和第 30 帧、第 31 帧和第 60 帧之间创建传统补间动画。

步骤 10：整个动画的时间轴面板如图 6-21 所示。按<Ctrl+Enter>组合键在 Flash 播放器中预览动画效果，如图 6-22 所示。保存该文档，命名为 rabbit.fla。

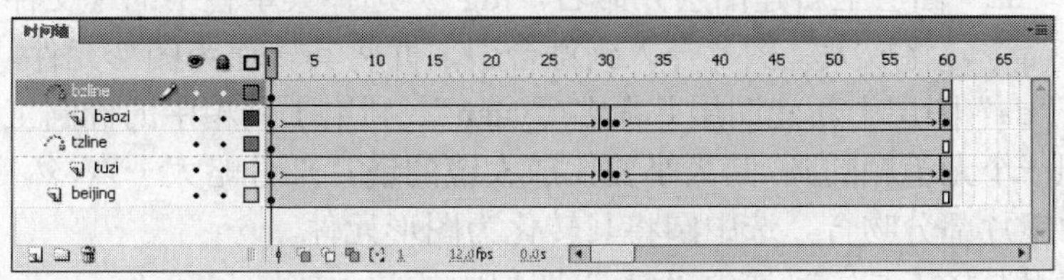

图 6-21　整个动画的时间轴面板

图 6-22　逃跑的小兔动画效果

6.2.2　遮罩

在 Flash 中，通过遮罩操作可以实现一些特殊的显示效果。可在遮罩层上创建一个除线条外的任意形状的“视窗”，遮罩层下方的对象可以透过该“视窗”显示出来，而“视窗”之外的对象将不会被显示。

一般，用来遮盖的对象所在的层称为遮罩层，而被遮盖的对象所在的层称为被遮罩层。遮罩层中的对象可以是矢量图形、文字或元件实例，其对象的颜色、Alpha、亮度、色调等对被遮罩层中的对象是没有影响的。被遮罩层中的对象可以是 Flash 能够显示的任意内容，如图形、元件实例、位图、文字、线条等。在遮罩层、被遮罩层中可以分别或同时使用逐帧动画、补间动画、形状补间动画、传统补间动画等动画手段。

1. 遮罩层的创建

创建遮罩层的具体方法如下：在需要作为遮罩层的图层上右击鼠标，从弹出的快捷菜单中选择【遮罩层】命令，此时该命令的左边就会出现一个勾选标志，表示该图层被转化为遮罩层，层图标也会从普通层图标变为遮罩层图标。

在需要取消的遮罩层上右击鼠标，从弹出的快捷菜单中选择【遮罩层】命令，该命令的左边勾选标志消失，表明该图层又被转化为普通层。

2. 遮罩的应用

下面介绍制作用放大镜观看昆虫的动画效果，具体操作步骤如下。

步骤 1：新建 Flash 文档。选择菜单栏中的【文件】→【导入】→【导入到舞台】命令，将昆虫图片导入到舞台中，并对其进行缩小操作，然后将“图层 1”重命名为“xiao”。

步骤 2：复制舞台中的昆虫图片，在“xiao”图层上新建图层并命名“da”。选择菜单栏中的【编辑】→【粘贴到当前位置】命令，在“da”图层的第 1 帧中粘贴昆虫图片，并将此图片进行放大操作。

步骤 3：在“da”图层上新建图层并命名“fdg”。选择菜单栏中的【文件】→【导入】→【导入到舞台】命令，将放大镜图片导入到舞台中，并将其转化为图形元件。

步骤 4：在“da”图层上新建图层并命名“yuan”。利用工具箱中的椭圆工具，按住<Shift>键在舞台上绘制一个无笔触的圆，其大小要比放大镜的镜片部分略大一点，然后调整圆的位置，使其与放大镜的镜片部分吻合。选中圆将其转化为图形元件。

步骤 5：使用选择工具同时选中“fdg”图层中的放大镜图片和“yuan”图层中的圆，选择菜单栏中的【修改】→【组合】命令，将它们组合起来。

步骤 6：分别在“fdg”图层和“yuan”图层的第 30 帧处按<F6>键插入关键帧，选中放大镜图片和圆的组合对象，进行移动操作。放大镜图片和圆在第 1 帧和第 30 帧的位置如图 6-23 所示。

步骤 7：分别在“fdg”图层和“yuan”图层的第 1 帧和第 30 帧之间创建传统补间动画。

步骤 8：选择“yuan”图层并单击鼠标右键，从快捷菜单中选择【遮罩层】命令。第 10 帧处的遮罩效果如图 6-24 所示。

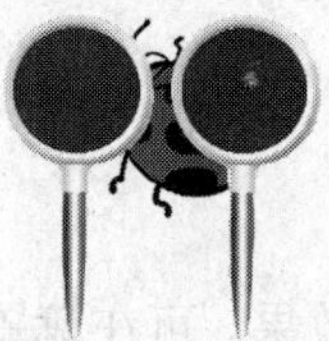

图 6-23　放大镜在第 1 帧和第 30 帧处的位置

图 6-24　遮罩效果

步骤 9：整个动画的时间轴面板如图 6-25 所示。按<Ctrl+Enter>组合键在 Flash 播放器中预览动画效果，然后保存该文档，命名为 mask.fla。

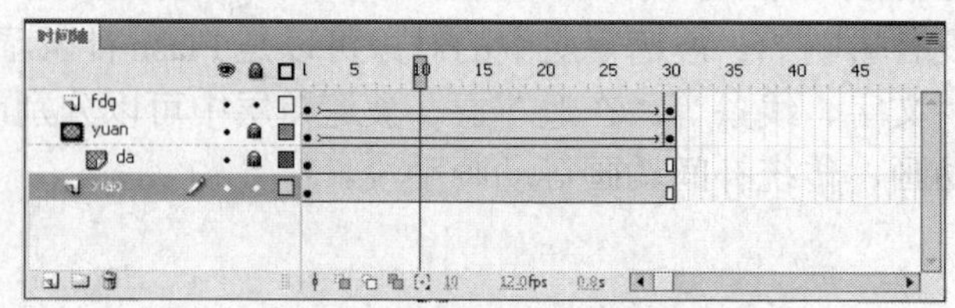

图 6-25　遮罩动画的时间轴面板

本例中，遮罩层是运动的，被遮罩层是不动的。如果让遮罩层不动，而被遮罩层是动的，将得到另一种动画效果。

说明：在实际应用过程中不能用一个遮罩层遮罩另一个遮罩层而产生双重遮罩的效果。在制作过程中，遮罩层经常挡住下层的对象，此时可以单击遮罩层的“显示图层轮廓”图标■，使之变成□，此时遮罩层只显示边框形状，便于进行各种操作。此外，在被遮罩层中不能放置动态文本对象。

6.2.3　反向运动

反向运动（IK）是一种使用骨骼的关节结构对一个对象或彼此相关的一组对象进行动画处理的方法。使用工具箱中的骨骼工具，可以使得元件实例和形状对象按复杂而自然的方式运动，只需做很少的设计工作。例如，通过反向运动可以轻松地创建人物动画，如胳膊、腿和面部表情等。

可以向单独的元件实例或单个形状的内部添加骨骼。在一个骨骼移动时，与启动运动的骨骼相关的其他连接骨骼也会移动。使用反向运动进行动画处理时，只需指定对象的开始位置和结束位置即可。通过反向运动，可以轻松地创建自然流畅的运动。

Flash 包括两个用于处理反向运动的工具，即骨骼工具和绑定工具。使用骨骼工具可以为元件实例和形状添加骨骼，使用绑定工具可以调整形状对象的各个骨骼和控制点之间的关系。

下面以人物手臂运动的动画为例介绍反向运动的制作过程，具体操作步骤如下。

步骤 1：新建 Flash 文档。选择菜单栏中的【文件】→【导入】→【导入到舞台】命令，将人物图片导入到舞台中，并对其进行缩放操作，如图 6-26a 所示。

步骤 2：为手臂每个能够活动的关节单独创建元件，并将各部分的元件实例在舞台上放置好，如图 6-26b 所示。

步骤 3：使用工具箱中的骨骼工具，单击要成为根部的元件实例，然后拖动到单独的元件实例，以将其连接到根实例，如图 6-27a 所示。若要添加其他骨骼，从第一个骨骼的尾部拖动到要添加到骨骼的下一个元件实例。连接好各骨骼后效果如图 6-27b 所示。

a）

b）

图 6-26　导入的图像及手臂的各元件实例

a）导入的人物图片　b）为手臂活动关节创建元件

a）　b）

图 6-27　添加骨骼及连接好的骨骼

a）添加骨骼　b）连接好的骨骼

说明：骨骼工具只能在 Flash 文档（ActionScript 3.0）中应用。

步骤 4：创建骨骼后，会产生一个新的“骨架_1”图层；在“骨架_1”图层的第 30 帧、第 60 帧分别单击鼠标右键，从快捷菜单中选择【插入姿势】命令，调整手臂的位置，如图 6-28 所示。

图 6-28　第 30 帧、第 60 帧处手臂的位置

步骤 5：整个动画的时间轴面板如图 6-29 所示。按<Ctrl+Enter>组合键在 Flash 播放器中预览动画效果。保存该文档，命名为 fanxiang.fla。

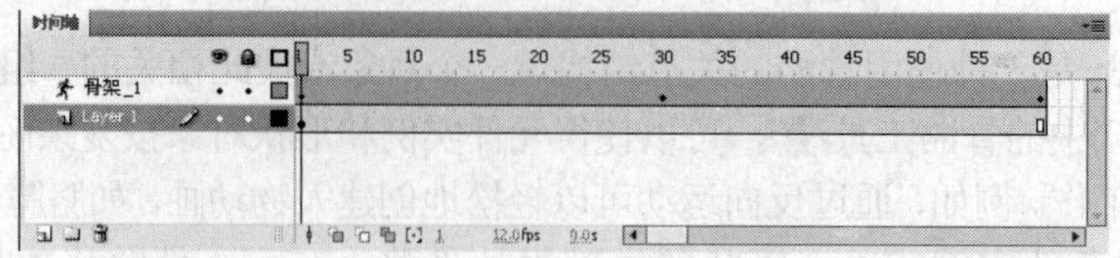

图 6-29　反向运动的时间轴面板

6.3　动画制作技巧

6.3.1　影片剪辑

影片剪辑元件主要用来制作独立于主时间轴、可重复使用的动画片段。影片剪辑中可以包括其他影片剪辑实例、声音、交互式控制等。

下面以游动的金鱼为例介绍影片剪辑的应用，具体操作步骤如下。

步骤 1：新建 Flash 文档。选择菜单栏中的【文件】→【导入】→【导入到库】命令，将金鱼图片导入库面板中。然后将“图层 1”重命名为“yu”，并将库面板中的“金鱼图片”拖入到舞台中。

步骤 2：使用选择工具选择“金鱼图片”实例，按<Ctrl+B>组合键进行分离操作，将其转换为矢量对象。再使用套索工具并复选多边形模式，选择金鱼尾部区域并进行剪切操作。同时，在第 5 帧处插入普通帧。

步骤 3：新建图层并命名为“yuwei”，选择菜单栏中的【编辑】→【粘贴到当前位置】命令，将剪切过的鱼尾部分粘贴到此层的舞台中，同时在第 5 帧处按<F6>键插入关键帧。选中第 5 帧舞台中的鱼尾部分图片进行缩小操作，然后调整其位置，使其与鱼身部分吻合。

步骤 4：新建两个图层并命名为“syuqi”和“xyuqi”，分别对上下的鱼鳍部分也进行如鱼尾部分的操作。此时时间轴面板如图 6-30 所示。

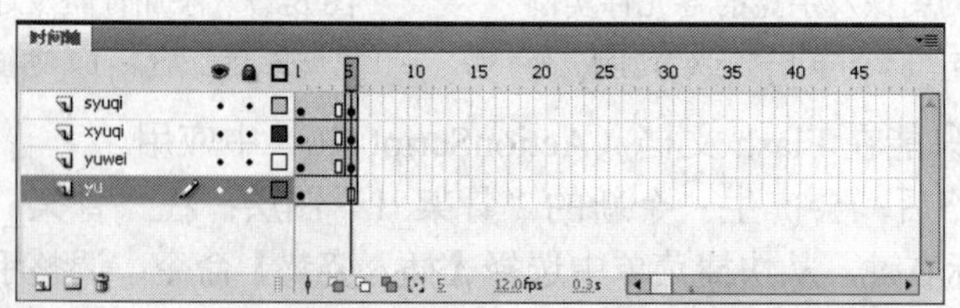

图 6-30　时间轴面板

步骤 5：将场景中金鱼原地游动的动画转换为影片剪辑。先在时间轴中单击鼠标右键，从快捷菜单中选择【选择所有帧】命令；再右键单击时间轴，在快捷菜单中选择【剪切帧】命令。然后按<Ctrl+F8>组合键新建一个名为“金鱼”的影片剪辑，选择影片剪辑的第 1 帧，单击鼠标右键，从快捷菜单中选择【粘贴帧】命令，从而将场景中的动画转化为影片剪辑元件。

说明：在 Flash 动画制作过程中，有时需要将场景中的一些动画转换为影片剪辑元件，以便实现更为复杂的动画。

步骤 6：返回场景中，制作金鱼游动的过程。首先在场景中删除多余图层，只留下 2 个图层，一层命名为“beijing”，另一层命名为“yu”。选择菜单栏中的【文件】→【导入】→【导入到舞台】命令，将背景图片导入到“beijing”图层中，在第 30 帧处插入普通帧。选择“yu”图层，从库面板中将“金鱼”影片剪辑拖入到舞台中。在第 30 帧处按<F6>键插入关键帧，调整第 30 帧舞台中“金鱼”影片剪辑实例的位置，并在第 1 帧到第 30 帧之间创建传统补间动画。

图 6-31　预览金鱼游动的效果

步骤 7：按<Ctrl+Enter>组合键在 Flash 播放器中预览动画效果，如图 6-31 所示。保存该文档，命名为 fish.fla。

6.3.2　声音的处理

制作观赏性较强的动画不仅要有好的构思和精良的动画制作能力，如果能再配以恰当的音效，则可以大大增强影片的感染力，达到极佳的视听效果。

1. *声音的导入*

声音素材是多媒体素材中的一种主要类型，在 Flash 动画中更是必不可少的。在 Flash 中，最常用的声音格式有 WAV、MP3 等。选择菜单栏中的【文件】→【导入】→【导入到库】或【导入到舞台】命令，可以将外部声音导入到当前影片文档的库面板中。

Flash CS4 能将 MIDI 音乐映射到动画中，从而制作在相应的移动设备上播放带有音乐的 Flash 动画。

2. *声音的引用*

在 Flash 中，导入的声音文件并没有被直接引用，但已存放在库面板中。要使用声音文件，最好新建一个图层，单独放置声音文件，以便于声音的更换与处理。

应用声音的具体操作如下：新建一个图层，选择新建图层的某一帧，这一帧最好是空白关键帧；然后将库面板中的一个声音元件拖入到舞台中，即完成了声音引用。

一旦声音被引用到图层中，在该图层上就会出现声音对象的波形，此时按<Enter>键就可以试听该声音。注意，如果其他图层上已经建立了一定的帧数，那么声音的帧数将与已存在的帧数匹配。声音并不将全部长度摆放在时间轴上，但试听可以完整地播放完声音。图 6-32 所示的是在 rabbit.fla 动画中导入声音的时间轴面板，时间轴上的动画为 60 帧，因此声音波形长度也为 60 帧。

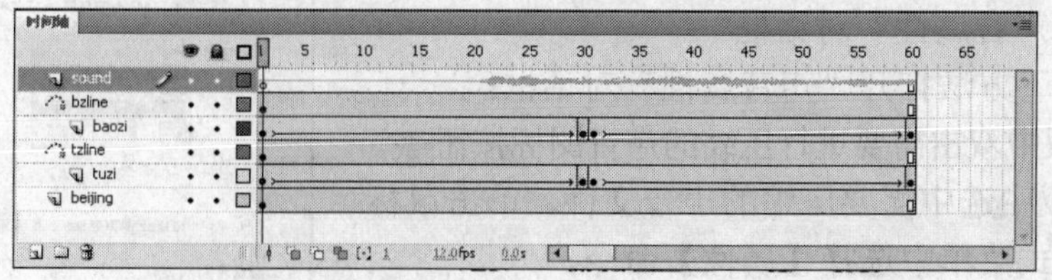

图 6-32　导入声音后的时间轴面板

3．声音的编辑

在 Flash 中，声音的编辑是通过声音的属性面板进行的。选择含有声音图层的任意一帧，便可调出帧属性面板，其中有声音设置选项，如图 6-33 所示。

各声音属性选项的意义如下：

1）名称：在“名称”下拉列表中可以选择要引用的声音对象，该列表中存放了已经导入库面板中的所有声音，选择“无”可以取消声音。

2）效果：从“效果”下拉列表中可以选择一些内置的声音效果，如声音的淡入、淡出等。若选择编辑声音封套工具，可以打开“编辑封套”对话框，对声音进行效果编辑，如图 6-34 所示。

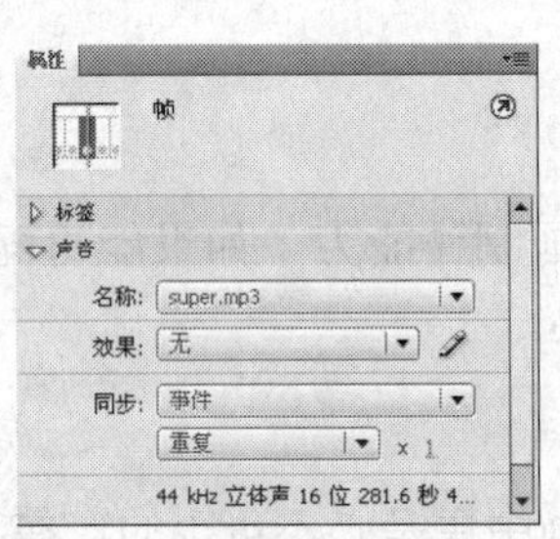

图 6-33　帧属性面板的声音设置选项

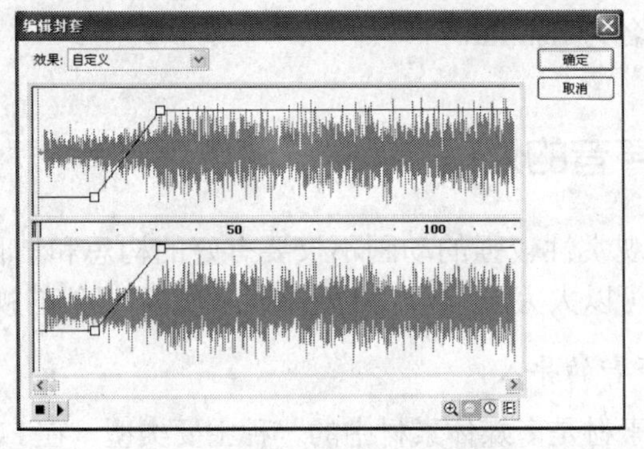

图 6-34　“编辑封套”对话框

“编辑封套”对话框由上下两部分组成，上面是左声道波形，下面是右声道波形，左右声道上均有音量控制按钮。■为“暂停”按钮，▶为“播放”按钮，为“放大波形”按钮，为“缩小波形”按钮，设置时间轴以秒为时间单位，设置时间轴以帧为单位。上下波形框中间的滑块为声音的起点和终点标志。

3）同步：用于设置声音和动画采用什么样的形式协调播放，共提供了事件、开始、停止和数据流 4 种同步模式。

4）重复：可以设置声音的播放次数，在该下拉列表中共有两个选项“重复”和“循环”。

帧属性面板底部显示所选用声音的信息，包括声音频率、声道数、声音维数、播放时间长度及声音文件大小等。

4．声音的导出设置

声音的导出设置是在“声音属性”对话框中进行的，如图 6-35 所示。

（1）打开“声音属性”对话框

可以利用以下方法打开“声音属性”对话框：

1）在库面板中双击需要进行压缩的声音图标按钮。

2）在库面板中选中需要压缩的声音文件，单击鼠标右键，从快捷方式菜单中选择【属性】命令。

3）单击库面板底部的“属性”图标按钮。

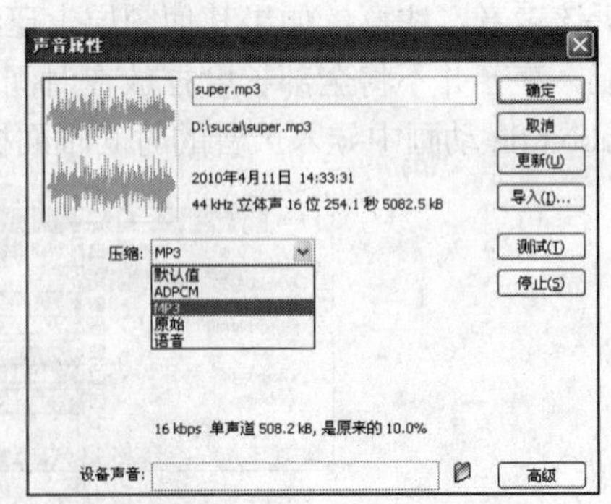

图 6-35　“声音属性”对话框

（2）声音导出设置

在“声音属性”对话框中，可以对声音进行多种模式的压缩。

1）默认值：如果输出电影时，选择“默认值”压缩模式，就不需进行其他输出设置了。

2）ADPCM：该模式是为 8bit 或者 16bit 声音数据设置压缩率的。当输出如按钮事件等的短事件声音时，一般采用 ADPCM 压缩模式。

3）MP3：当输出较长的声音流，一般采用 MP3 压缩模式。

4）原始：声音导出过程中不经过压缩。

5）语音：使用一种适合于语音的压缩模式导出声音。

可以根据动画的需要在上述模式中选择一种，进行相应的设置后即可通过单击【测试】按钮进行压缩过的声音文件的试听。单击【确定】按钮，则将此声音文件压缩好并存放在库面板中。

6.4　动画优化、发布与导出

制作 Flash 动画的最终目的是希望将它发布出去，达到网上资源的共享。为了让动画以最优化的形式发布在网络上，需要对动画的发布进行一定的设置。

6.4.1　优化动画

对动画进行优化时，需要遵守以下原则：

1）如果动画中有多次使用的对象，应考虑将其转换为元件。

2）尽可能使用补间动画，减少逐帧动画的制作。

3）对于动画序列，应尽量使用影片剪辑元件。

4）限制每个关键帧中发生变化的区域，应尽量使动作发生在较小的区域。

5）尽量避免使用位图图像制作动画。

6）尽量使用 MP3 声音文件格式。

6.4.2　发布动画

动画发布之前的设置工作应该说是非常重要的一步。发布设置是通过“发布设置”对话框进行的。选择菜单栏中的【文件】→【发布设置】命令，可以打开“发布设置”对话框，如图 6-36 所示。

在“发布设置”对话框的“格式”选项卡中，用户可以选择所要发布的格式。一旦选择一种格式后，在“发布设置”对话框中就会显示出相应的选项卡。通过设置各种格式的参数，可以灵活地对所发布的电影文件进行控制。

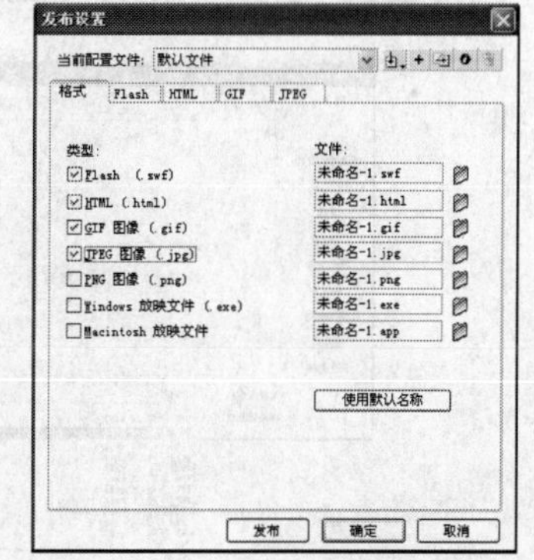

图 6-36　“发布设置”对话框

6.4.3 导出动画

动画的导出也是在 Flash 中经常进行的操作。

1. 导出图像

导出图像的操作步骤如下。

步骤 1：选择菜单栏中的【文件】→【导出】→【导出图像】命令，打开“导出图像”对话框，如图 6-37 所示。

步骤 2：在“导出图像”对话框中选择保存文件的路径，指定文件名，选择需要将动画保存的文件类型，然后单击【保存】按钮完成操作。

图 6-37 “导出图像”对话框

2. 导出影片

导出影片的操作步骤如下。

步骤 1：选择菜单栏中的【文件】→【导出】→【导出影片】命令，打开“导出影片”对话框，如图 6-38 所示。

步骤 2：在“导出影片”对话框中，选择保存文件的路径，指定文件名，选择保存类型，单击【保存】按钮即可完成影片的导出操作。

说明：在“保存类型”的下拉列表中不仅可以将动画保存为 SWF、GIF、AVI、MOV 等动画格式，还可以单独将动画中的声音保存为 WAV 声音格式或者将动画导出为由单个帧组成的连续命名的位图序列。

3. 制作 EXE 文件

导出的 Flash 动画为 SWF 格式文件，需要有 Flash 播放器才能播放。为了增强动画的可携带性，可以将其制作成可执行文件，将 Flash 播放器包含在其中。具体操作步骤如下：

步骤 1：双击 Flash 动画的 SWF 文件，在 Flash 播放器观看动画效果。

步骤 2：在 Flash 播放器中，选择菜单栏中的【文件】→【创建播放器】命令，打开“另存为”对话框，如图 6-39 所示。选择保存路径并命名后，单击【保存】按钮即可创建 EXE 文件。

因为 EXE 文件中包含了 Flash 播放器，因此文件的大小将增加，但文件的可携带性增强了。

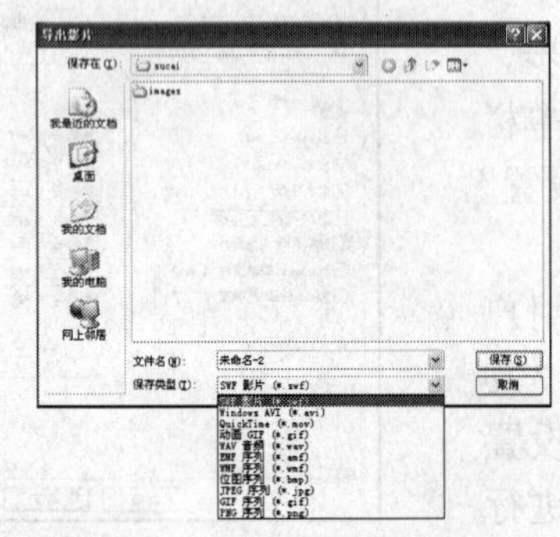

图 6-38 “导出影片”对话框

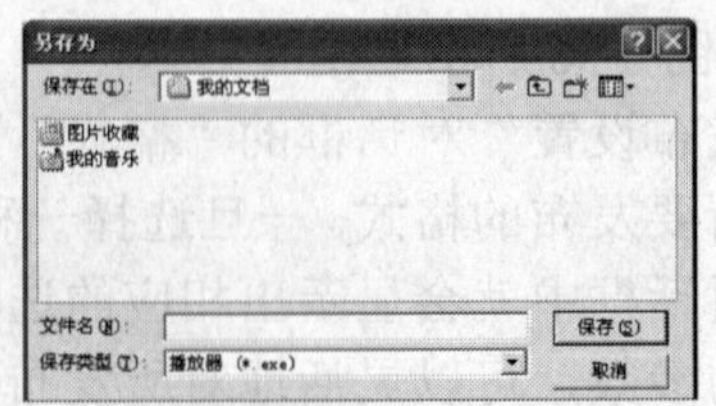

图 6-39 “另存为”对话框

6.5　动画制作实例

在动画制作过程中，可以根据需要结合多种动画方式以达到设计效果。下面简要介绍几个动画制作的实例。

6.5.1　大象散步

步骤 1：新建 Flash 文档，设置画布大小为 500×400 像素，帧频为 8f/s，背景颜色为白色。

步骤 2：选择菜单栏中的【文件】→【导入】→【导入到库】命令，将素材图片“背景.jpg”、“大象.gif”导入到库面板中。从库面板中将背景图片拖入到舞台中，调整其大小，使其与舞台大小一致。将“图层 1”重命名为“beijing”。

步骤 3：新建图层并命名为“bigx”，选中第 1 帧，从库面板中将“大象.gif”图片拖入到舞台中，此时“bigx”图层的时间轴上增添了 6 个关键帧。分别在 6 个关键帧的后面各添加 1 个普通帧，添加普通帧的目的是为了增长大象迈步的时间。

步骤 4：由于导入的大象图片大小与舞台不符，所以需要调整其大小并移动它们至合适的位置处。为了防止操作干扰到“beijing”图层，可以对“beijing”图层加锁，这样以后的操作将不会影响到该图层。

步骤 5：选择“bigx”图层的第 1 帧，单击时间轴底部的“编辑多个帧”按钮，然后拖动时间轴上的标尺滑块至 12 帧处，这样可以同时对 12 个帧进行操作。然后，使用选择工具框选所有帧中的大象对象，调整其大小，再将其拖动至舞台的适当位置，结果如图 6-40a 所示。

步骤 6：为了让舞台更加生动，再制作一头小象。选择“bigx”图层中的所有帧，在时间轴上单击鼠标右键，从快捷菜单中选择【复制帧】命令。

步骤 7：新建图层并重命名为“smallx”，锁定“bigx”图层，关闭编辑多个帧功能。使用<Shift+F5>组合键删除“smallx”图层中除第 1 帧外的所有帧，然后选择第 1 帧，在时间轴上单击鼠标右键，从快捷菜单中选择【粘贴帧】命令。

步骤 8：参照步骤 5 对小象进行缩小操作，操作结果如图 6-40b 所示。

a）

b）

图 6-40　大象和小象的制作效果

a）大象的位置　b）小象的位置

步骤 9：按<Enter>键在舞台上预览动画，发现仅有一帧有背景，这是由于“beijing”图层只有一帧的缘故。解除“beijing”图层的锁定，在第 12 帧处插入普通帧。

步骤 10：为了让大象和小象步伐不那么一致，还可以将“smallx”图层中的所有帧向后移动一帧，即先选中所有帧，然后按住鼠标左键向时间轴的右方拖动一帧，再将第 13 帧内容剪切复制到第 1 帧中。

步骤 11：整个动画的时间轴面板如图 6-41 所示。按<Ctrl+Enter>组合键在 Flash 播放器中预览动画效果，如图 6-42 所示。保存动画文件，命名为 sanbu.fla。

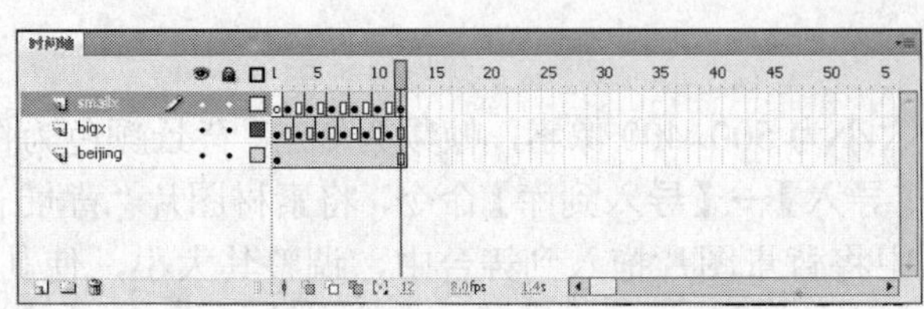

图 6-41　大象散步动画的时间轴面板

图 6-42　动画预览效果

6.5.2　蝴蝶字

步骤 1：新建 Flash 文档，设置画布大小为 500×400 像素，帧频为 12f/s，背景颜色为白色。

步骤 2：选择菜单栏中的【文件】→【导入】→【导入到库】命令，将背景素材及“蝴蝶.gif”导入库面板中，从库面板中拖动背景图片至舞台中央。将此层重命名为“beijing”。

步骤 3：新建图层并命名“butterfly”，从库面板中将“蝴蝶.gif 拷贝”影片剪辑拖入到舞台中，并对其进行缩小操作。

步骤 4：选择“butterfly”图层，为其创建传统运动引导层，并命名为“hua-”。在该图层的第 1 帧场景中输入文字“花”，字体为华云行楷，大小为 160，颜色为黑色。

步骤 5：在“hua-”图层上方新建图层并命名“text”，在该图层输入文字“落知多少”，字体为华云行楷，字号为 48，颜色为黑色。文字在舞台中的位置如图 6-43 所示。

步骤 6：选择“hua-”图层的文字“花”，按<Ctrl+B>组合键进行分离操作，将其转化为矢量对象。选择工具箱中的墨水瓶工具（在颜料桶工具组中），在字的轮廓上单击鼠标左键，此时字的周围会出现一个轮廓边框，按<Delete>键将填充色删除，此时仅剩下字的轮廓边框。

步骤 7：使用工具箱中的橡皮擦工具在字的轮廓上进行擦除操作，使其产生一个“豁口”，效果如图 6-44 所示。然后在第 40 帧处插入普通帧，让“花”字延续到第 40 帧。

图 6-43　文字在舞台中的位置

图 6-44　字的轮廓边框效果图

步骤 8：选中“butterfly”图层，在第 40 帧处按<F6>键插入关键帧。将“花”字轮廓线“豁口”处的两点作为引导线的起始点和结束端点，分别将第 1 帧和第 40 帧中的“蝴蝶.gif 拷贝”

影片剪辑实例拖动到起始端点和结束端点处。在第 1 帧和第 40 帧之间创建传统补间动画，设置“旋转”为顺时针、4 次。

步骤 9：选定“beijing”图层，在其上添加一新图层命名为“hua”，输入文字“花”，字体为华云行楷，字号为 160，颜色为红色。调整该文字的位置直到被“花”字的轮廓边框包围，效果如图 6-45 所示。

图 6-45 输入花字的效果

步骤 10：在“text”图层上方新建图层并命名“butterfly1”，从库面板中再将“蝴蝶.gif 拷贝”影片剪辑拖入其舞台中，并调整影片剪辑元件的大小和位置。

步骤 11：在“butterfly1”图层上方新建图层并命名“butterfly2”，从库面板中拖动“蝴蝶.gif 拷贝”影片剪辑到舞台中，并调整其大小。为其创建传统引导层“line”，使用工具箱中的铅笔工具绘制一条路径，然后参照步骤 8 设置蝴蝶沿导线运动的效果。

步骤 12：分别在“beijing”、“hua”、“text”和“butterfly1”图层的第 40 帧处插入普通帧。

步骤 13：整个动画的时间轴，如图 6-46 所示。按<Ctrl+Enter>组合键在 Flash 播放器中预览动画效果，此时会观察到一只蝴蝶沿“花”字的边框飞舞，另一只蝴蝶在原地扇动翅膀，效果如图 6-47 所示。保存该文档，命名为 hdz.fla。

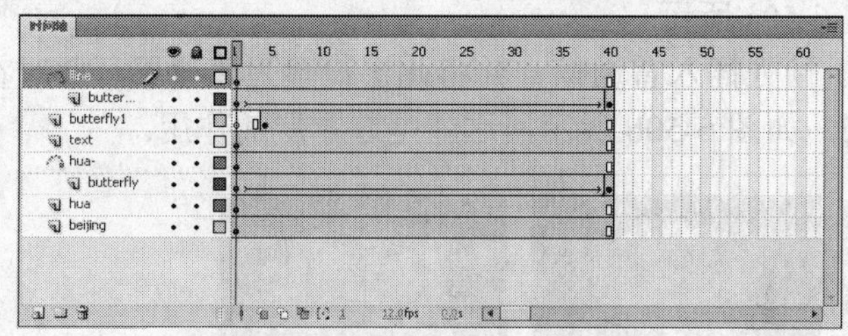

图 6-46 蝴蝶字动画的时间轴面板

图 6-47 蝴蝶字动画效果

6.5.3 片头制作

步骤 1：新建 Flash 文档，设置画布大小为 2400×300 像素，帧频为 12f/s，背景颜色为黑色。

步骤 2：选择菜单栏中的【文件】→【导入】→【导入到库】命令，一次性将 6 张图片导入到库面板中。导入完成后，将各个图片从库面板中按次序拖入到舞台中，如舞台放置不下也可以放置在舞台之外。

步骤 3：使用选择工具框选或按住<Shift>键逐个单击每个图片将其全部选中，选择菜单栏中的【修改】→【对齐】→【垂直居中】命令将各个图片上下对齐，然后再选择菜单栏中的【对齐】→【按宽度均匀分布】命令均匀分布各图片间的间距，结果如图 6-48 所示。

也可以选择菜单栏中的【窗口】→【对齐】命令或选择工具栏中的对齐工具，打开对齐面板进行对齐操作，如图 6-49 所示。

图 6-48 按宽度均匀分布的结果图

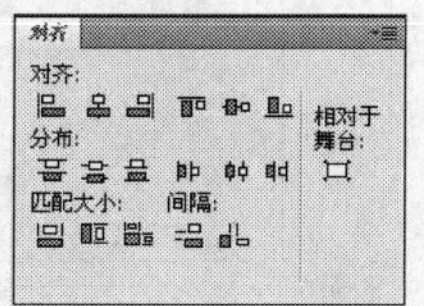

图 6-49 对齐面板

步骤 4：选中所有图片，选择菜单栏中的【修改】→【组合】命令将其组合起来成为一个对象，目的在于方便对其整体进行操作。

说明：如果想撤销已有的组合，可以先选定该组，再选择菜单栏中的【修改】→【取消组合】命令将组取消，此时组中的各个对象又分散开来。

步骤 5：修改文档属性，将画布的宽度改为 400 像素，此时舞台的大小发生了改变，而图片的尺寸没有发生变化。按<F8>键将组合的图片转换为图形元件并命名为“影片”，调整舞台中“影片”图形实例的位置，使实例中第一张图片覆盖整个舞台。如果吻合的不是太好，可以进行放大操作，此时对齐操作将变得简单。还可以通过键盘上的上下左右键微调图片的位置。

步骤 6：在时间轴第 60 帧处按<F6>键创建关键帧。水平移动“影片”图形实例，使其最后一张图片覆盖整个舞台。然后在第 1 帧到第 60 帧之间创建传统补间动画。

按<Ctrl+Enter>组合键在 Flash 播放器中预览动画效果，到此为止已经将第一层中的影片动画制作完成。

步骤 7：关闭预览窗口返回场景中。将“图层 1”重命名为“tupian”，再在此层上添加一新图层，命名为“yuan”。选择椭圆工具，其填充色可以为任意色，按住<Shift>键，在舞台正中绘制一个无笔触的圆，结果如图 6-50a 所示。

步骤 8：在“yuan”图层的第 60 帧处插入普通帧，并将此层设置为遮罩层，此时在舞台中仅仅只有圆遮盖的部分被显示出来，如图 6-50b 所示，这就是遮罩层的作用。

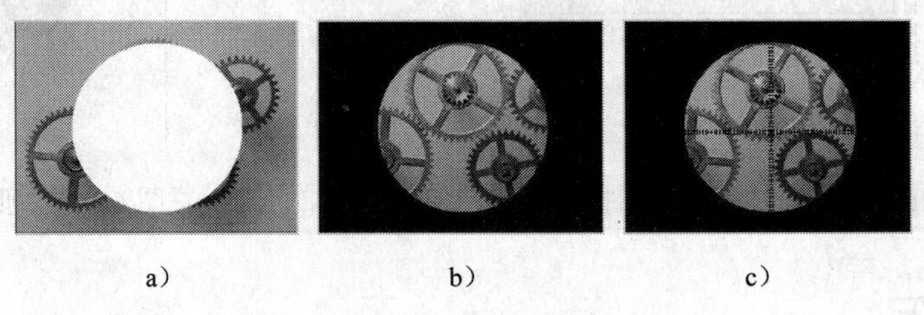

a） b） c）

图 6-50 遮罩效果

a）无笔触的正圆 b）应用遮罩 c）制作坐标

步骤 9：为了增添一下影片的效果，再制作一个“坐标”。新建图层并命名为“zuobiao”，利用工具箱中的线条工具在圆中绘制一个十字，线条的笔触颜色为纯黑色、笔触高度为 8、笔触样式为斑马线，效果如图 6-50c 所示。

步骤 10：整个动画的时间轴面板如图 6-51 所示。按<Ctrl+Enter>组合键在 Flash 播放器中预览最终效果。保存该文档，命名为 pt.fla。

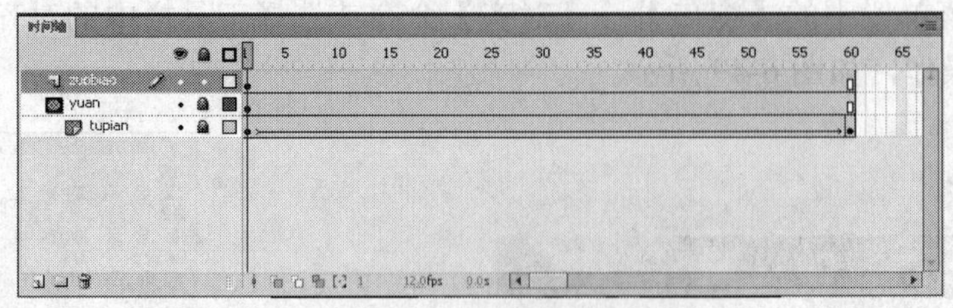

图 6-51 片头动画的时间轴面板

6.5.4 动态 Logo 图标

Logo 图标是作为一个网站的商标出现的，它体现了一个网站的风格和特色。我们以 120×60 像素为标准，制作一个动态的 Logo 图标，具体操作过程如下。

步骤 1：新建 Flash 文档，设置画布大小为 120×60 像素，帧频为 12f/s，背景颜色为白色。

步骤 2：选择菜单栏中的【文件】→【导入】→【导入到库】命令，将所需要的素材 logo.jpg、logo1.jpg、logo2.jpg、log3.jpg 导入到库面板中。从库面板中拖动 logo.jpg 至舞台上，调整图片大小使其刚刚好遮盖住舞台，将该图片转换成图形元件。

步骤 3：在第 10 帧处按<F6>键创建关键帧，选择此帧中的图形元件实例，在其属性面板中设置“色彩效果”选项为“Alpha 6%”。在第 1 帧和第 10 帧之间创建传统补间动画，并在其属性面板中将“旋转”设置为顺时针、1 次。

步骤 4：新建图层 2，在其第 8 帧处创建空白关键帧。将库面板中的 logo1.jpg 拖入舞台，调整图片大小使其刚刚好遮盖住舞台，将该图片转换成图形元件。在第 18 帧处按<F6>键创建关键帧并进行此帧中元件实例的属性设置，“色彩效果”选项为“Alpha 6%”。在第 8 帧和第 18 帧之间创建传统补间动画。

步骤 5：新建图层 3，在第 16 帧创建空白关键帧。将库面板中的 logo2.jpg 拖入舞台，调整图片大小使其刚刚好遮盖住舞台，将该图片转换成图形元件。在第 26 帧处按<F6>键创建关键帧并进行此帧中元件实例的属性设置，“色彩效果”选项为“Alpha 6%”。在第 16 帧和第 26 帧之间创建传统补间动画。

步骤 6：新建图层 4，在第 24 帧创建空白关键帧。将库面板中的 logo3.jpg 拖入舞台，调整图片大小使其刚刚好遮盖住舞台，将该图片转换成图形元件。第 34 帧处按<F6>键创建关键帧并进行此帧中元件实例的属性设置，“色彩效果”选项为“Alpha 6%”。在第 24 帧和第 34 帧之间创建传统补间动画。

步骤 7：新建图层 5，选定第 1 帧。在舞台中输入文字“四季如风”，字体为黑体，字号为 12，文本颜色为黑色。在第 8 帧处按<F6>键创建关键帧，并在第 1 帧与第 8 帧之间创建传统补间动画，在第 12 帧插入普通帧。文字与舞台的位置关系如图 6-52 所示。

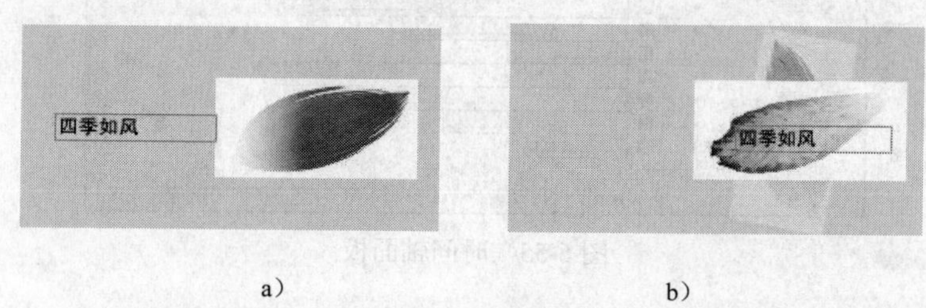

a） b）

图 6-52 第 1 帧和第 8 帧中文字的位置

a）第 1 帧文字的位置 b）第 8 帧文字的位置

步骤 8：新建图层 6，在第 9 帧创建空白关键帧。在舞台中输入文字“时光飞逝”，文本属性设置同步骤 7。在第 20 帧处按<F6>键创建关键帧，并在第 9 帧与第 20 帧之间创建传统补间动画，在第 22 帧插入普通帧。文字与舞台的位置关系如图 6-53 所示。

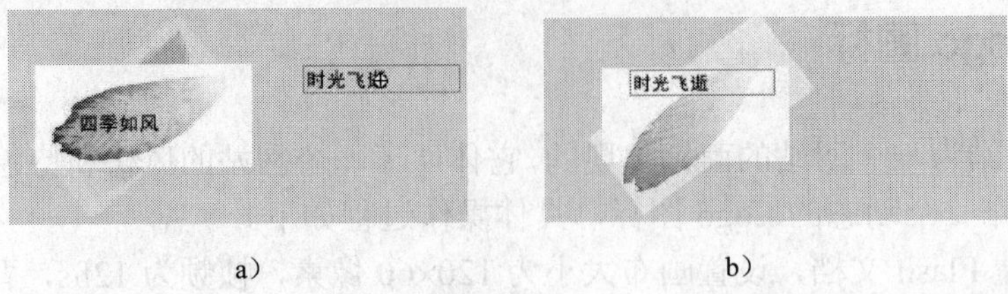

a）　　　　b）

图 6-53　第 9 帧和第 20 帧中文字的位置

a）第 9 帧文字的位置　b）第 20 帧文字的位置

步骤 9：新建图层 7，在第 20 帧创建空白关键帧。在舞台输入文字“飞扬青春”，文本属性设置同步骤 7。在第 30 帧处按<F6>键创建关键帧，并在第 20 帧与第 30 帧之间创建传统补间动画，在第 34 帧插入普通帧。文字与舞台的位置关系如图 6-54 所示。

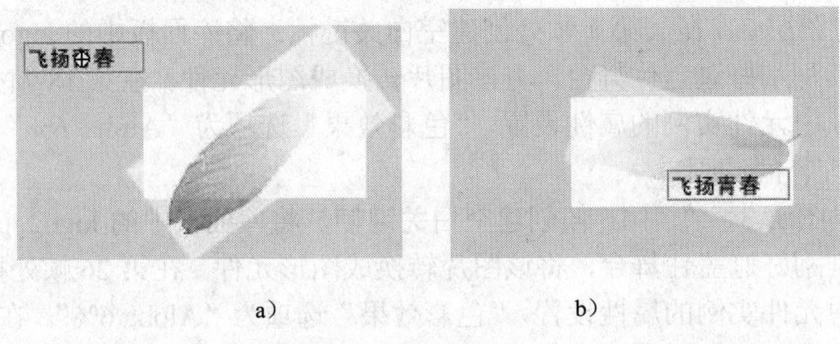

a）　　　　b）

图 6-54　第 20 帧和第 30 帧中文字的位置

a）第 20 帧文字的位置　b）第 30 帧文字的位置

步骤 10：为了给 Logo 提供一个外边框，新建图层 8，使用矩形工具绘制一个能够遮盖住舞台的无填充矩形，其笔触颜色为黑色，笔触高度为 1.25，笔触样式为实线。

步骤 11：Logo 图标的时间轴面板如图 6-55 所示。按<Ctrl+Enter>组合键在 Flash 播放器中预览动画效果。保存文件，命名为 logo.fla。

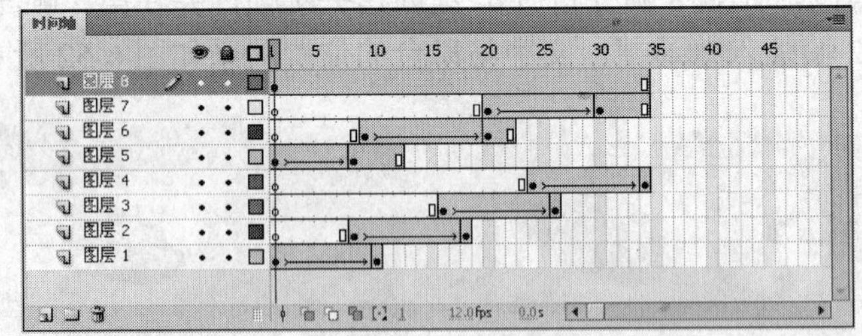

图 6-55　时间轴面板

6.5.5　动画 Banner

步骤 1：新建 Flash 文档，设置画布大小为 600×80 像素，帧频为 12f/s。

步骤 2：选择菜单栏中的【文件】→【导入】→【导入到库】命令，将背景素材 banner.jpg

导入舞台，调整其大小与舞台重合。

步骤 3：选择菜单栏中的【插入】→【新建元件】命令或使用<Ctrl+F8>组合键，创建一个名称为“文字”的影片剪辑。使用工具箱中的文本工具，在其属性面板中设置字体为华文行楷、字号为 30、字母间距为 5，然后在舞台中输入文字“欢迎您进入动物天堂之门”。

步骤 4：使用<Ctrl+B>组合键将文字分离成单独的字符，然后右击文字，从其快捷菜单中选择【分散到图层】命令，独立的字符将分散到不同的图层中。删除多余图层 1，再次按<Ctrl+B>组合键，将文字转换为矢量对象，填充从#F7D29D 到#FF0000 的线性渐变色。

步骤 5：选中“欢”字，按<F8>键，将其转换为图形元件“欢”。运用同样的方法将其他字也转换为图形元件，并以相应的字命名。

步骤 6：选中“欢”字图层的第 15 帧，按住<Shift>键，再选中“门”字图层的第 16 帧，按<F6>键将在所有图层的第 15 帧和 16 帧处插入关键帧。

步骤 7：选中所有图层第 1 帧中的文字，将它们向上平移，并选择菜单栏中的【修改】→【变形】→【水平翻转】命令将文字水平翻转；再选中所有图层第 15 帧中的文字，选择菜单栏中的【修改】→【变形】→【水平翻转】命令将文字水平翻转。

步骤 8：选中“欢”字图层的第 1 帧，按住<Shift>键，再选中“门”字图层的第 1 帧，单击鼠标右键，从弹出的快捷菜单中选择【创建传统补间】命令。

步骤 9：选中“迎”字图层的第 1 帧，按住<Shift>键，再选中“门”字图层的第 16 帧，向右平移 3～4 帧。

运用同样的方法将其他各层也分别向右平移 3～4 帧；选中所有图层的第 60 帧，按<F5>键插入普通帧。最终的时间轴面板如图 6-56 所示。

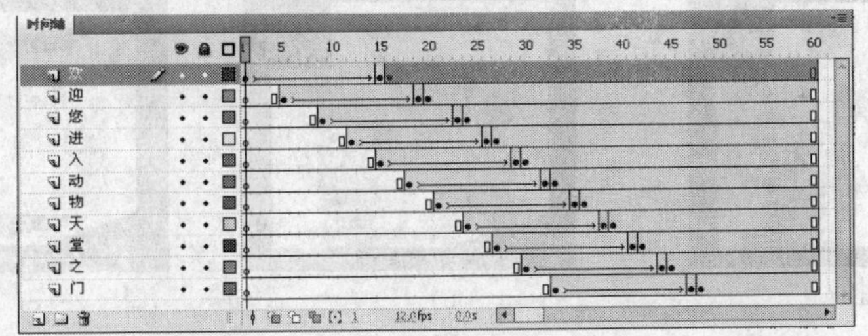

图 6-56　时间轴面板

步骤 10：返回场景，选择菜单栏中的【插入】→【新建元件】命令，创建一个名称为“字母遮罩”的影片剪辑。再使用文本工具，在其属性面板中设置字体为华文行楷、字号为 15、字母间距为 6。然后在舞台中输入文字“Welcome to Animal Heaven's Gate”。

步骤 11：新建图层 2，将其放在图层 1 的下方，使用矩形工具并填充渐变色，绘制一个如图 6-57 所示的矩形条，调整位置使其与文字的左端对齐。

图 6-57　绘制的矩形条

步骤 12：在图层 2 第 15 帧处按<F6>键插入关键帧，并调整矩形条的右端与文字的右端对齐。然后在第 1～15 帧之间创建补间形状动画。

步骤 13：在图层 1 第 15 帧处按<F5>键插入普通帧，右键单击图层，从快捷菜单中选择【遮罩层】命令。

步骤 14：返回场景，将库面板中的“文字”和“字母遮罩”影片剪辑元件放入舞台，调整其位置。

步骤 15：按<Ctrl+Enter>组合键在 Flash 播放器中预览动画效果，如图 6-58 所示。然后保存该文档，命名为 banner.fla，以备后续内容使用。

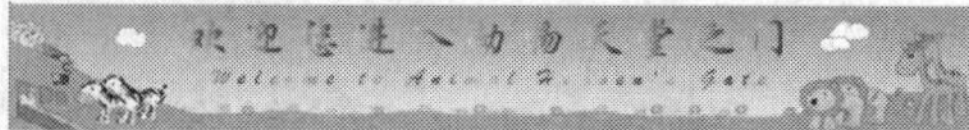

图 6-58 Banner 动画效果

6.5.6 3D 效果动画

Flash CS4 的工具箱中添加了 3D 工具，并针对影片剪辑添加了一个动画编辑器。下面介绍制作一个 3D 效果动画，具体操作过程如下。

步骤 1：新建 Flash 文档，设置画布大小为 550×400 像素，帧频为 12f/s，背景颜色为黑色。

步骤 2：选择菜单栏中的【文件】→【导入】→【导入到库】命令，将图片素材 img1.jpg、img2.jpg、img3.jpg、img4.jpg、img5.jpg、img6.jpg 导入到库中，并分别将其转换成影片剪辑元件 mc1～mc6。

步骤 3：按<Ctrl+F8>组合键，新建一个名为“box”的影片剪辑元件。将影片剪辑元件 mc1 从库面板中拖入“box”中，在其属性面板中设置坐标为（0，0，0）；同理将影片剪辑元件 mc2 拖入“box”中，设置其坐标为（0，0，100），如图 6-59a 所示。

a）

b）

c）

图 6-59 图片排放位置

步骤 4：将影片剪辑元件 mc3 从库面板中拖入“box”中，再利用 3D 旋转工具将其 Y 轴逆时针旋转 90 度，设置坐标为（0，0，0），如图 6-59b 所示。同理将影片剪辑元件 mc4 拖入“box”中，利用 3D 旋转工具将其 Y 轴逆时针旋转 90 度，设置坐标为（100，0，0）。

步骤 5：将影片剪辑元件 mc5 拖入“box”中，利用 3D 旋转工具将其 X 轴顺时针旋转 90 度，设置坐标为（0，0，0）。将影片剪辑元件 mc6 拖入“box”中，利用 3D 旋转工具将其 X 轴顺时针旋转 90 度，设置坐标为（0，100，0），最终效果如图 6-59c 所示。

步骤 6：将影片剪辑元件“box”拖入主场景时间轴的第 1 帧中，在时间轴的第 50 帧处插入普通帧，并创建补间动画。选中最后一帧，移动“box”的位置。然后，选择菜单栏中的【窗口】→【动画编辑器】命令，打开动画编辑器面板，如图 6-60 所示，调整对应的属性就可以得到想要的效果，如图 6-61 所示。

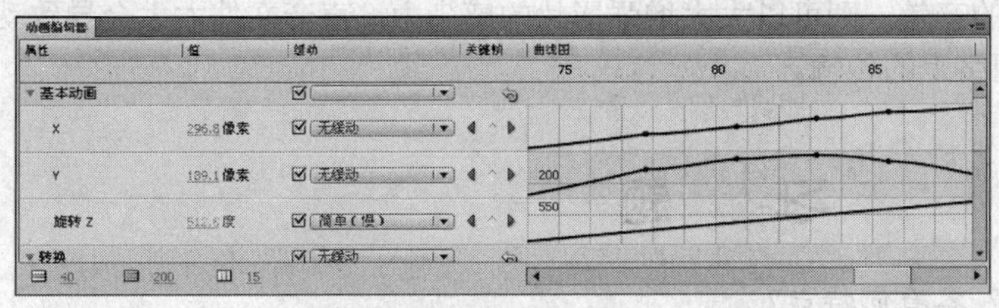

图 6-60　动画编辑器面板

图 6-61　动画编辑效果

步骤 7：整个动画的时间轴面板如图 6-62 所示。按<Ctrl+Enter>组合键在 Flash 播放器中预览动画效果。保存该文档，命名为 3d.fla。

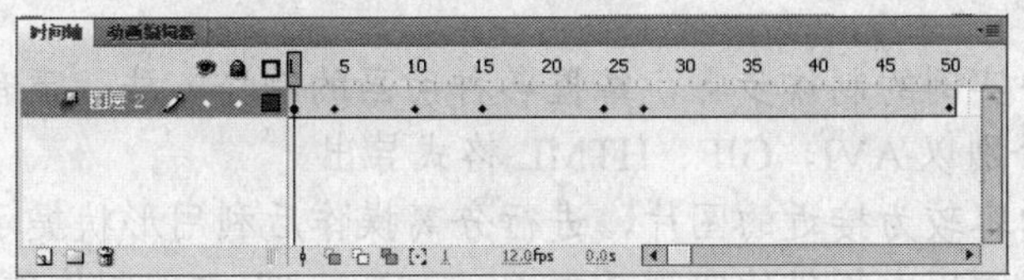

图 6-62　时间轴面板

6.6　本章要点和概念

1）逐帧动画是指在时间轴的每帧上绘制不同的内容，当连续播放帧时便形成了动画。

2）在 Flash 中补间动画有传统补间、补间形状和补间动画 3 种形式。与逐帧动画相比，补间动画的制作工作量小且文件的体积较小，但补间动画的动画效果不如逐帧动画变化得细腻和流畅。

3）补间形状动画是实现两种图形之间颜色、形状、大小、位置相互变化的动画。补间形状动画可以处理的对象为矢量对象，可以通过"添加形状提示"来控制动画效果。

4）传统补间动画可以实现元件实例的大小、位置、颜色、透明度、旋转等属性的变化。传统补间动画的操作对象为非矢量对象。如果矢量对象想参与传统补间动画，需要进行转换操作，如转换为元件等。

5）补间动画是通过为一个关键帧中的对象属性指定一个值并为另一个关键帧中的该属性指定另一个值而创建的动画。它的运动路径是贝塞尔曲线，可以随意调节，在整个补间范围内只有一个目标对象组成。

6）将一个或多个层关联到一个引导层，可使一个或多个对象沿同一条路径运动。被引导的对象可以是图形、影片剪辑、群组等实例，引导线可以用钢笔、铅笔、线条、椭圆工具、矩形工具或刷子工具以及各个工具配合使用创建的不闭合曲线。

7）遮罩动画的基本原理是遮罩层中的对象遮挡被遮罩层中的对象，被遮住的部分显示出来。在遮罩层中对象的许多属性，如渐变色、Alpha、颜色和线条样式等是不在遮盖效果中反映出来的。

8）反向运动（IK）是一种使用骨骼的关节结构对一个对象或彼此相关的一组对象进行动画处理的方法。通过反向运动可以更加轻松地创建人物动画，如胳膊、腿和面部表情等。

9）动画如果能配以恰当的音效，则可以大大增强影片的感染力。声音文件太大会导致动画文件太大，不利于动画在网络上的传输。

习　题

6-1 Flash 动画的类型有哪些？各有何特点？

6-2 创建逐帧动画、补间动画、补间形状动画、传统补间动画的对象类型各是哪些？

6-3 为何要进行声音的压缩？声音压缩的方法有哪些？

6-4 创建导线运动、遮罩效果和反向运动时应注意哪些问题？

6-5 实际操作：

1）重复本章中实例的制作步骤，掌握各种动画的制作方法、声音的导入、效果、压缩的方法并将各动画分别以 AVI、GIF、HTML 格式导出。

2）准备两张内容较为接近的图片，进行分离操作后利用形状提示创建补间形状动画。

3）模仿配套资源库中提供的实训 2 中“wavezi.swf”文件制作作品。

操作提示：将文字作为遮罩层，遮罩对象为黑白间隔的矩形。

第 7 章　交互动画的制作

本章知识点和技能点

1）按钮、鼠标事件及帧跳转等概念。
2）动作脚本基础及应用。
3）多场景动画制作。

前面章节中所学习的动画几乎都是不可控制的，缺乏交互性。在本章中将详细介绍 Flash 中另一类动画方式：交互动画。在交互动画播放过程中，用户可以利用键盘、鼠标的实际操作，实现与动画之间的“互动”，如用 Flash 编制的游戏就属于 Flash 中较高层次的互动动画。

在 Flash 中，主要是通过专用的脚本语言 ActionScript 进行交互动画的设计和制作。

说明：以下将 ActionScript 简写为 AS。

7.1　按钮

在交互动画制作过程中，按钮是必不可少的元素。按钮可以具有多种状态，并且会响应鼠标事件，执行指定的动作。按钮的外形可以是任何形式，可以是位图图像，也可以是矢量图；可以是矩形，也可以是多边形；可以是一根线条，也可以是一个线框；甚至还可以是看不见的“透明按钮”。按钮以元件的形式存放在库中，可以被多次调用。另外，在公共库中存放了一些按钮成品，可以根据需要直接调用。

7.1.1　创建按钮

1. 按钮编辑器

按钮是 Flash 中最常用的交互手段。在 Flash 中，创建按钮是在如图 7-1 所示的按钮元件编辑器中进行的。可以直接在按钮编辑器中创建按钮，也可以将舞台上的对象转换为按钮，然后在按钮编辑器中再进行编辑。按钮创建完成后自动存放在库中。

在按钮元件编辑器中，通过时间轴上的 4 个帧来定义按钮的不同状态。在实际制作中，可以根据需要仅定义其中的一种按钮状态，也可以同时定义按钮的多个状态。4 个帧的含义如下。

1）弹起：指鼠标不在按钮上时的按钮状态。

2）指针经过：指鼠标在按钮上时的按钮状态。

3）按下：指鼠标单击按钮时的按钮状态。

4）点击：定义对鼠标做出反应的区域，这个反应区域在影片中是看不到的。

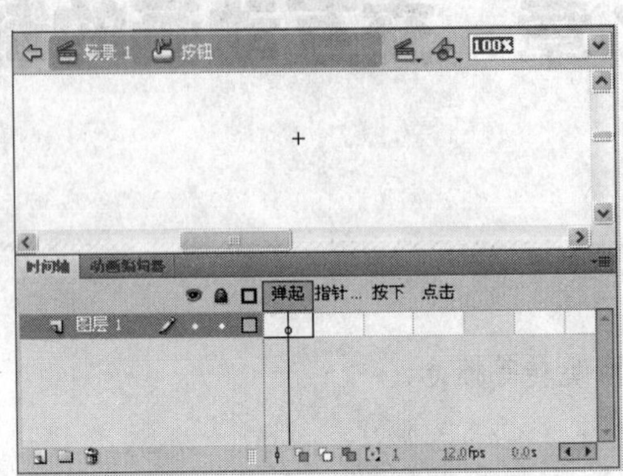

图 7-1　按钮元件编辑器

2. 创建按钮

按钮的外形可以说是五花八门，下面通过一个实例来介绍按钮的创建过程，具体步骤如下。

步骤 1：新建 Flash 文档。选择菜单栏中的【插入】→【新建元件】命令或使用<Ctrl+F8>组合键，创建一个名称为“辅助动画”的影片剪辑。

步骤 2：在影片剪辑元件编辑器中，使用椭圆工具，在舞台上绘制一个无笔触的椭圆，颜色面板设置如下：填充样式为放射状，左取色滑块的颜色值为#FFFFFF（白色），右取色滑块的颜色值为#FF99FF（粉色），效果如图 7-2a 所示。

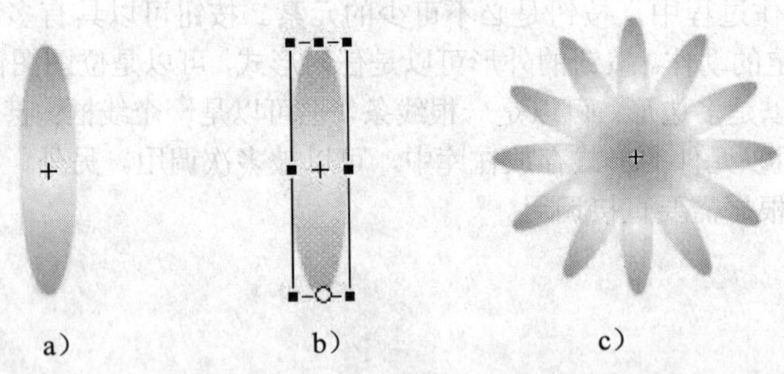

a）　　b）　　c）

图 7-2　无笔触椭圆

a）绘制无笔触椭圆　b）调整椭圆中心　c）花朵形状

步骤 3：选中该椭圆，再选择工具箱中的任意变形工具，此时椭圆的中心有一个空心圈。拖动该空心圈进行中心位置的调整，调整后的中心位置如图 7-2b 所示。

步骤 4：选择菜单栏中的【窗口】→【变形】命令，打开变形面板，设置“旋转”角度为 30，其他参数保持原状。然后单击变形面板底端的“重制选区和变形”按钮 11 次，一朵花的外形就基本形成了。使用选择工具选中舞台上的所有对象，按<F8>键将其转换成一个图形元件，名称为“花”。操作结果如图 7-2c 所示。

步骤 5：在“辅助动画”影片剪辑时间轴的第 30 帧处按<F6>键插入关键帧，然后在第 1 帧和第 30 帧之间创建传统补间动画，设置顺时针旋转 3 次，其他参数使用默认值。

步骤 6：选择菜单栏中的【插入】→【新建元件】命令或使用<Ctrl+F8>组合键，创建一个名称为“普通动画按钮”的按钮元件。在按钮元件编辑器中，将“图层 1”重命名为“an”，再新建一个图层，命名为“hua”。

步骤 7：在“an”图层“弹起”帧的舞台上绘制一个 150×50 像素的矩形，设置其笔触颜色为#3399FF（蓝色），笔触高度为 4，笔触样式为实线，填充颜色为#FFFFFF（白色）。再利用文本工具在矩形上输入文字“PLAY”，设置字体为 Arial Black、字号为 24、颜色为#CCCCCC（灰色）、加粗。

选中“hua”图层的“弹起”帧，将库面板中的图形元件“花”拖放到舞台上，并进行适当的放缩，操作结果如图 7-3a 所示。

步骤 8：选中“an”图层的“指针经过”帧，按<F6>键插入关键帧。然后，选中其舞台中的文字将其颜色修改为#3399FF（蓝色），其他参数不变。再选中“hua”图层的“指针经过”帧，创建空白关键帧，将库面板中的“辅助动画”影片剪辑拖放到其舞台中，并进行适当的缩放，操作结果如图 7-3b 所示。

步骤 9：选中“an”图层的“按下”帧，按<F6>键插入关键帧。然后，选中舞台中的文字将其颜色修改为#CC0000（红色），其他参数不变。再选中“hua”图层的“按下”帧，按<F6>键创建关键帧，操作结果如图 7-3c 所示。

至此按钮设计完成，按钮编辑器中的时间轴面板如图 7-4 所示。

图 7-3　按钮的各个状态

a）弹起状态　b）指针经过状态　c）按下状态

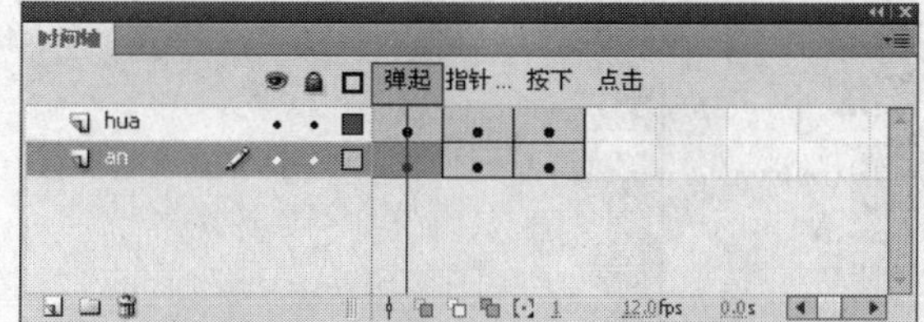

图 7-4　按钮编辑器的时间轴面板

步骤 10：返回场景，从库面板中将“普通动画按钮”元件拖放到舞台中。按<Ctrl+Enter>组合键在 Flash 播放器中预览效果。当鼠标移动到按钮上时，小花开始转动、文字的颜色发生了变化；当鼠标单击时文字的颜色又发生了变化；当鼠标离开按钮时，小花停止转动。

步骤 11：保存文档，命名为 ptan.fla。

7.1.2 鼠标事件与动作设置

1. 鼠标事件

在 Flash 动画中，可以通过按钮进行交互操作。按钮会响应鼠标事件，执行指定的动作，实现动画交互效果。鼠标事件可以触发指定动作的执行。

在 AS 2.0 中，鼠标事件是通过关键字 on 来实现的，on 的语法结构如下：

```
on(mouseEvent) {
    statement(s);
}
```

大括号中的 statement(s)是指发生鼠标事件时要执行的指令，mouseEvent 是指鼠标事件。当发生一个事件时，就会执行后面大括号中的语句。

mouseEvent 参数可以选择下边列出的值：

1）Press：在鼠标经过按钮时按下鼠标。

2）Release：在鼠标经过按钮时释放鼠标。

3）ReleaseOutside：当鼠标在按钮之内时按下按钮后，将鼠标移到按钮之外时释放鼠标。

4）RollOut：鼠标移出按钮区域。

5）RollOver：鼠标滑过按钮。

6）DragOut：在鼠标滑过按钮时按下鼠标，然后滑出此按钮区域。

7）DragOver：在鼠标指针移过按钮时按下鼠标，然后移出此按钮，再移回此按钮。

2. 动作面板

选择菜单栏中的【窗口】→【动作】命令或按<F9>键，可以打开动作面板，如图 7-5 所示。当选中对象是时间轴中的关键帧时，动作面板标签为“动作-帧”；当选中对象是舞台中的按钮元件实例或影片剪辑元件实例时，动作面板标签为“动作”。

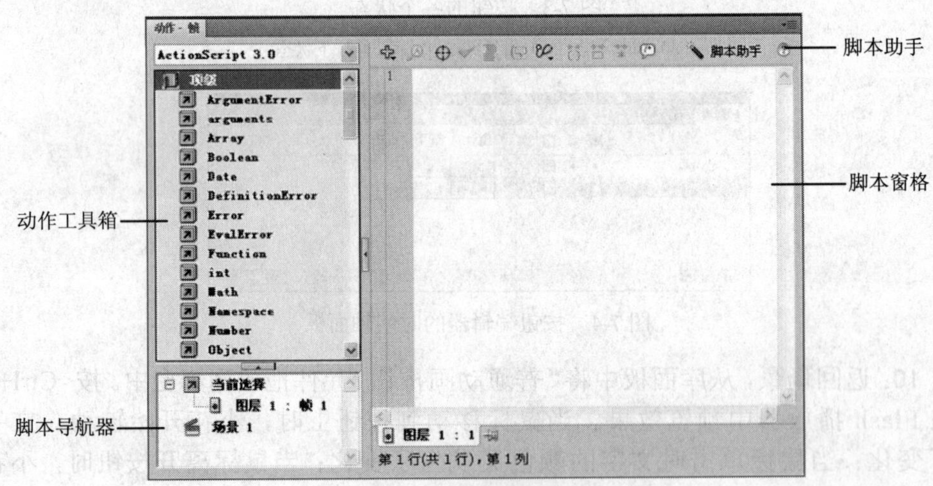

图 7-5 脚本编辑器

动作面板由 4 个部分组成：

1）动作工具箱：按类别列出了 AS 所提供的脚本命令，双击这些命令条目或者将其拖放到右侧的脚本窗格中，即可添加命令。

2）脚本导航器：列出当前工作区中对象，在列表中选择某个对象后，在脚本窗格中就会出现相应的脚本，该窗口为编写脚本提供了很大的方便。

3）脚本窗格：如同一个文本编辑器，可以输入脚本代码，当在工作区中选中不同对象时，此处会显示和对象相对应的脚本。脚本窗格工具栏中的相关工具按钮依次是：将新项目添加到脚本中、查找、插入目标路径、语法检查、自动套用格式、显示代码提示。

4）脚本助手：将提示输入脚本的元素，有助于用户更轻松地向 Flash 文件或应用程序中添加简单的交互功能。对于不喜欢编写自己的脚本，或者喜欢工具所提供的简便性的用户来说，“脚本助手”模式是理想的选择。

3. 动作的设置

在 AS 2.0 中，可以为关键帧、按钮元件实例和影片剪辑元件实例设置动作。下面以制作电视机效果为例介绍动作的设置过程，具体步骤如下。

步骤 1：新建 Flash 文件（ActionScript 2.0），设置画布大小为 500×400 像素，帧频为 12f/s，背景颜色为白色。选择菜单栏中的【文件】→【导入】→【导入到库】命令，将素材全部导入到库中。

步骤 2：从库面板中拖拽“电视.jpg”到舞台，并进行放大操作。将此层重命名为“tv”，在第 4 帧处插入普通帧。

步骤 3：选择菜单栏中的【插入】→【新建元件】命令或使用<Ctrl+F8>组合键，创建一个名称为“按钮”的按钮元件。

步骤 4：在按钮元件编辑器中，选择“弹起”帧。从库面板中将“按钮 1.jpg”拖放到舞台中央，注意按钮图片中心要和舞台中心吻合。选择“按下”帧，创建空白关键帧，然后将库面板中的“按钮 2.jpg”拖放到舞台中央。

步骤 5：返回场景，新建图层并命名为“content”。在该图层的第 2～4 帧处创建空白关键帧，同时将库面板中的“片断 1”至“片断 3”分别拖放到第 2～4 帧的舞台中。选中第 4 帧，在其属性面板的“标签”选项中输入名称“bb”。

步骤 6：选择“content”图层的第 1 帧，按<F9>键打开动作-帧面板，单击“将新项目添加到脚本中”按钮会弹出一个菜单，在菜单中选择“全局函数”/“时间轴控制”的 stop，此时在动作面板中会出现命令“stop（）;”，表明动画在开始播放的第 1 帧处停止播放。同样在第 2～4 帧也添加该 AS 语句。

说明：此处添加脚本语句时，选择的对象是帧而不是舞台中的某个对象。

步骤 7：新建图层并命名为“an”，从库面板中将“按钮”元件拖放到舞台上，调整其大小以匹配舞台。按住<Alt>键拖拽舞台中的“按钮”元件实例进行复制，共复制 3 个按钮，然后调整按钮的位置。

步骤 8：使用文本工具在“按钮”元件实例上方分别创建文字“节目 1”、“节目 2”、“节目 3”和“STOP”，字体为 Arial Black、字号为 15、颜色为#000000（黑色）。操作结果如图 7-6 所示。

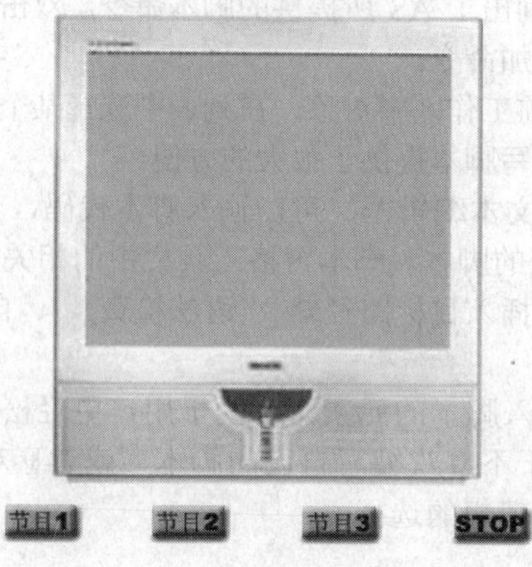

图 7-6　操作结果

步骤 9：选择文字“节目 1”下的“按钮”元件实例，打开动作面板，在脚本窗格中输入以下语句：

```
on(press){
 gotoAndPlay(2);      //表明当按下该按钮后动画从第 2 帧开始播放
}
```

步骤 10：分别在“节目 2”、“节目 3”和“STOP”文字下的“按钮”元件实例上也添加相应的 AS 语句。

文字“节目 2”下的“按钮”元件实例对应的脚本语句如下：

```
on(press){
    gotoAndPlay(3);      //表明当按下该按钮后动画从第 3 帧开始播放
}
```

文字“节目 3”下的“按钮”元件实例对应的脚本语句如下：

```
on (press) {
 gotoAndPlay("bb");      //表明当按下该按钮后动画从 bb 帧标签处开始播放
}
```

文字“STOP”下的“按钮”元件实例对应的脚本语句如下：

```
on(press){
    gotoAndStop(1);      //表明当按下该按钮后跳转到第 1 帧停止播放
}
```

步骤 11：该动画的时间轴面板如图 7-7 所示。按<Ctrl+Enter>组合键在 Flash 播放器中预览动画效果。保存该文档，命名为 tv.fla。

说明：为某帧添加脚本时，会在时间轴的此帧上显示“α”标记，表示此帧添加了动作脚本。一定要先选中对象，然后再为该对象添加动作脚本。

通过本例中各个按钮及相关脚本语句的使用，可以看出适当的应用脚本语句可以随意控制动画的流程并给动画提供了良好的交互性。在本例中仅使用几条简单的脚本语句就实现了动画流程控制。

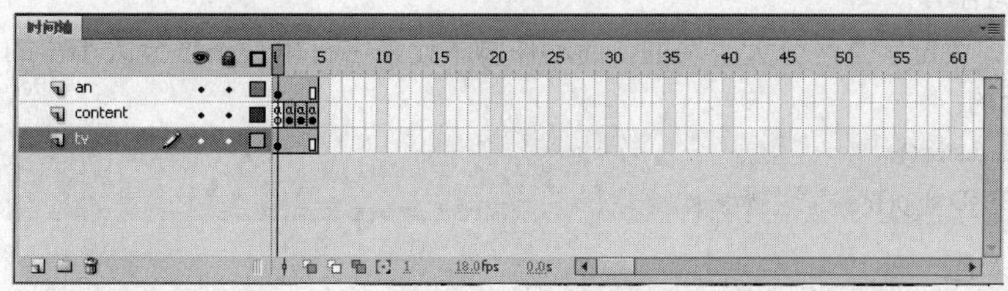

图 7-7　时间轴面板

7.2　动作脚本

在 7.1 节的 tv.fla 实例中用到了 AS 2.0 动作脚本，下面将介绍动作脚本的基本语法规则和动作脚本的使用。

7.2.1　基本语法规则

AS 是 Flash 专用的脚本语言，它的语法和风格与 JavaScript 非常相似。下面列出 AS 的一些基本语法规则。

1. 点语法

点语法是用来指明与某个对象或影片剪辑相关的属性和方法，也用于标志指向影片剪辑或变量的目标路径。例如：

```
_root.bird.stop();        //调用主场景中影片剪辑 bird 的 stop 方法
```

点语法使用三个特殊的符号_root、this 和_parent，其含义如下：

1）_root 为绝对路径所使用的符号，表示主时间轴。

2）this 为相对路径所使用的符号，this 总是指向当前对象。

3）_parent 为相对路径所使用的符号，表示上一级时间轴。

2. 圆括号

定义函数和调用函数时，需要将参数放在圆括号中，如 function AAA（）。

圆括号也可以用来改变动作脚本的运算优先级，或使编写的动作脚本语句更容易阅读。

3. 大括号

AS 语句用大括号{}划分一个语法块。例如：

```
on (press) {
gotoAndPlay("bb");
}
```

4. 分号

AS 语句用分号结束，但如果省略语句结尾的分号，Flash 仍然可以正常进行脚本的编译。

5. 大小写字母

在 AS 中，关键字是区分大小写的，而动作脚本元素字符串是不区分大小写的。例如，以下语句是等价的：

```
_root.bird.stop();
_root.BIRD.stop();
```

6. 语法着色

默认情况下，AS 中脚本书写完成后应该变为蓝色，如没有显示蓝色就表示书写有错误。语法着色的颜色可以在“首选参数”对话框的“ActionScript”类别中进行设置，如图 7-8 所示。

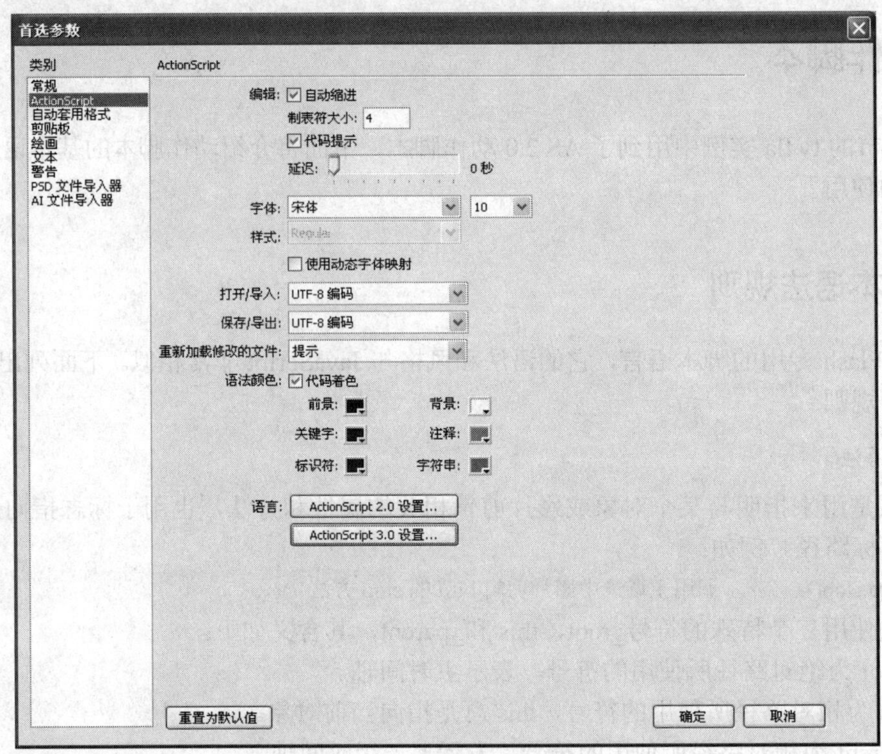

图 7-8 “首选参数”对话框

7. 运算符

在 AS 中可以通过运算符进行算术和逻辑等运算。

8. 注释

注释有助于理解动作脚本，在 AS 中，用符号“//”引导作为注释的内容。例如：

```
gotoAndPlay("cartoon",5);      //转到 cartoon 场景中的第 5 帧开始播放
```

7.2.2 常用动作脚本

Flash 的动作脚本很多，此处只介绍一些比较常用的。

1. 影片编辑控制

该部分脚本集合包括 duplicateMovieclip、on、onClipEvent、removeMovieClip、setProperty、startDrag、stopDrag、updateAfterEvent 等。

1）duplicateMovieclip()：表示复制指定 MovieClip 对象。例如：

```
c = 1;
  while (Number(c)<5) {
  c = Number(c)+1;
  duplicateMovieClip(s1,"s"+c,c+2);
  }
```

2）onClipEvent()：表示事件处理函数，触发为特定影片剪辑实例定义的动作。例如：

```
onClipEvent (enterFrame) {
   _xscale = Math.random()*100+40;
  }
```

3）removeMovieClip()：表示删除用 MovieClip 对象的 attachMovie 或 duplicateMovieClip()方法创建的影片剪辑实例，或用 duplicateMovieClip()动作创建的影片剪辑实例。

4）setProperty()：表示修改指定对象属性中的数据。

5）startDrag()：使影片剪辑在影片播放过程中可拖动。一次只能拖动一个影片剪辑。执行 startDrag()动作后，影片剪辑将保持可拖动状态，直到被 stopDrag()动作明确停止为止，或者直到为其他影片剪辑调用了 startDrag()动作为止。例如：

```
on(press){
startDrag( MC, lock);     // 让影片剪辑 MC 跟随鼠标的移动而移动
  }
```

6）stopDrag()：解除由 startDrag()语句设定的拖拽动作。

7）updateAfterEvent()：当在 onClipEvent()处理函数中调用它时，或作为传递给 setInterval()的函数或方法的一部分进行调用时，该动作更新显示。

2. 时间轴控制

1）gotoAndPlay()：表示转到场景中指定的帧并从该帧开始播放。如果未指定场景，则将转到当前场景中的指定帧。例如：

```
gotoAndPlay("cartoon",5);     //转到 cartoon 场景中的第 5 帧开始播放
```

2）gotoAndStop()：表示转到场景中指定的帧并在该帧停止播放。如果未指定场景，则将转到当前场景中的指定帧。例如：

```
gotoAndStop (5);     //转到当前场景中的第 5 帧并停止播放。
```

3）play()：表示从当前动画的当前帧开始播放。

4）stop()：表示停止当前正在播放的影片。

5）stopAllSounds()：表示在不停止播放的情况下停止影片中当前正在播放的所有声音。

3. 浏览器/网络

该部分脚本是 Flash 用来与影片或外部文件进行交互操作的脚本集合，主要包括

fsCommand、getURL、loadMovie、loadVariables、unloadMovie 等。

1）fsCommand()：使用 fsCommand 语句，可以向 Flash 播放器传递参数。在 Web 页面中的 Flash 可以将 fsCommand 传递来的参数交给 JavaScript 进行处理，完成一些和 Web 页面内容相关的互动工作。例如：

```
fsCommand("Fullscreen","true");    //让动画以全屏方式播放
```

2）getURL()：将来自特定 URL 的文档加载到窗口中，或将变量传递到位于所定义 URL 的另一个应用程序。例如：

```
on (press) {
getURL("http://www.sina.com","_blank");    //以新窗口方式打开新浪网站首页
}
```

3）loadMovie ()：在播放原始影片的同时将 SWF 或 JPEG 文件加载到 Flash Player 中。loadMovie ()动作可以同时显示多个影片，且无需加载另一个 HTML 文档就可在影片之间切换。使用 unloadMovie ()动作可删除使用 loadMovie ()动作加载的影片。

4）loadVariables ()：从外部文件（如文本文件，或由 CGI 脚本、ASP、PHP 脚本生成的文本）读取数据，并设置 Flash Player 级别或目标影片剪辑中变量的值。此动作还可用于使用新值更新活动影片中的变量。

5）unloadMovie ()：可以将目前任何一个 MovieClip 对象卸载，并释放它占用的内存空间。

7.2.3 动作脚本应用

1. 目标路径

目标路径是 Flash 中的一个难点。Flash 是一种多层嵌入的结构，与 DOS 树形结构类似。目标路径分绝对路径和相对路径。Flash 中的主时间轴称为根时间轴，根时间轴是在舞台上编辑时所看到的时间轴，如果在根时间轴上放置了一个影片剪辑，则这个影片剪辑中的时间轴被称为子时间轴。

下面以目标路径实例为例介绍动作脚本的应用，具体操作步骤如下。

步骤 1：新建 Flash 文件（ActionScript 2.0），设置画布大小为 450×300 像素，帧频为 12f/s，背景颜色为蓝色。

步骤 2：选择菜单栏中的【文件】→【导入】→【导入到舞台】命令，将素材 bird.gif、dog.gif、fish.gif、dragon.gif 导入到库面板中。在库面板中将相对应的影片剪辑元件分别重命名为 bird、dog、fish、dragon。

步骤 3：使用<Ctrl+F8>组合键创建 3 个影片剪辑元件，分别命名为 mc1、mc2、mc3。

步骤 4：返回场景中，使用矩形工具在舞台中绘制一个无笔触、填充色为#FF9900 的矩形。选中该矩形，按<F8>键将其转换为按钮元件，命名为“an”。

步骤 5：在库面板中双击“mc3”影片剪辑的图标，进入“mc3”影片剪辑元件编辑器。将“dragon”影片剪辑和“an”按钮元件实例拖放到舞台上，并在按钮上输入文字“鸟停”。分别选择舞台上的“dragon”影片剪辑元件实例和“an”按钮元件实例，在其属性面板中定义实例名称为“dragon”和“an5”，效果如图 7-9 所示。

步骤 6：在库面板中双击“mc2”影片剪辑的图标，进入“mc2”影片剪辑元件编辑器。将“fish”影片剪辑和“an”按钮元件实例拖放到舞台上，在按钮区域输入文字“全体动”。分别选择舞台上的“fish”影片剪辑元件实例和“an”按钮元件实例，在其属性面板中定义实例名称为“fish”和“an4”，效果如图 7-10 所示。

图 7-9 “mc3”影片剪辑中的内容

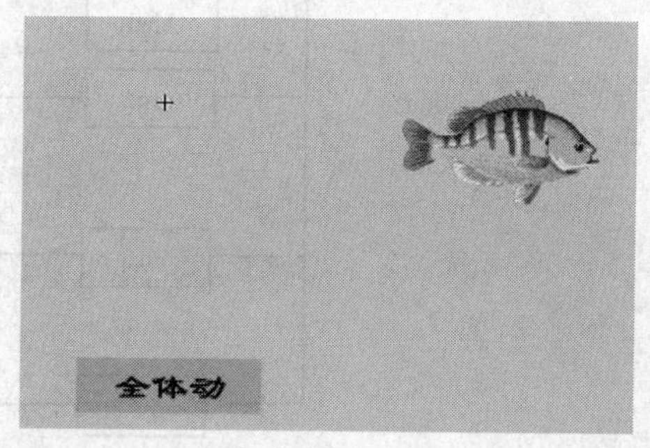

图 7-10 “mc2”影片剪辑中的内容

步骤 7：在库面板中双击“mc1”影片剪辑的图标，进入“mc1”影片剪辑元件编辑器。将“dog”影片剪辑和“an”按钮元件实例拖拽到舞台上，在按钮区域输入文字“狗停”。分别选择舞台上的“dog”影片剪辑实例和“an”按钮元件实例，在其属性面板中定义实例名称为“dog”和“an3”，效果如图 7-11 所示。

步骤 8：返回场景中，将“bird”影片剪辑和“an”按钮实例拖拽到主时间轴的舞台上。按住<Alt>键拖动“an”按钮实例复制一个按钮实例，并在按钮区域输入文字“鱼停”和“恐龙停”。分别选中舞台上的“bird”影片剪辑实例和按钮元件实例，在其属性面板中定义实例名称为“bird”、“an2”和“an1”。

步骤 9：从库面板中将“mc1”、“mc2”、“mc3”影片剪辑元件拖放到主时间轴的舞台中，调整各影片剪辑和按钮的位置，效果如图 7-12 所示。分别选中舞台上的“mc1”、“mc2”、“mc3”影片剪辑元件实例，在属性面板中定义实例名称为“mc1”、“mc2”、“mc3”。

为了说明问题，现在将多层嵌入的结构示意图绘制出来，如图 7-13 所示。

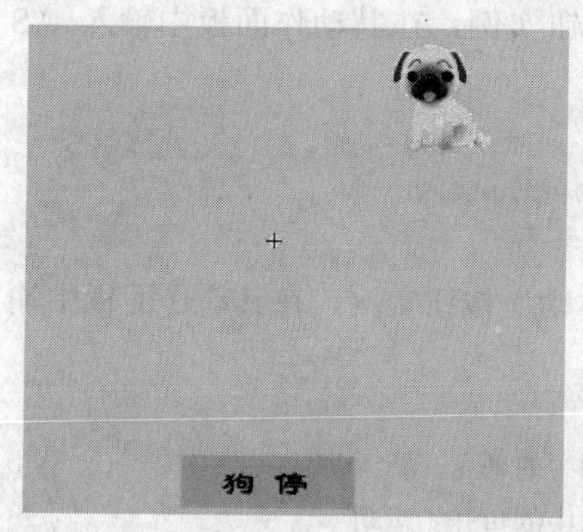

图 7-11 “mc1”影片剪辑中的内容

图 7-12 “场景 1”中的内容

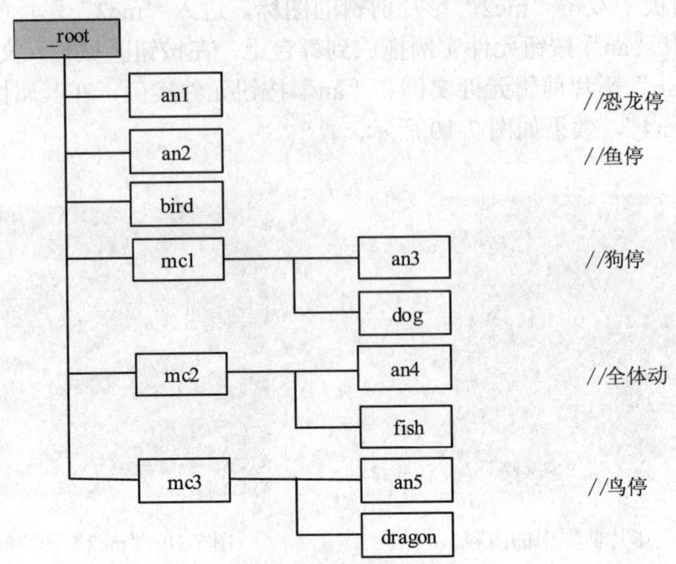

图 7-13　多层嵌入的结构示意图

可以通过相对路径和绝对路径的方法描述需要被控制的对象所处的位置，如控制鸟停的按钮是在 mc3 中，而鸟这个需要控制的对象却在主时间轴中，此时可以通过绝对路径_root.bird 或相对路径_parent.bird 来描述鸟这个操作对象所在的位置。相对路径中的_parent 表示对于“an5”而言鸟这个对象是在其父时间轴上；又如控制小狗的按钮和小狗这个需要控制的对象是在同一个时间轴上，此时可以用 this.dog 来描述小狗对象所在的位置。有了目标路径的知识就可以进行步骤 10 的操作。

步骤 10：进入“mc3”影片剪辑元件编辑器，选择“鸟停”按钮实例，在其动作面板中输入 AS 语句：

```
on (press) {
  _root.bird.stop();      //单击“鸟停”按钮时，主时间轴中的鸟停止运动
}
```

步骤 11：在主时间轴的舞台上，选择“恐龙停”按钮实例，在其动作面板中输入 AS 语句：

```
on (press) {
  _root.m3.dragon.stop();     //单击“恐龙停”按钮时，mc3 中的恐龙停止运动
}
```

步骤 12：进入“mc2”影片剪辑编辑器，选择“全体动”按钮实例，在其动作面板中输入 AS 语句：

```
on (press) {
  _root.m3.dragon.play();      //单击“全体动”按钮时，主时间轴中的恐龙开始运动
  this.fish.play();            //单击“全体动”按钮时，同时间轴中的鱼开始运动
  _parent.bird.play();         //单击“全体动”按钮时，父时间轴中的鸟开始运动
```

```
    _root.m1.dog.play();          //单击“全体动”按钮时，mc1 中的狗开始运动
}
```

步骤 13：进入“mc1”影片剪辑编辑器，选择“狗停”按钮实例，在其动作面板中输入AS 语句：

```
on(press){
    this.dog.stop();              //单击“狗停”按钮时，同时间轴中的狗停止运动
}
```

步骤 14：在主时间轴的舞台上，选择“鱼停”按钮实例，在其动作面板中输入 AS 语句：

```
on (press) {
    _root.m2.fish.stop();         //单击“鱼停”按钮时，mc2 中的鱼停止运动
}
```

步骤 15：按<Ctrl+Enter>组合键在 Flash 播放器中预览动画效果，保存该文档，命名为 mubiao.fla。

2. 行为面板

所谓的行为就是预先编写好的一组 AS 程序代码。它可以使用户在制作 Flash 动画时不需要自己创建代码而直接应用行为面板的相关的一组命令就可以达到一定的效果，但行为只能在 AS 2.0 中使用，AS 3.0 是不能使用行为命令的。

选择菜单栏中的【窗口】→【行为】命令可以开启或隐藏行为面板，如图 7-14 所示，其中各工具如下：

添加行为工具 ：单击后可以打开一个包括很多行为的下拉菜单，在下拉菜单中可以选择所需要添加的具体行为。

删除行为工具 ：单击可以将所选中的行为删除。

上移工具 ：单击可以将选中的行为向上移动位置。

下移工具 ：单击可以将选中的行为向下移动位置。

行为面板下方是显示行为的窗口，包括两列内容，左侧显示的是“事件”，右侧显示的是“动作”。

下面将修改在第 6 章中制作的小兔的动画效果，为其附加行为操作来控制声音的播放和停止，具体操作步骤如下。

步骤 1：打开 rabbit.fla 文件。删除 sound 图层，新建一个图层，命名为“an”。

步骤 2：打开 ptan.fla 文件，将普通动画按钮元件导入到 rabbit.fla 文件的“an”图层第 1 帧的舞台中，调整其位置。

步骤 3：在 rabbit.fla 文件中任意一层的第 1 帧上添加“stop();”脚本。

步骤 4：打开库面板，选择声音文件后单击鼠标右键，从快捷菜单中选择【属性】命令，打开“声音属性”对话框。单击【高级】按钮后，在“链接”选项中勾选“为 ActionScript 导出”复选框，设置“标识符”为“sy”，如图 7-15 所示。然后，单击【确定】按钮，完成声音的链接属性设置。

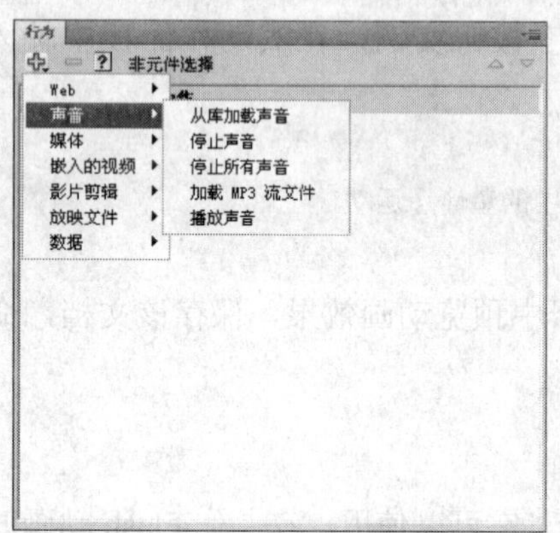

图 7-14　行为面板

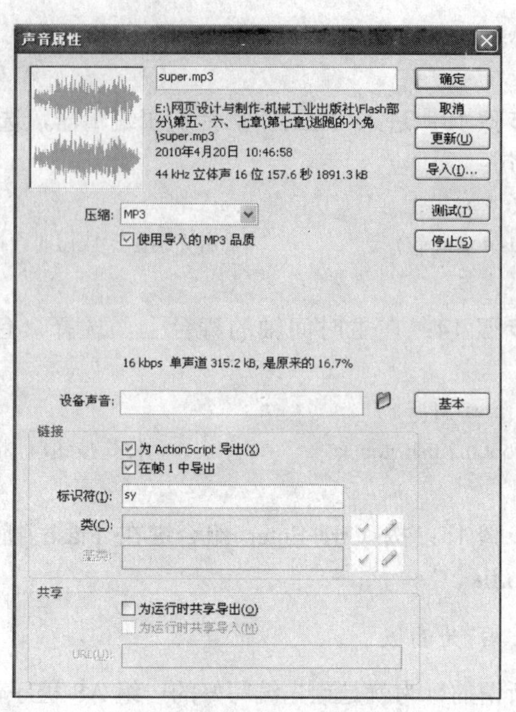

图 7-15　声音属性对话框

步骤 5：选中按钮元件实例，选择菜单栏中的【窗口】→【行为】命令打开行为面板，选择添加行为工具，在其下拉菜单中选择"声音"/"从库加载声音"行为，在弹出的"从库加载声音"对话框中进行相应设置，如图 7-16 所示。然后单击【确定】按钮完成声音行为的设置。

选中按钮，打开其动作面板，脚本窗格中显示的是 Flash 自动生成的完成声音加载功能的脚本。将光标定位在脚本"on (press) {"之后，双击动作工具箱中时间轴控制中的"play"，添加一行 AS 脚本"play();"。

步骤 6：在行为面板中修改行为事件为"按下时"。

步骤 7：在 rabbit.fla 文件的时间轴中，选择"baozi"图层或"tuzi"图层的第 30 帧处（因为它们是关键帧），在其行为面板中选择添加行为工具，在下拉菜单中选择"声音"/"停止声音"行为，弹出"停止声音"对话框，进行图 7-17 所示的相应设置，然后单击【确定】按钮。

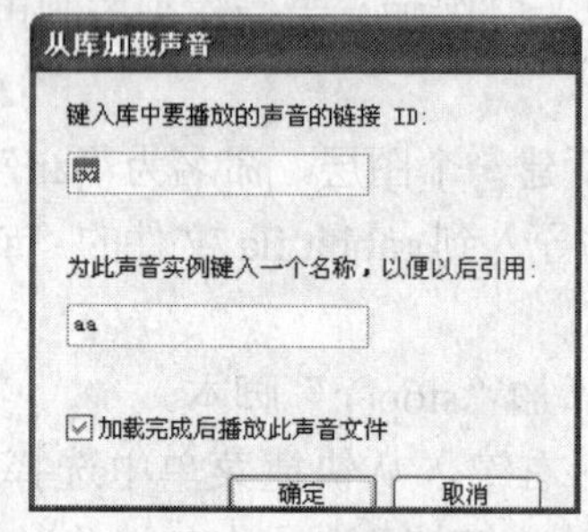

图 7-16　"从库加载声音"对话框

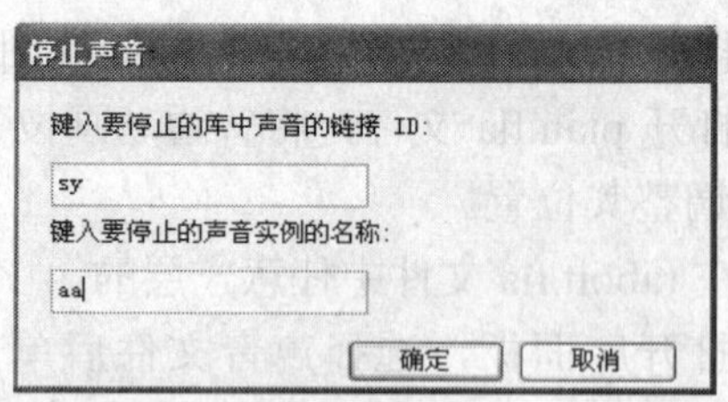

图 7-17　"停止声音"对话框

步骤 8：按<Ctrl+Enter>组合键在 Flash 播放器中预览动画效果，动画和声音开始时不播放，单击按钮后动画和声音同时播放，到第 30 帧时声音停止，动画继续播放。最后保存文件。

7.3　交互动画制作实例

7.3.1　射击游戏

步骤 1：新建 Flash 文件（ActionScript 2.0），设置画布大小为 500×400 像素，帧频为 12f/s，背景颜色为白色。将需要的素材导入到库中。

步骤 2：选择主时间轴上的第 1 帧，在其动作面板中输入如下脚本：

```
stop();                               //使动画在第 1 帧处停止
fsCommand("Fullscreen","true");      //让动画以全屏方式播放
```

步骤 3：制作蝴蝶往返飞行的影片剪辑元件。按<Ctrl+F8>组合键创建名称为“蝴蝶 1”的影片剪辑，在影片剪辑元件编辑器中，将库面板中的“蝴蝶.gif”影片剪辑拖放到舞台中。在时间轴第 25、26 帧处按<F6>键插入关键帧，选中第 26 帧处的蝴蝶影片剪辑元件实例，再选择菜单栏中的【修改】→【变形】→【水平翻转】命令，将其水平翻转。复制第 1 帧，在第 55 帧处执行粘贴帧操作。然后，在第 1 帧和第 25 帧之间、第 26 帧和第 55 帧之间分别创建传统补间动画。

步骤 4：制作蟑螂往返爬动的影片剪辑元件。按<Ctrl+F8>组合键创建名称为“蟑螂 1”的影片剪辑，在影片剪辑编辑器中，将库面板中的“蟑螂.gif”影片剪辑拖拽至舞台中。用制作蝴蝶往返动画的方法来制作蟑螂往返爬动的动画。

步骤 5：制作球下落的影片剪辑元件。按<Ctrl+F8>组合键创建名称为“球 1”的影片剪辑，在影片剪辑编辑器中，将库面板中的“球.gif”影片剪辑拖放到舞台中。在第 3 帧处插入关键帧，将“球.gif”影片剪辑实例向下拖动，在第 1 帧和第 3 帧之间创建传统补间动画，以产生球下落的动画效果。

步骤 6：在主时间轴中，利用矩形工具在舞台上绘制一个 300×90 像素、填充色为#FF9900 的无笔触矩形，按<F8>键将该矩形转换为影片剪辑，命名为“FSQ”。将舞台中的 FSQ 影片剪辑元件实例命名为“fsq”。在舞台中创建文字“发射区”，调整大小和颜色后，将其拖动到矩形上。

步骤 7：将库面板中的影片剪辑“蝴蝶 1”、“球 1”、“蟑螂 1”拖放到舞台适当位置，并在各自的属性面板中依次命名实例名称为 hd、qiu、zl。操作结果如图 7-18 所示。

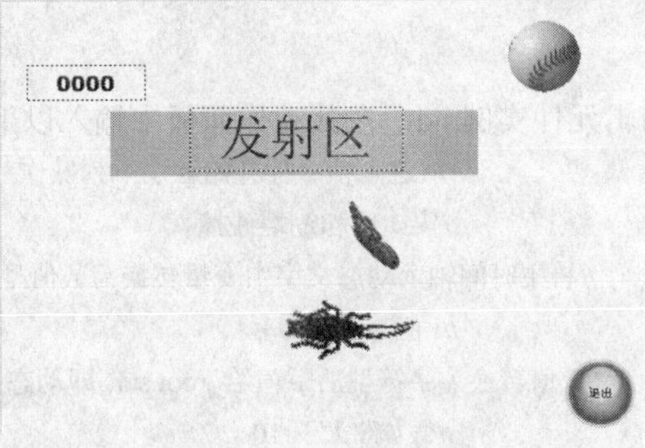

图 7-18　蝴蝶 1、球 1、蟑螂 1 在舞台中的位置

步骤 8：选择文本工具，在其属性面板中设置文本类型为动态文本，字体为 Arial Black，字号为 18，颜色为黑色，变量名称为 ss，如图 7-19 所示。在动态文本框中输入“0000”，结果如图 7-18 所示。

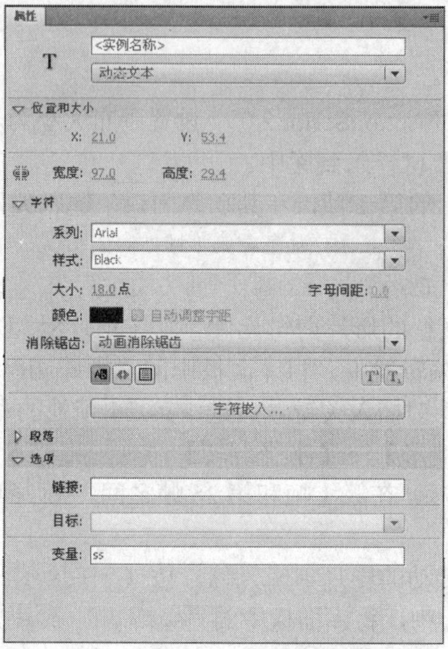

图 7-19　动态文本属性设置

步骤 9：选择影片剪辑元件实例 zl，在其动作面板中输入以下脚本：

```
onClipEvent(enterFrame){                    //从进入帧事件开始触发下列操作
if   (this.hitTest(_root.qiu))              //假如球和蟑螂碰撞
{ i=Number(_root.ss);           //将主时间轴上动态文字中变量转换为数值型后 ss 赋值给 i
  i=i+1                                     //i 值增加 1
  _root.ss=String(i);}       //将 i 值转换为字符型后赋值给_root.ss，即动态文字显示的内容
  if(i>10)                                  //假如 i 大于 10
  {_root.ss="0000"                          //重新给_root.ss 赋值“0000”
      }
}
```

步骤 10：选择影片剪辑元件实例 hd，在其动作面板中输入以下脚本：

```
onClipEvent(enterFrame){                    //从进入帧事件开始触发下列操作
if   (this.hitTest(_root.qiu))              //假如球和蝴蝶碰撞
{ i=Number(_root.ss);           //将主时间轴上动态文字中变量转换为数值型后 ss 赋值给 i
  i=i-1                                     //i 值减少 1
  _root.ss=String(i);}       //将 i 值转换为字符型后赋值给_root.ss，即动态文字显示的内容
  if(i>10)                                  //假如 i 大于 10
  {_root.ss="0000"                          //重新给_root.ss 赋值“0000”
```

```
    }
  }
```

步骤 11：选择影片剪辑元件实例 qiu，在其动作面板中输入以下脚本：

```
on(press){
startDrag(this);                    //当鼠标左键按下，球将跟随鼠标指针移动而移动
if  (this.hitTest(_root.fsq)) {     //假如球和发射区碰撞
      {stopDrag();                  //鼠标将不再控制球移动
      this.gotoAndPlay(1);          //执行"球 1"影片剪辑的第 1 帧
}
}
}
```

步骤 12：选择菜单栏中的【窗口】→【公共库】→【按钮】命令，调出公共库中按钮库面板。选择按钮类型，如图 7-20 所示，将其拖放到舞台的右下角，然后修改按钮元件上的文字为"退出"，如图 7-18 所示。

在舞台中选择按钮元件实例，在其动作面板中输入以下脚本：

```
    on(press){
    fsCommand("quit");                  //鼠标按下后退出
    }
```

步骤 13：按<Ctrl+Enter>组合键在 Flash 播放器中预览动画效果，当鼠标指针在球上时，按下左键后球随着鼠标的移动而移动，一旦和发射区接触后此控制将失效。此时松开鼠标左键，球将向下"发射"。当球击中"蟑螂"时加 1 分，当球击中"蝴蝶"时减 1 分。将该动画保存为 game.fla。

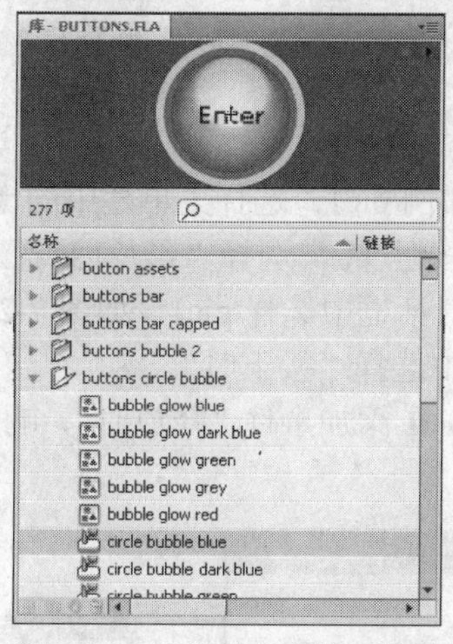

图 7-20　公共库中的按钮类型

7.3.2　简单拼图游戏

本实例中将利用 Flash 中提供的行为来制作拼图游戏。

步骤 1：新建 Flash 文件（ActionScript 2.0），设置画布大小为 600×360 像素，帧频为 12f/s，背景颜色为#FFF300。

步骤 2：选择菜单栏中的【文件】→【导入】→【导入到库】命令，将素材 panda1.jpg 和 panda2.jpg 导入到库中。

步骤 3：打开库面板，将 panda2 拖入舞台，使用<Ctrl+B>组合键将图片分离为矢量对象。选择线条工具绘制 4 条垂直直线，再同时选中 4 条直线，利用对齐面板将它们水平平均分布；利用同样的方法绘制 4 条水平直线，将其垂直平均分布。这样图片将被分割成大小相同的 9 块（本步骤也可以在 Fireworks 中切割好后导入），如图 7-21 所示。

步骤 4：选中最左上角的一块区域，按<F8>键将其转换为影片剪辑元件，并命名为 pic1；利用同样的方法将其他 8 块区域也转换为影片剪辑元件，依次命名为 pic2～pic9。

步骤 5：选择菜单栏中的【插入】→【新建元件】命令或按<Ctrl+F8>组合键，创建一个名称为“方块”的影片剪辑元件。选择矩形工具，打开颜色面板，设置从#FF0000 到#FFF300 的线性渐变，绘制一个大小同 pic1 相同的矩形，设置 X、Y 轴坐标均为 0。

步骤 6：返回主场景，将“方块”元件拖入舞台，命名实例名为 d1。再复制 8 个实例，分别命名其实例名为 d2～d9，依次排列与图片 panda2 大小相同，然后按<Ctrl+G>组合键，将其组合在一起，效果如图 7-22 所示。

图 7-21　分割后的图片

图 7-22　方块元件实例组合

步骤 7：选中影片剪辑元件实例 pic1，选择菜单栏中的【窗口】→【行为】命令，打开行为面板，单击“添加行为工具”按钮 ，选择“影片剪辑”→“开始拖动影片剪辑”行为，在弹出的“开始拖动影片剪辑”对话框中选择 pic1，如图 7-23 所示。然后单击【确定】按钮，在行为面板的“事件”下拉菜单中选择“按下时”。

步骤 8：运用同样的方法为 pic1 添加事件“释放时”，响应动作“停止拖动影片剪辑”。设置后的行为面板如图 7-24 所示。

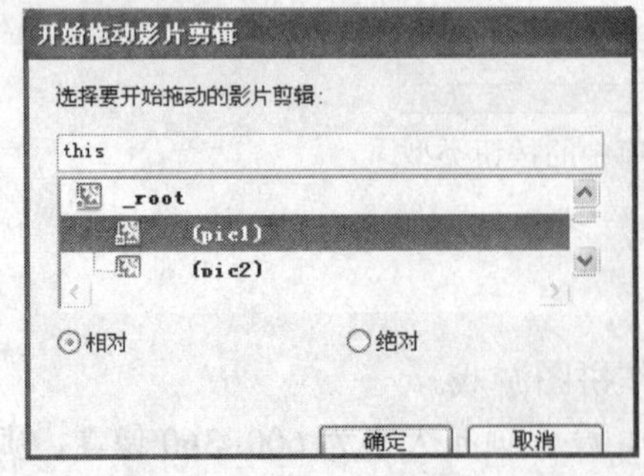

图 7-23　“开始拖动影片剪辑”对话框

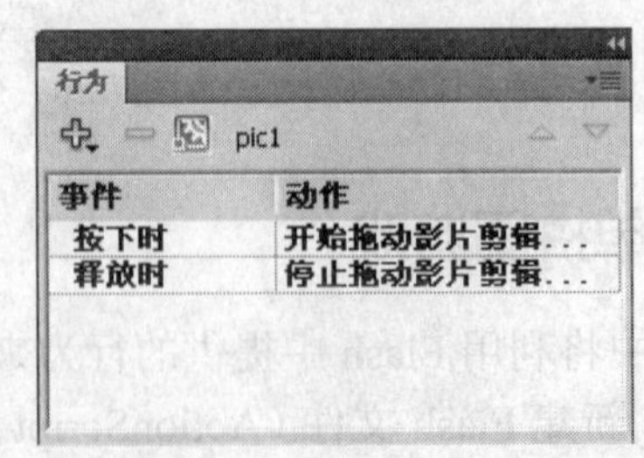

图 7-24　pic1 的行为面板

步骤 9：打开动作面板，会看到如下代码：

```
on (press) {
 //Start Dragging Movieclip Behavior
 startDrag(this);
 //End Behavior
}
on (release) {
 //Stop Dragging Movieclip Behavior
 stopDrag();
 //End Behavior
}
```

如果希望图片能够形成一种自动吸附的效果，可以在 stopDrag();后添加如下代码：

```
obj = "/d1";                    //要吸附的方块
if (_droptarget == obj) {
//判断释放的图块是否在相应的底板图块上。如果是在相应的底板图块上就将释放的图块与其对齐，形成
一种自动吸附的效果
setProperty("", _x, getProperty(obj, _x));
setProperty("", _y, getProperty(obj, _y));
 }
```

步骤 10：运用同样的方法分别为 pic2～pic9 添加类似行为。并打乱它们的排放顺序。

步骤 11：按<Ctrl+F8>组合键创建一个名称为“文字”的影片剪辑元件。选择文本工具，在其属性面板中设置字体为华文行楷，字号 40，在舞台中输入文字“简单拼图游戏”。再按<Ctrl+B>组合键对文字进行分离，填充放射状渐变从#FFF300 到#FF0000。

步骤 12：分别从库面板中将 panda1 和文字元件拖入舞台放好；选中文字元件实例，在其属性面板为其添加“投影”滤镜。最终效果如图 7-25 所示。

图 7-25　简单拼图游戏效果图

步骤 13：按<Ctrl+Enter>组合键在 Flash 播放器中预览动画效果。保存该文档，命名为 pintu.fla。

7.4 AS 3.0 脚本应用实例

7.4.1 AS 2.0 与 AS 3.0 添加脚本的区别

AS 3.0 是 Flash 编程语言的一次重大升级，它更加高效、清晰和完善。与 AS 2.0 相比，AS 3.0 有了很大的变化，它改变了用户以往的编程习惯。下面简要介绍一下 AS 3.0 与 AS 2.0 的区别。

1. 元件的加载

在 AS 2.0 中可以通过 attachMovie()命令将库面板中的影片剪辑加载到舞台上。在 AS 3.0 中则不能用该命令来加载元件。AS 3.0 是完全面向对象编程的语言，即在 AS 3.0 中要加载一个显示对象（在舞台上看得见的内容），需要载入一个类，然后要声明这个类的一个实例，再用 new 关键字创建它，最后用 addChild()命令将它加载到舞台。

例如，在库面板中有一个元件，要将它加载到舞台上，操作方法如下：在库面板中右击该元件，在快捷菜单中选择【属性】命令，打开“元件属性”对话框，在“类”文本框中给这个类取一个名字如 myl，如图 7-26 所示。单击【确定】按钮，就加载了一个叫 myl 的类。接下来，在场景的关键帧动作面板中输入以下语句：

```
var mymc:myl = new myl();
addChild(mymc);
mymc.x = 100;
mymc.y = 100;
```

按<Ctrl+Enter>组合键测试影片，可以看到，库中的这个元件已被加载到舞台的（100，100）坐标处了。

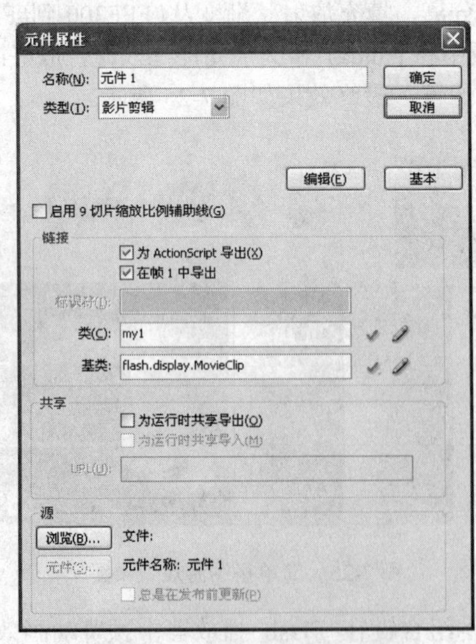

图 7-26 “元件属性”对话框

2. 事件侦听机制

在 AS 2.0 中，可以为按钮元件实例或影片剪辑元件实例设置动作，但在 AS 3.0 中无法将代码写在按钮元件实例或影片剪辑元件实例上，只能写在关键帧上。AS 3.0 的事件侦听格式如下：

```
function 函数名称(事件对象:事件类型):void
{
    // 此处是为响应事件而执行的动作
}
触发事件的对象.addEventListener(事件类型.事件名称,函数名称);
```

也就是说，需要先声明一个函数，将要执行的代码放在其中，然后触发事件的对象用 addEventListener 去侦听事件，如果事件发生则调用函数。例如，在舞台上有一个控制播放的按钮实例“btn”，则在关键帧上输入的代码如下：

```
function aa(event:MouseEvent):void {
play();
};
btn.addEventListener(MouseEvent.CLICK,aa);
```

这样，在“btn”按钮上单击鼠标时，就能播放动画。

3. 对象的位置和缩放

对象在舞台上的位置是由其 X、Y 轴的坐标来决定。在 AS 2.0 中有两个属性_x 和_y，用来指定对象的 X、Y 坐标；而在 AS 3.0 中使用属性 x 和 y 来指定对象的 X、Y 坐标。

例如，在 AS 2.0 中，要将 mymc 的位置定在（100，100）处，设置如下：

```
mymc._x = 100;   mymc._y = 100;
```

而在 AS 3.0 中应为：

```
mymc.x = 100;   mymc.y = 100;
```

在 AS 2.0 中对象的大小可以用 width，height，_xscale，_yscale 四个属性来确定。在 AS 3.0 中 width 和 height 是一样的，而用 scaleX 和 scaleY 属性取代了_xscale 和_yscale 属性。另外，它们的值也是有区别的。AS 2.0 中的_xscale 和_yscale 属性值是百分比，而 AS 3.0 中的 scaleX 和 scaleY 值实际就是放大缩小的倍数。例如，在 AS 2.0 中 mymc._xscale = 30，意思是将 mymc 的宽度缩小到原来的 30%；而 AS 3.0 中的 mymc.scaleX = 30，意思是将 mymc 的宽度放大到原来的 30 倍。要将宽度缩小到 30%，就要用 mymc.scaleX = 0.3 来表示。

7.4.2 下雪效果

步骤 1：新建 Flash 文件（Action Script 3.0），导入背景图片到库面板中，并将其拖放到舞台中。

步骤 2：按<Ctrl+F8>组合键创建一个图形元件“xh”，将舞台放大到 800%。使用椭圆工具，绘制一个无笔触、填充色为放射状的椭圆，将左色标设为白色、透明度 100%；右色标透明度 0%，大小为 5×6 像素。然后使用选择工具调整一下，使其不太规则。

步骤 3：按<Ctrl+F8>组合键创建一个影片剪辑元件“xue”，将图形元件“xh”拖入其舞台中。在第 30 帧处按<F6>键插入关键帧，然后选中图层 1，单击鼠标右键为其添加“传统运动引导层”。使用铅笔工具在传统运动引导层中绘制一条由上向下的弯曲引导线。选中图层 1 的第 1 帧和第 30 帧，分别将椭圆放到引导线的两端，然后创建传统补间动画，效果如图 7-27 所示。

步骤 4：打开库面板，在影片剪辑元件“xue”上右键单击，从快捷菜单中选择【属性】命令，打开“元件属性”对话框，设置“类”为 x1，如图 7-28 所示。然后单击【确定】按钮。

图 7-27　引导动画

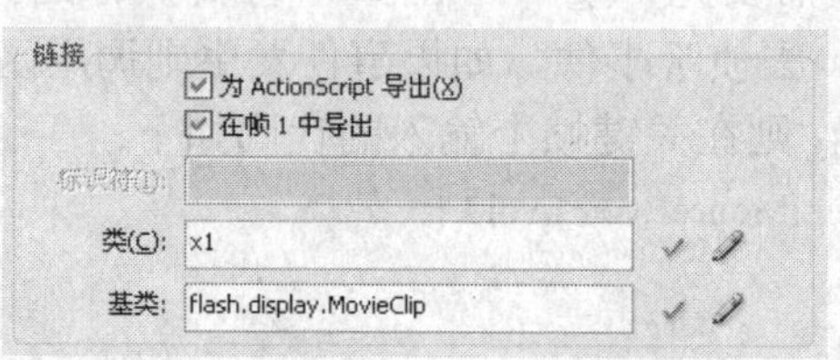

图 7-28　链接属性设置

步骤 5：在主时间轴中新建一个图层，命名为 action。打开动作面板，输入以下语句：

```
var i:Number=1;
addEventListener(Event.ENTER_FRAME,xx);
function xx(event:Event):void {
 var x_mc:x1 = new x1();
 addChild(x_mc);
 x_mc.x=Math.random()*550;
 x_mc.y=Math.random()*400;
 x_mc.scaleX=0.2+Math.random();
 x_mc.scaleY=0.2+Math.random();
 i++;
 if (i>100) {
       this.removeChildAt(1);
       i=100;
 }
}
```

代码说明：

1）0.2 + Math.random ()会产生 0.2～1.2 之间的随机数，让雪花缩小到 20%至放大到 120%之间，从而使落下来的雪花大小不一，显得更加真实一些。

2）removeChildAt (n)是删除已加载的显示对象，其中的 n 是已加载的对象的索引号。从 addEventListener (Event.ENTER_FRAME,xx)语句可以看出，运行此帧，就会从库中加载一个雪花影片剪辑实例，同时 i 加 1，这样当 i 等于 100 时，场景中就已有 100 朵雪花了。此时，使用 this.removeChildAt (1)将最先加载的雪花删除，然后将 i 设为 100，到下一帧 i 就又大于 100 了，在加载 1 个雪花影片剪辑实例的同时又删除了一个雪花影片剪辑实例，这就达到了一个动态平衡，场景中始终只有 100 个雪花影片剪辑实例。要不然，就会雪越下越多，造成雪灾就不好了。

步骤 6：按<Ctrl+Enter>组合键在 Flash 播放器中预览动画效果，如图 7-29 所示。保存该文档，命名为 xiaxue.fla。

图 7-29　下雪效果

7.4.3　多彩星火飘落

步骤 1：新建 Flash 文件（ActionScript 3.0），设置画布大小为 500×350 像素，帧频为 30f/s，导入背景图片到舞台中，调整其大小。在文档属性面板中添加“Main”文档类，如图 7-30 所示。

图 7-30　添加 Main 文档类

步骤 2：按<Ctrl+F8>组合键创建一个名称为“Star_mc”的影片剪辑元件。选中椭圆工具，设置其无笔触、填充色为放射状，第 1 个色标颜色为（R：255，G：0，B：0），第 2 个色标颜色为（R：153，G：0，B:0），第 3 个色标颜色为（R：153，G：0，B：0），Alpha 为 0%。然后按住<Shift+Alt>组合键，在该影片剪辑的中心点绘制一个圆形，如图 7-31 所示。

步骤 3：在“Star_mc”的影片剪辑元件编辑器中，新建一个“star”图层。选中多角星形工具，在其属性面板中设置样式为星形、边数为 8、顶点大小为 0.20，然后按住<Shift+Alt>组合键，在影片剪辑的中心点绘制一个如图 7-32a 所示的星形。使用选择工具调整星形的顶点位置，如图 7-32b 所示。

步骤 4：选择调整好的多角星形，然后原位置复制一个。再按<Ctrl+Alt+S>组合键打开“缩放和旋转”对话框，设置缩放为 40%。最后填充其颜色为白色，如图 7-32c 所示。

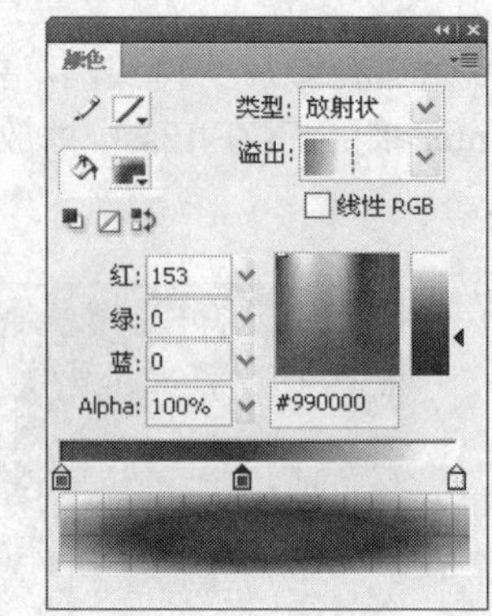

图 7-31　绘制圆形

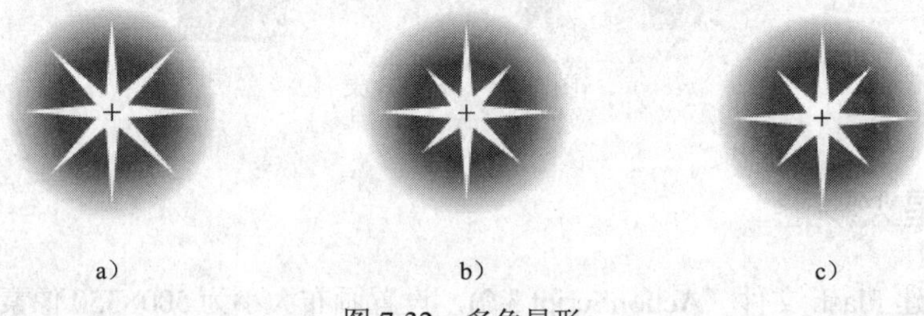

图 7-32　多角星形

步骤 5：返回主场景中，按<Ctrl+F8>组合键创建一个名为“Magic_mc”的影片剪辑元件，再设置填充类型为放射状，第 1 个色标颜色为（R：255，G：255，B：255），第 2 个色标颜色为（R：255，G：255，B：204），第 3 个色标颜色为（R：255，G：204，B：0），第 4 个色标颜色为（R：255，G：102，B：0），第 5 个色标颜色为（R：153，G：0，B：0），Alpha 为 0%，然后按住<Alt>键，使用矩形工具以该影片剪辑中心点为起点绘制一个如图 7-33a 所示的矩形。

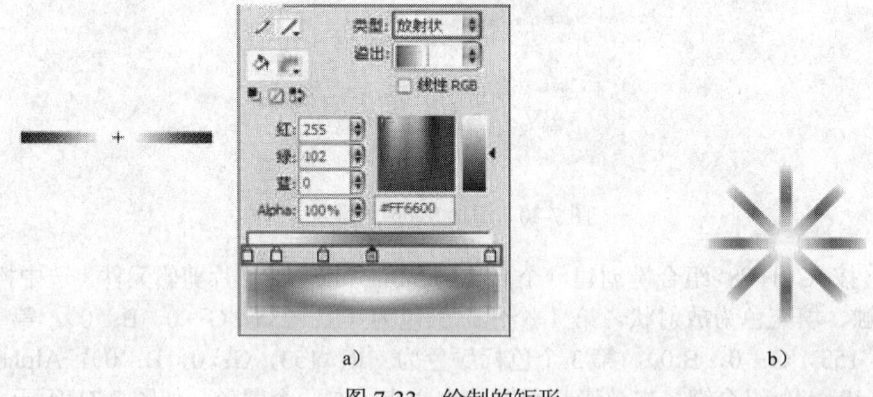

图 7-33　绘制的矩形

步骤 6：使用任意变形工具选择矩形，然后按<Ctrl+T>组合键打开变形面板，设置旋转角度为 45°，再单击重制选区和变形工具，复制出 3 个矩形，组合后如图 7-33b 所示。

步骤 7：使用选择工具调整图 7-33b 所示图形的顶点位置，并复制出 5 个图形，然后分别将其调整为不同的颜色，如图 7-34 所示。再将复制的图形转换为影片剪辑，将其分别命名为 01～05。

图 7-34　复制图形

步骤 8：将 01～05 影片剪辑分别放置在“Magic_mc”图层的 5 个关键帧上，然后分别为其添加不同颜色的“发光”滤镜，效果如图 7-35 所示。

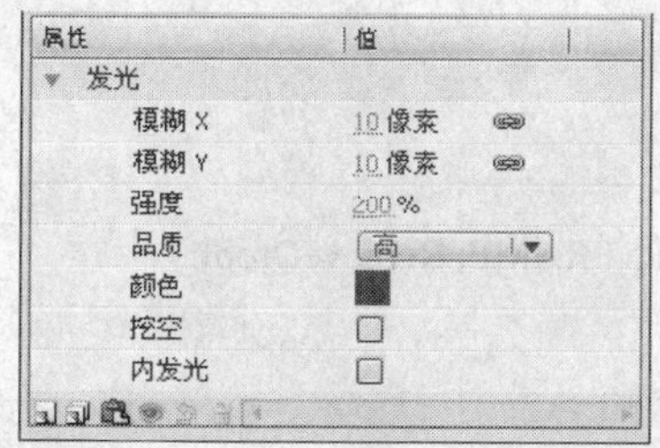

图 7-35　应用滤镜效果

步骤 9：在“Magic_mc”的影片剪辑元件中，新建一个“AS”图层，在第 1 帧的动作-帧面板中输入“stop()”，此时影片剪辑元件“Magic_mc”的时间轴面板如图 7-36 所示。

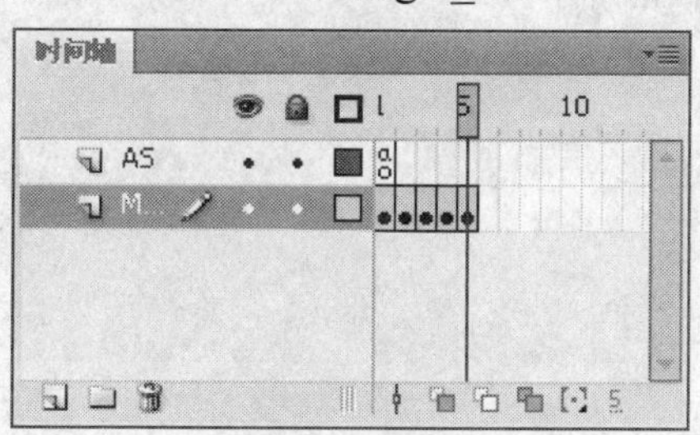

图 7-36　Magic_mc 时间轴

步骤 10：打开库面板，右击“Magic_mc”影片剪辑元件，在其属性面板中为链接属性添加“Magic_mc”类。运用同样的方法为“Star_mc”影片剪辑元件添加“Star_mc”类。

步骤 11：选择菜单栏中的【文件】→【新建】→【ActionScript 文件】命令，将其保存在该实例的文件夹中，命名为 Main，输入如下控制代码：

```
package {
    import flash.display.Sprite;
    import flash.display.MovieClip;
    import flash.events.Event;
    import flash.events.MouseEvent;
    import flash.ui.Mouse;
    public class Main extends Sprite {
        private var star:MovieClip;
        public function Main() {
            Mouse.hide();
```

```
            this.star = new Star_mc();
            addChild(star);
            stage.addEventListener(MouseEvent.MOUSE_MOVE, moveHandler);
        }
        private function moveHandler(e:MouseEvent):void {
            this.star.x = stage.mouseX;
            this.star.y = stage.mouseY;
            var _mc = new Magic_mc();
            _mc.x = stage.mouseX;
            _mc.y = stage.mouseY;
            addChild(_mc);
            _mc.addEventListener(Event.ENTER_FRAME, RemoveDrop);
        }
        private function RemoveDrop(event:Event) {
            var _mc:MovieClip = event.target as MovieClip;
                if (_mc.scaleX <= 0) {
                _mc.removeEventListener(Event.ENTER_FRAME, RemoveDrop);
                removeChild(_mc);
            }
            //trace(this.numChildren)
        }
    }
}
```

代码说明：

1）该文档类中第 10 行代码 Mouse 类的 hide()方法用于隐藏鼠标指针，使用该方法前需要先导入 Mouse 类（如第 6 行代码）。

2）该文档类定义了一个私有属性 Star，第 11 行代码是为该属性赋值，值为所创建的元件 Star_mc 类，并将其添加到显示列表中（如第 12 行代码），而 16 和 17 行代码是为该元件类应用鼠标跟随效果。

步骤 12：同样新建一个 ActionScript 文件，将其保存在该实例的文件夹中，命名为 Magic_m，输入如下控制代码：

```
package {
    import flash.display.MovieClip;
    import flash.events.Event;
    public class Magic_mc extends MovieClip {
        private var dis:Number;
        public function Magic_mc() {
            init();
        }
```

```
        private function init() {
            var Random = 1 + Math.round(Math.random()*4);
            this.gotoAndStop(Random);
            this.scaleX = this.scaleY = Math.random();
            dis = Math.round((Math.random()-.5)*10);
            this.addEventListener(Event.ENTER_FRAME,enterFrameHandler);
        }
        private function enterFrameHandler(event:Event) {
            this.y += 5;
            this.x += dis;
            this.scaleX -=.005;
            this.scaleY -=.005;
        }
    }
}
```

代码说明：

1）该文档类通过使用 Math.random()-.5 方法来生成–0.5～0.5 之间的随机数，然后乘以 10 得到–5～5 之间的随机数，再使用 Math.round ()方法进行舍入并取得整数，这样当鼠标指针由下往上移动时，就会产生星火飘落的效果。

2）第 17 行代码是为火花加入 y 轴坐标方向上的一个固定加速度，而第 18 行代码则是火花在 x 轴坐标方向上的一个–5～5 之间的随机加速度值。

步骤 13：按<Ctrl+Enter>组合键在 Flash 播放器中预览动画效果，如图 7-37 所示。保存该文档，命名为 xinghuo.fla。

图 7-37　星火飘落效果

7.5　本章要点和概念

1）在动画设计过程中，可以通过帧跳转动作控制帧的播放顺序和播放方式。适当的应用脚本语句可以随意控制动画的流程并给动画提供良好的交互性。

2）为帧添加脚本时，在时间轴的此帧上会显示“α”标记，表示此帧添加了动作脚本。

一定要先选中对象，然后再为该对象添加动作脚本。

3）Flash 是一种多层嵌入的结构。Flash 中的主时间轴称为根时间轴，根时间轴是在舞台上编辑时所看到的时间轴，如果在根时间轴上放了一个影片剪辑，则此影片剪辑的时间轴被称为子时间轴。

4）在制作作品时，可以将已经存在的 FLA 文档作为素材使用。已经存在的 FLA 文档一经调入便成为当前文档的一个库。

5）静态文本主要用于显示各项不能更改的信息，动态文本主要用于动态地显示最新信息，输入文本主要用于让用户动态地输入各种信息。

6）与 AS 2.0 相比，AS 3.0 有了很大的变化，它改变了用户以往的编程习惯。

习　题

7-1 按钮有哪几个状态？各有什么作用？

7-2 鼠标事件有哪几种？分别代表什么含义？

7-3 脚本编辑器有哪几部分组成，它们的作用是什么？

7-4 动态文本和静态文本有什么区别？

7-5 AS 2.0 与 AS 3.0 有何区别？

7-6 实际操作：

1）重复本章中实例的制作步骤，掌握各种动画的控制方法、按钮的制作方法、AS 语法和动作的使用方法。

2）利用按钮中的点击帧实现热区的制作。

3）模仿配套资源库实训 3 中的“mask.swf”实现可控制的遮罩动画。

操作提示：用一个矩形方块作为遮罩，矩形方块必须为影片剪辑实例。影片剪辑实例上的 AS 语句如下：

```
on(press){
    startDrag(this,true);          //鼠标按下时矩形影片剪辑实例跟随鼠标移动而移动
}
on(release){
   stopDrag();                     //鼠标键松开时矩形影片剪辑实例将停止跟随鼠标移动
}
```

Flash 综合作业

➘ 作业要求：

1）至少两个场景（Scene）以上，每个场景有不同的背景图像或颜色。

2）采用遮罩、导线、影片剪辑、按钮、脚本等技术。

3）要求插入声音。

4）作品内容可以是小电影、MTV 等形式。

5）作品播放的时间不少于 90s（秒）。

6）以 FLA 格式提交。

第四部分　Dreamweaver CS4

第 8 章　Dreamweaver 入门

本章知识点和技能点

1）安装 Dreamweaver 的系统要求、硬件配置及主要特点。

2）Dreamweaver 工作环境的设置。

3）页面文件的创建、保存及预览。

4）简单网页的制作：插入文本、水平线、图像、日期、导航栏、超级链接、Flash 动画、声音、视频、滚动文本等页面元素。

8.1　Dreamweaver 简介

Dreamweaver CS4 是 Adobe 公司开发的集网页制作和网站管理于一体的所见即所得的网页编辑器，利用它可以快速、高效地创建极具表现力和动感效果的网页。

8.1.1　系统要求和硬件配置

在安装 Dreamweaver CS4 之前，请尽量确保计算机已配备以下硬件和软件：

- 1GHz 或更快的处理器。
- 512MB 内存，1GB 可用硬盘空间。
- 1280×800 像素分辨率屏幕，16 位显卡。
- DVD-ROM 驱动器。
- Microsoft Windows XP/Windows Vista 及以上操作系统。

8.1.2　主要特点

Dreamweaver CS4 提供了功能强大的可视化设计工具、应用开发环境以及代码编辑支持，并具有如下几个特点。

1）网页编辑功能方面：利用 Dreamweaver CS4 能够方便地创建和编辑页面元素，如图像、表格、文本、链接、导航条、跳转菜单、多媒体等。提供了强大的 HTML 编辑功能，可以在编辑网页的过程中，直接修改对应生成的源代码。另外，Dreamweaver 与 Fireworks、Flash 具有良好的兼容性。

2）站点管理功能方面：Dreamweaver CS4 支持本地、局域网内和 Web 远程网站的管理功能。在“站点管理”窗口中，如果用户进行网站内的页面修改、超级链接更改或其他替换，则 Dreamweaver 会自动完成与之相关联的更改。

3）动态网页功能方面：Dreamweaver CS4 支持数据库开发应用的编程环境，可以轻松地建立基于 ASP-VBScript、ASP-Jscript、ASP.NET C#、ASP.NET VB、JSP、PHP 等编程语言的网站和商务应用开发。

8.1.3 工作环境

Dreamweaver 的工作界面如图 8-1 所示，上方依次为菜单栏、标准工具栏、文档工具栏，中间是文档窗口，右侧有各种辅助面板如插入面板、文件面板等，下方为属性面板等。

主要的设计和编码工作是在文档窗口中完成的，在此可进行多种 Web 页面元素的插入、修改和删除等操作。通过文档窗口左下角的标签选择器，可以方便地选择其他元素。

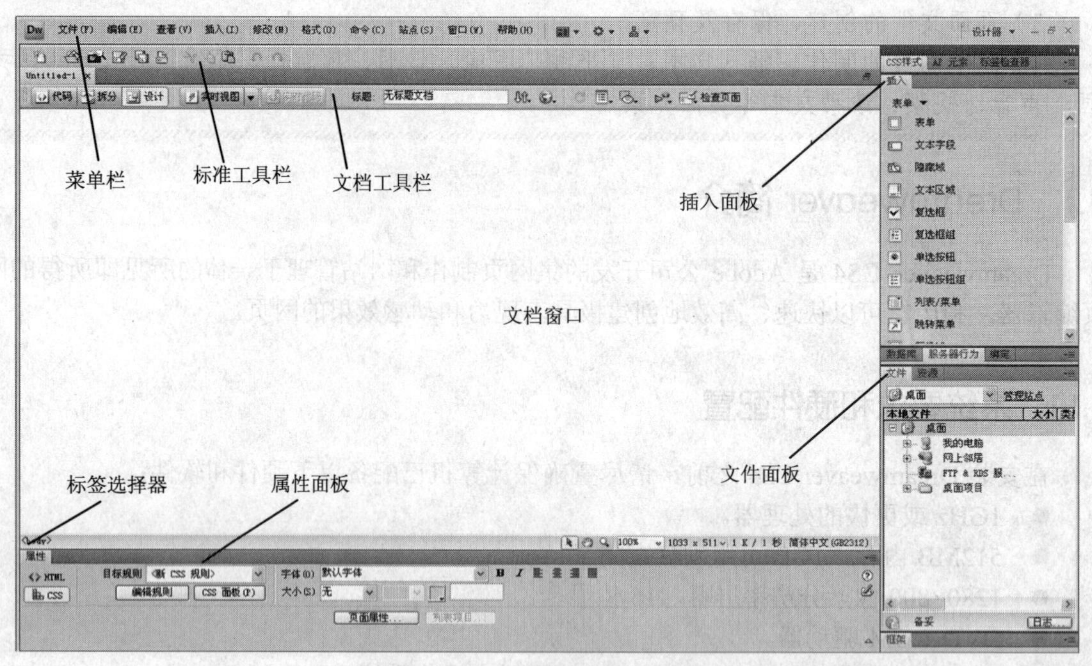

图 8-1 Dreamweaver 工作界面

在开始制作网页之前，有必要熟悉 Dreamweaver 工作界面中的各种工具和面板，这样有助于提高开发 Web 站点的效率。

1. 标准工具栏

选择菜单栏中的【查看】→【工具栏】→【标准】命令，可以显示或关闭如图 8-2 所示的标准工具栏。

图 8-2 标准工具栏

2. 文档工具栏

文档工具栏如图 8-3 所示，包含了进行常用操作的工具和菜单。默认情况下，文档工具栏是文档窗口的组成部分。双击或拖动该工具栏左侧的抓取区域，可以将其与文档窗口分离，使其成为单独的工具栏。如果文档工具栏关闭了，可选择菜单栏中的【查看】→【工具栏】→【文档】命令将其打开。

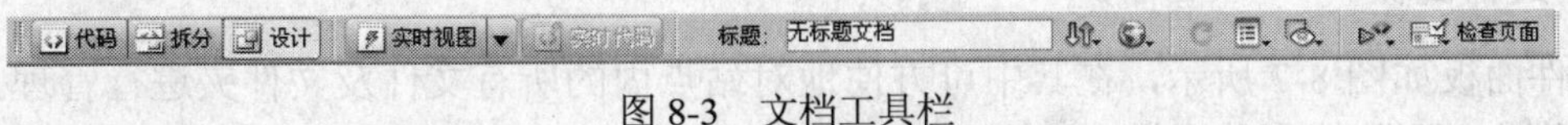

图 8-3　文档工具栏

Dreamweaver 提供了 3 种视图形式：代码、拆分和设计，利用文档工具栏可方便地进行这 3 种视图形式的切换。

1）代码视图：文档窗口显示网页的 HTML 源代码，可以直接进行代码的输入或修改。

2）拆分视图：文档窗口一分为二，上半部分可以编辑源代码，下半部分可进行可视化操作。

3）设计视图：全部文档窗口用于网页的可视化制作。

3. 插入面板

插入面板中包含许多能够添加到页面的对象或元素，这些元素根据类型被划分为不同的组，如图 8-4 所示。当前激活组的名称显示在菜单上，“常用”组中的对象和元素如图 8-5 所示。各组中的许多对象都拥有自己的子选项，以一个黑色小箭头表示，单击它就可以打开这些子选项。

图 8-4　插入面板的分类菜单

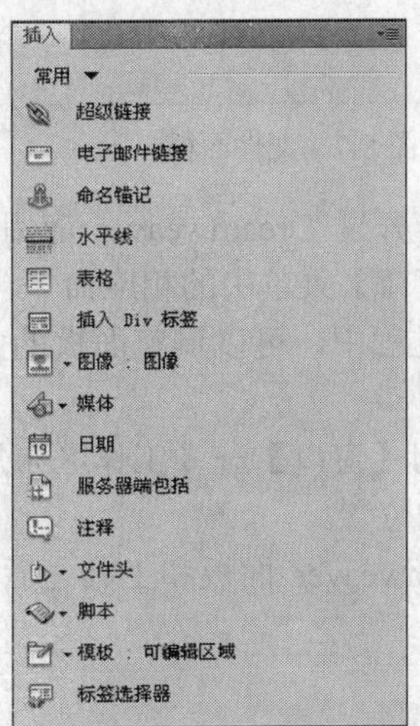

图 8-5　常用插入面板

4. 属性面板

使用属性面板可以查看和修改页面上被选中对象的属性，它会随选中对象的不同而发生变化。单击其右下角的扩展箭头可以展开或折叠属性面板，属性面板折叠时，很多额外的属性是看不到的。图 8-6 所示为文本对象的属性面板。

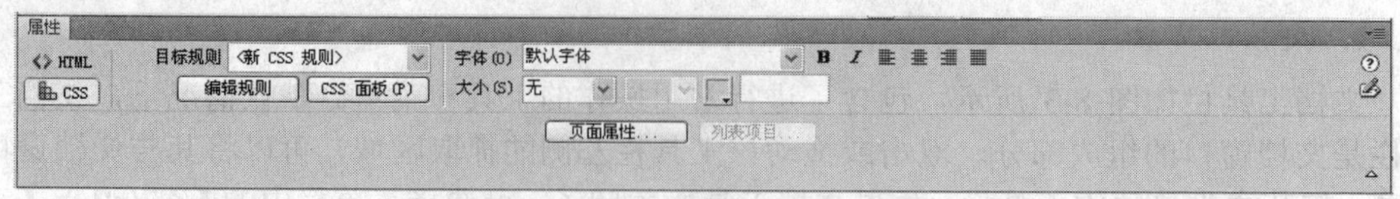

图 8-6　文本对象的属性面板

5. 文件面板

文件面板如图 8-7 所示，在其中可方便地对站点内的所有文件及文件夹进行管理，进行创建、移动、删除等各种操作。

6. 其他辅助面板

Dreamweaver 的大部分面板根据功能的不同被分配到不同的面板组里，以选项卡的形式排列。每个面板组都可以折叠或展开，图 8-8 所示为 CSS 样式、AP 元素、标签检查器面板组。

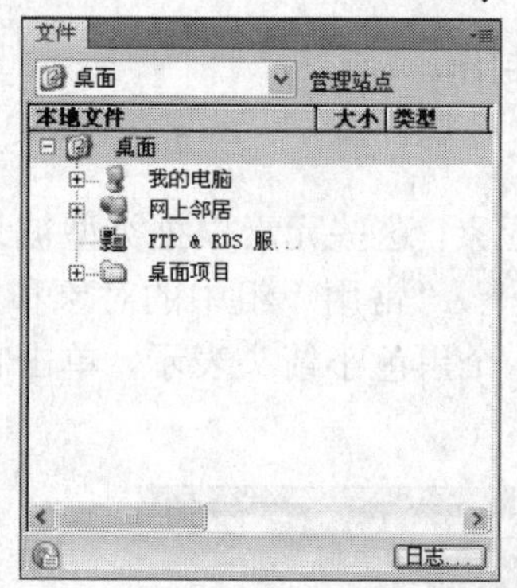

图 8-7　文件面板

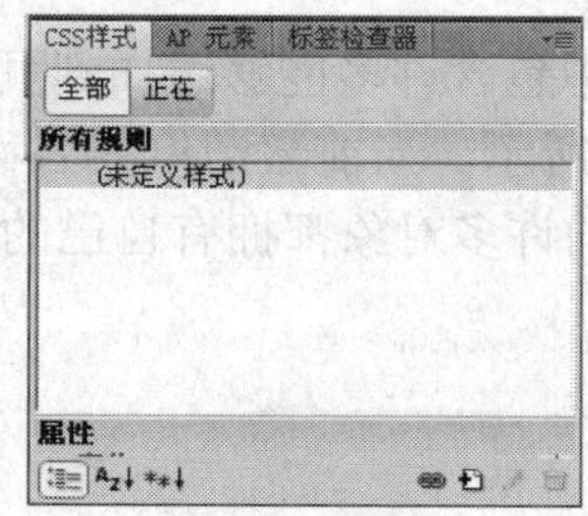

图 8-8　面板组

如果以前曾经打开过 Dreamweaver 应用软件，其所有面板会位于用户最后一次退出程序时的位置。选择【窗口】菜单中的相应命令，可以显示或关闭相应的面板。

在网页的制作过程中，可以调整面板的大小以显示更多的信息或为其他面板和文档提供更多空间。

选择菜单栏中的【窗口】→【工作区布局】→【重置设计器】命令，可以将所有打开的面板都恢复到默认的位置。

在熟悉了 Dreamweaver 面板和工具之后，用户就可以根据自己的需要重新组合面板、重新排列工具栏了。

7. 首选参数设置

Dreamweaver 的工作参数设置包含很多内容，通过设置参数不但可以控制工作界面，还可以控制预览页面时使用的浏览器、显示 HTML 和 JavaScript 代码的格式、外部编辑器等。

选择菜单栏中的【编辑】→【首选参数】命令，可以打开“首选参数”对话框，如图 8-9 所示，左侧列出了可以选择的参数分类，右侧则显示相应分类的参数选项。大多数参数都可以使用默认值，用户也可以根据自己的习惯进行工作环境的设置。

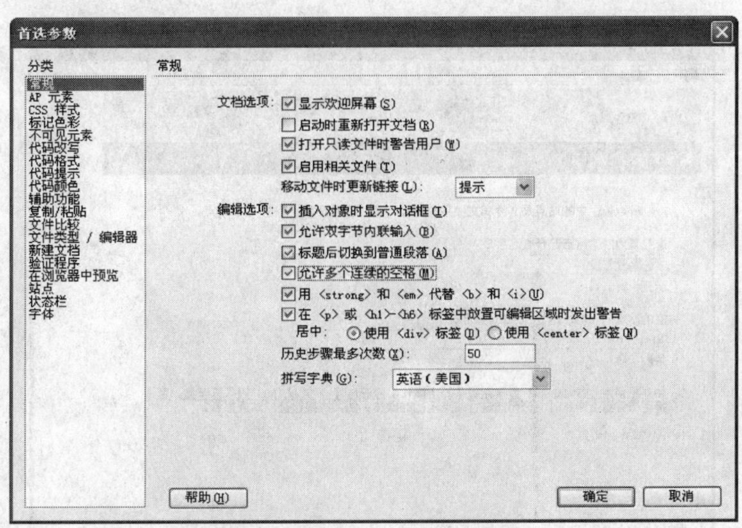

图 8-9 “首选参数”对话框

8.2　Dreamweaver 基础知识

8.2.1　建立站点

所谓站点，可以看做是一系列文档的组合，这些文档具有相似的属性，通过各种链接关联起来。利用浏览器预览整个网站，可以从一个文档跳转到另一个文档。

在创建网站前，需要先建立站点，目的在于将制作的网页放置在站点内形成一个整体，便于以站点为单位整体上传到服务器中，同时方便地对网页、站点等进行管理。Dreamweaver 中的站点包括远程站点和本地存储站点。本书介绍的内容是本地站点。

所谓建立站点，就是建立放置所有页面内容的文件夹，这个文件夹通常被称为本地站点根目录。

1. 创建站点

本例中将创建一个关于动物的站点“动物天地”，介绍各种动物知识以及形形色色的动物趣闻等。

在创建站点时，首先在本地磁盘如 D 盘上，创建一个文件夹 dwtd，作为站点的本地站点根目录。因网站结构比较简单，所以仅在站点根目录下先创建两个子文件夹，images 文件夹用于存放制作网站所需要的图像文件，pages 文件夹用于存放制作好的页面文件。随着网站内容的增加，后面还会陆续建立一些文件夹用于存放某些特殊的内容。所有的原始素材都存放在站点之外，在网页制作过程中再将所需的素材导入站点中，这样便于进行站点管理。

创建本地站点的操作如下。

步骤 1：选择菜单栏中的【站点】→【管理站点】命令，或选择菜单栏中站点工具中的【新建站点】命令，打开如图 8-10 所示的“站点定义”对话框。

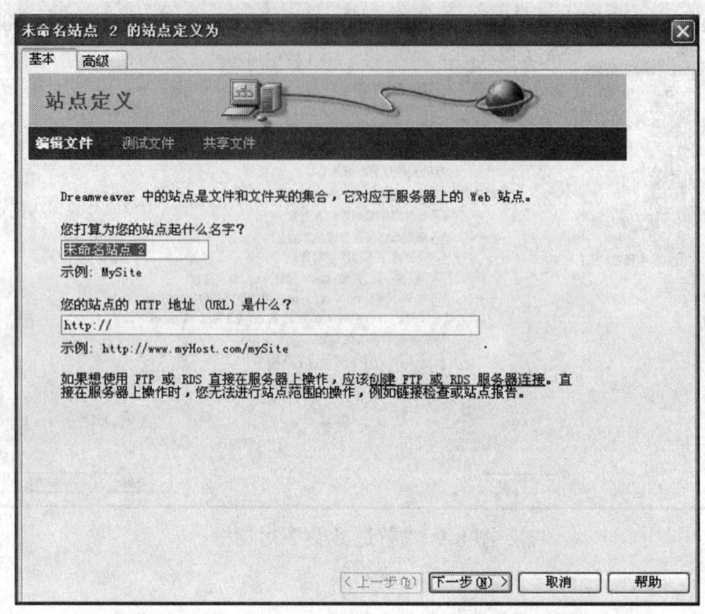

图 8-10 “站点定义”对话框

步骤 2：在对话框中有“基本”和“高级”两个选项卡，都可用于创建站点。此处选择“基本”选项卡，可以利用向导来创建站点。在“您打算为您的站点起什么名字？”下的文本框中输入站点的名称“动物天地”。

步骤 3：单击【下一步】按钮，进入选择“您是否打算使用服务器技术？”界面。如果需要使用服务器技术，如 ASP.NET C#等，可选择“是，我想使用服务器技术。”，并从下拉列表中选择使用的服务器技术。如果不需要使用服务器技术，则选择“否，我不想使用服务器技术。”

步骤 4：单击【下一步】按钮，进入选择“在开发过程中，您打算如何使用您的文件？”界面。选择“编辑我的计算机上的本地副本，完成后再上传到服务器（推荐）”，单击文件夹图标选择“D:\dwtd”文件夹作为本地站点根目录。

步骤 5：单击【下一步】按钮，进入“您如何连接到远程服务器？”界面，可以在此选择连接服务器的方式。这里选择通过“本地/网络”进行连接。

步骤 6：单击【下一步】按钮，进入“是否要启用存回和取出文件以确保您和您的同事无法同时编辑同一个文件？”界面。此处选择不启用存回和取出功能。

步骤 7：单击【下一步】按钮，进入如图 8-11 所示的信息摘要界面。该界面中列出了前面所设置的内容，如果需要再次进行修改，只需单击【上一步】按钮至相应界面修改设置即可。如果没有问题，则单击【完成】按钮完成站点的创建。

2. 编辑站点

如果需要修改站点的设置，可以选择菜单栏中的【站点】→【管理站点】命令，或选择菜单栏中站点工具中的【管理站点】命令，打开“管理站点”对话框，如图 8-12 所示。单击【编辑】按钮，进行相应的修改即可。

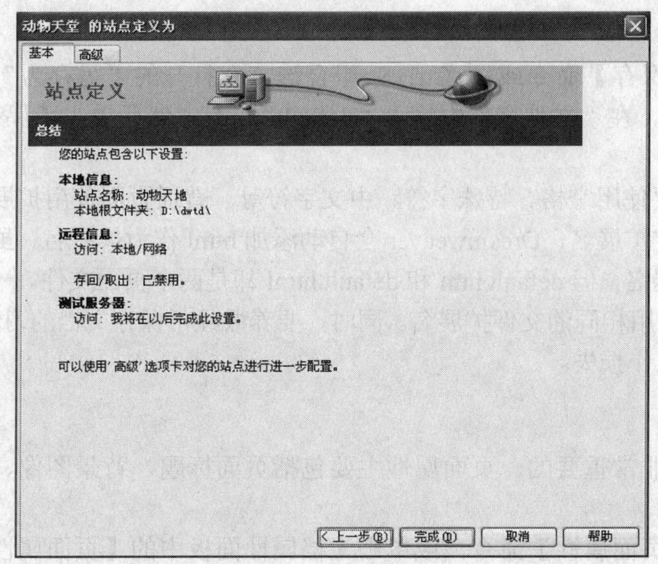

图 8-11　定义站点的信息摘要

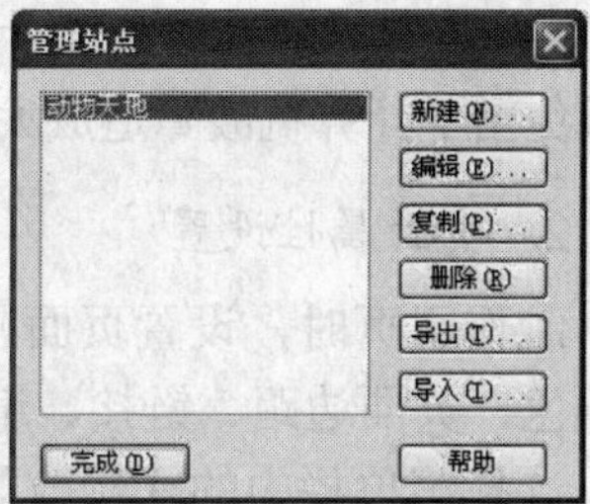

图 8-12 “管理站点”对话框

8.2.2　创建页面文件

1. 新建并保存页面文件

（1）新建页面文件

在 Dreamweaver 中，选择菜单栏中的【文件】→【新建】命令或按<Ctrl+N>组合键，均可打开如图 8-13 所示的“新建文档”对话框。

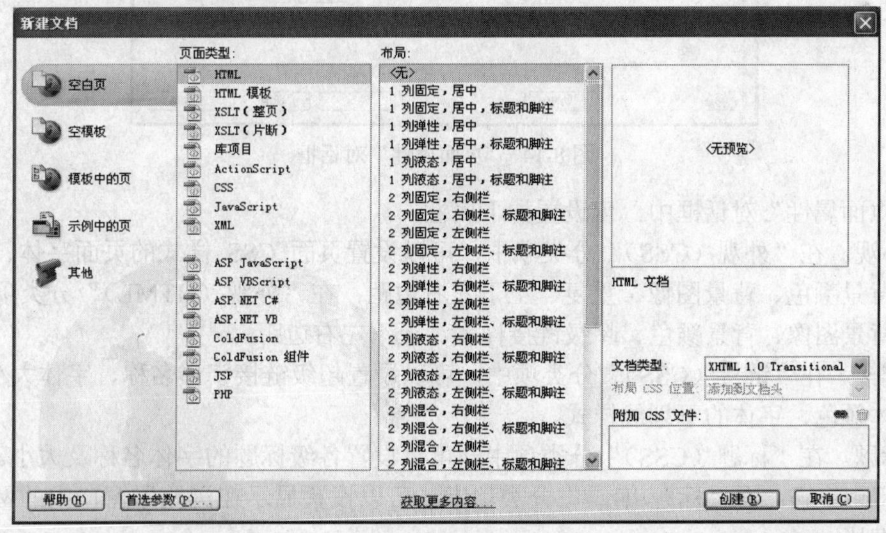

图 8-13 “新建文档”对话框

在“空白页”项的“页面类型”列表中选择“HTML”，然后单击【创建】按钮，可以创建一个普通页面。

（2）保存页面文件

选择菜单栏中的【文件】→【保存】命令或按<Ctrl+S>组合键，在打开的“另存为”对话框中浏览找到“D:\dwtd”文件夹，在“文件名”中输入“default.html”，然后单击【保存】按钮。

说明：给文件命名时，最好不要使用空格、特殊字符、中文字符等。普通页面使用扩展名html或htm来保存文档。如果不指定扩展名，Dreamweaver会自动添加html作为扩展名。虽然htm和html属于同一类型的文档扩展名，但default.htm和default.html却是两个页面文件。一般来说，一个站点中的页面文件最好使用相同的文件扩展名。同时，要养成经常保存文档的习惯，以避免由于计算机故障造成大量的工作损失。

2. 页面属性设置

制作网页时，设置页面属性是非常重要的。页面属性主要包括页面标题、背景图像、背景颜色、页面边距、链接、编码等。

选择菜单栏中的【修改】→【页面属性】命令，或单击文档属性面板中的【页面属性】按钮，或右键单击页面空白区，从快捷菜单中选择【页面属性】命令，都可以打开“页面属性”对话框，如图8-14所示。

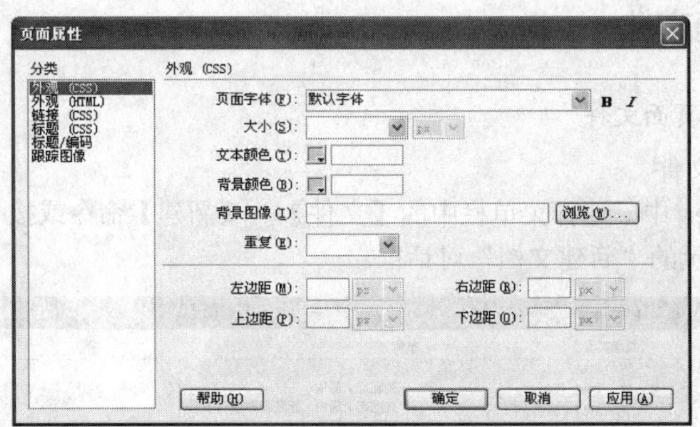

图8-14 “页面属性”对话框

在“页面属性”对话框中，可设置如下属性：

1）外观。在“外观（CSS）”分类项中，可以设置页面CSS样式的页面字体、大小、文本颜色、背景颜色、背景图像、重复、上下左右边距；在“外观（HTML）”分类项中，可以设置页面背景图像、背景颜色、超级链接样式、上下左右边距。

2）链接。在“链接（CSS）”分类项中，可以设置超级链接字体名称、字体大小、4种状态下的字体颜色、字体的下划线样式。

3）标题。在“标题（CSS）”分类项中，可以设置各级标题的字体名称及大小。

4）标题/编码。在“标题/编码”分类项中，可以设置显示在浏览器窗口中的网页标题、网页字体编码。

5）跟踪图像。“跟踪图像”分类项为网页设计者提供了定位图，只在设计界面显示，而在浏览器中不显示。可以设置“跟踪图像”的透明度，使其透明显示。

在Default.html页面的属性面板中，设置上边距、左边距为0，页面标题为“动物天地之门”。

说明：

1）页面标题主要用于识别文档。标题显示在浏览器的标题栏上，通常会作为收藏名称出现在收藏夹列表中。页面标题应短小、含义明确、能够描述该文档的主要内容。

2）在设置页面背景图像时，如果选择的图像尺寸小于浏览器窗口，Dreamweaver 就会自动在窗口内重复显示该图像，从而造成一种马赛克的效果。

3）背景图像就是网页的“桌面”。一般而言，背景颜色与前景文字的整体颜色需要有一个较强的对比，如背景图像的颜色为淡色调，则前景文字或图形要以深色显示，这样才能突出网页内容；反之，若背景使用较深的色调，则前景文字就需使用较浅且较亮的色调。

8.3 制作简单网页

一个网站至少有一个主页（首页），通常命名为 index.html 或 default.html。下面介绍制作一个简单的“动物天地”网站首页，该页面中没有采用布局定位、网页特效等技术，主要是学习插入文本、水平线、图像、日期、导航栏、超级链接、背景声音、滚动字幕等页面元素的方法。

8.3.1 插入文本

文字是网页中最基本的元素。一个网站意念的表达、内容的体现等均需依靠文字加以传递。一般情况下，在设计网页制作时，需要遵守文字为主、图像为辅的原则。

1. 加入文本

在网页中插入文本对象的方法主要有以下几种：

1）在 Dreamweaver 的文档窗口中直接输入文字内容。按<Enter>键可以开始一个新的段落，相当于插入<p>段落标记；按<Shift+Enter>组合键，相当于插入
标记；按<Ctrl+Shift+Space>组合键插入空格，相当于字符“ ”。

2）从已有的文档中复制文本，再通过剪贴板直接将文本粘贴到 Dreamweaver 的文档窗口中，然后再进行编排。

3）如果是已经制作好的网页，则可以采用先将其复制到自己的文件夹中，而后再打开页面进行编排。

在 default.html 页面中输入所需文字，如图 8-15 所示。

2. 设置文本属性

对文本进行修饰，主要是在其属性面板中进行的。在属性面板中，可以对文本的字体、大小、对齐方式等进行设置。设置字体的操作过程如下。

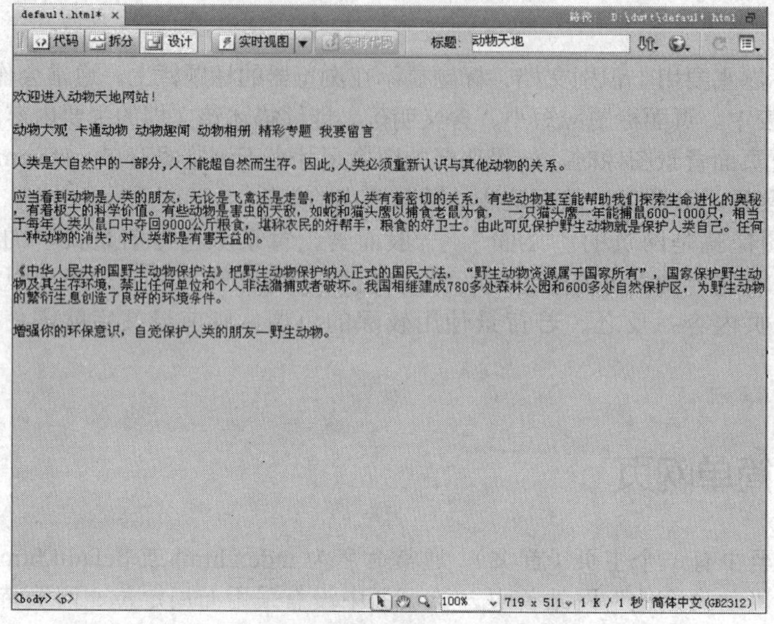

图 8-15 输入文本

步骤 1：选中要设置字体的文字。

步骤 2：在属性面板中单击"字体"右侧的下拉箭头，在如图 8-16 所示的下拉列表框中，选择需要的字体。

步骤 3：在选择所需要的字体时，Dreamweaver 会自动弹出"新建 CSS 规则"对话框，在"选择器名称"选项中输入".text1"，如图 8-17 所示。

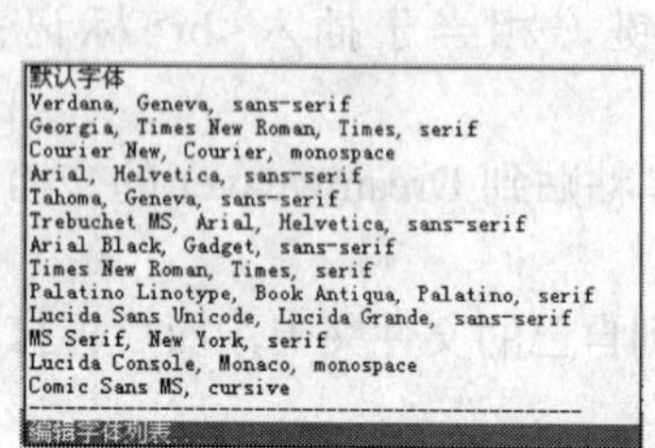

图 8-16 文字字体列表

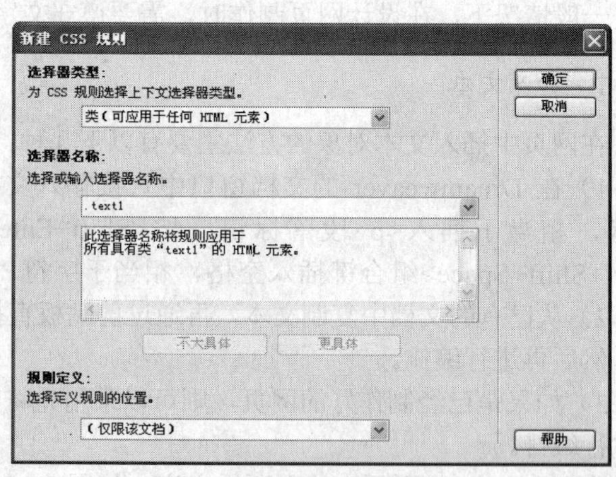

图 8-17 "新建 CSS 规则"对话框

步骤 4：单击【确定】按钮，所选文字就应用了所选字体的形式。同时在文本属性面板中的"目标规则"项中及 CSS 样式面板中都将出现.text1 样式，如图 8-18 所示。

完成上述操作后，将在页面中自动生成 CSS（Cascading Style Sheets）样式表。选择文档工具栏中的拆分工具，可以看到在代码窗口的<title>标记中有以下几行 CSS 样式代码:

```
<style type="text/css">
<!--
.text1 {
    font-family: "隶书";
    font-weight: bold;
    text-align: center;
}
-->
</style>
```

步骤 5：继续选中文本对象，在文本属性面板中进行字体大小、单位及颜色的设置，这些属性的设置也会添加到.text1 样式中。

说明：选中的对象第一次在属性面板进行有关的属性设置时，会自动弹出“新建 CSS 规则”对话框，用于创建新建规则的名称。单击属性面板中的【编辑规则】按钮，会弹出相应规则的编辑对话框，如图 8-19 所示，在此可进行 CSS 规则的编辑。有关 CSS 样式的内容将在第 9 章中介绍。

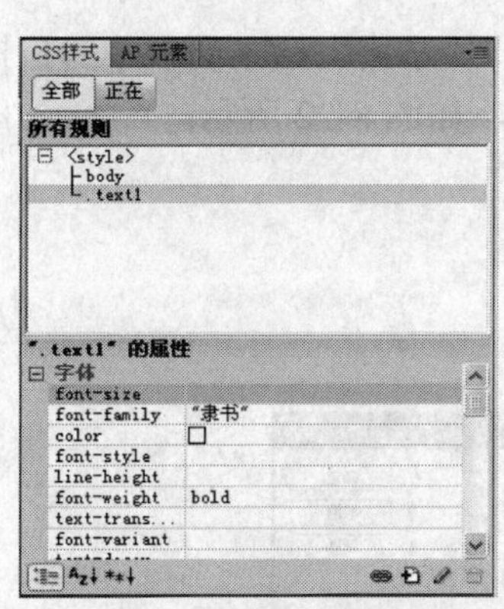

图 8-18　CSS 样式面板

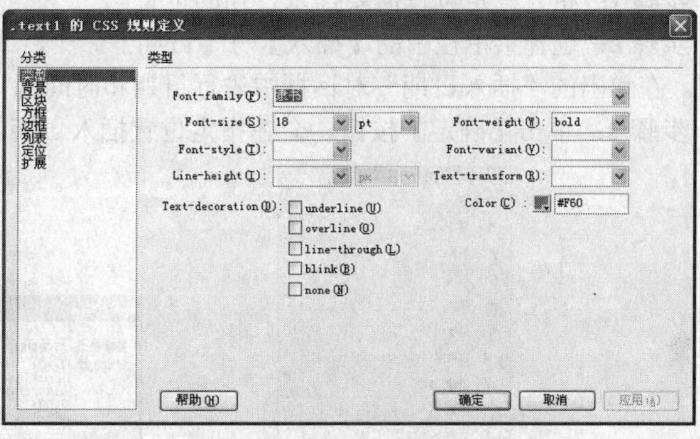

图 8-19　编辑 CSS 规则

3. 添加字体

如果在属性面板的字体下拉列表中找不到所需要的字体，则需要对字体列表进行编辑添加，以满足要求，具体操作步骤如下。

步骤 1：在图 8-16 所示的文字字体列表中选择“编辑字体列表”项，打开如图 8-20 所示的“编辑字体列表”对话框。

步骤 2：从右下侧的“可用字体”列表框中选择所要的字体，单击按钮将其加入到左侧的“选择的字体”列表框中，再单击上面的按钮将其加入到上边的“字体列表”框中。

步骤 3：利用对话框上方的、按钮调整新加字体的先后位置以便查找。最后单击【确定】按钮，所选择的字体就会出现在字体下拉列表框中。

图 8-20　“编辑字体列表”对话框

说明：可以根据需要从系统字体中选择不同的字体类型，这样比较容易将页面制作得精巧且产生良好的视觉效果。但要注意，无论对 Web 页面有何特别要求，都应该尽量保持统一性，最好不要在页面上使用过多的字体。

4. 文本插入面板

单击插入面板中的“文本”选项，会出现许多文本格式控制工具，如图 8-21 所示，通过这些选项可以方便地设置文本的格式。

5. 插入版权、日期

每个网站首页都需要有版权声明，一般放在首页的最下端。下面在 default.html 页面的最下端输入版权声明“Copyright © 2010 版权所有”，然后设置水平居中对齐。

（1）插入版权符号©

在“文本”插入面板中，单击换行符工具右侧的下拉箭头，从弹出的选项中选择“©”符号即可。

（2）插入日期

插入日期的操作过程如下。

步骤 1：将光标定位在需要插入日期的位置。

步骤 2：选择菜单栏中的【插入】→【日期】命令，或选择“常用”插入面板中的日期工具，在弹出的“插入日期”对话框中进行日期和时间的设置，如图 8-22 所示。

步骤 3：单击【确定】按钮，会在指定位置插入日期。

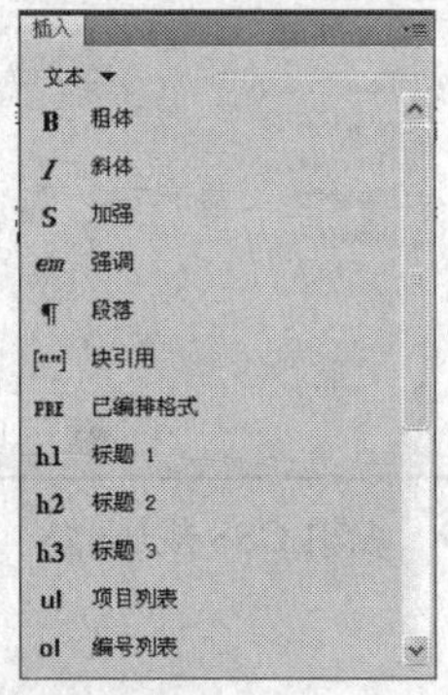

图 8-21 文本插入面板

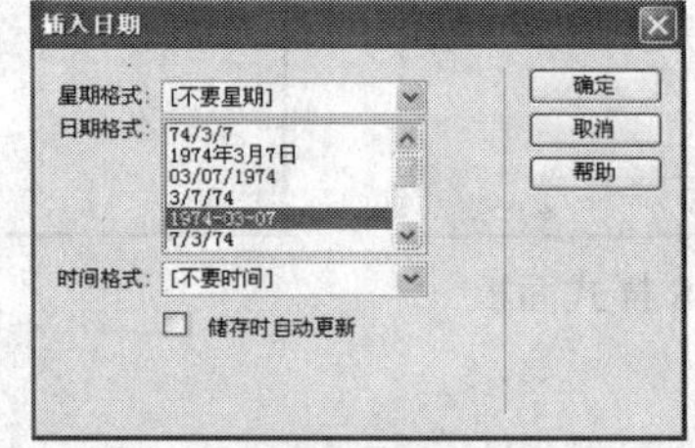

图 8-22 “插入日期”对话框

8.3.2 插入水平线

在设计网页时，可以使用水平线以可视方式分割文本和其他对象。插入水平线的操作过程如下。

步骤 1：将光标定位在需要插入水平线的位置。

步骤 2：选择菜单栏中的【插入】→【HTML】→【水平线】命令，或选择“常用”插入面板中的水平线工具，插入一条水平线。

步骤 3：通过如图 8-23 所示的水平线属性面板进行水平线的宽度、高度、颜色和对齐方式等属性的修改。

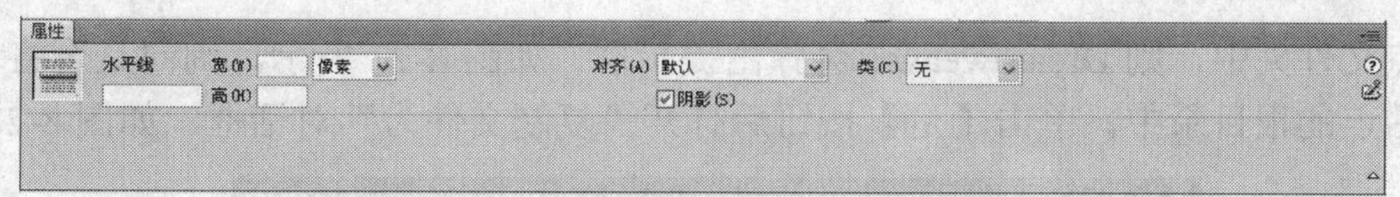

图 8-23　水平线属性面板

水平线的宽度单位可以是像素或百分比（%），高度的单位是像素。勾选“阴影”复选框可将原本实心的水平线变为立体的。设置水平线的颜色需要通过编辑代码才能实现，可以单击属性面板中的“快速标签选择器“按钮，在打开的快速标签编辑器中进行颜色的编辑，如图 8-24 所示，“color="#FFFFFF"”表示颜色为白色。

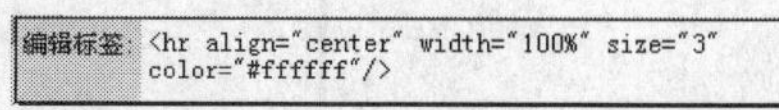

图 8-24　水平线快速标签编辑器

步骤 4：按<F12>键预览页面文件，效果如图 8-25 所示。

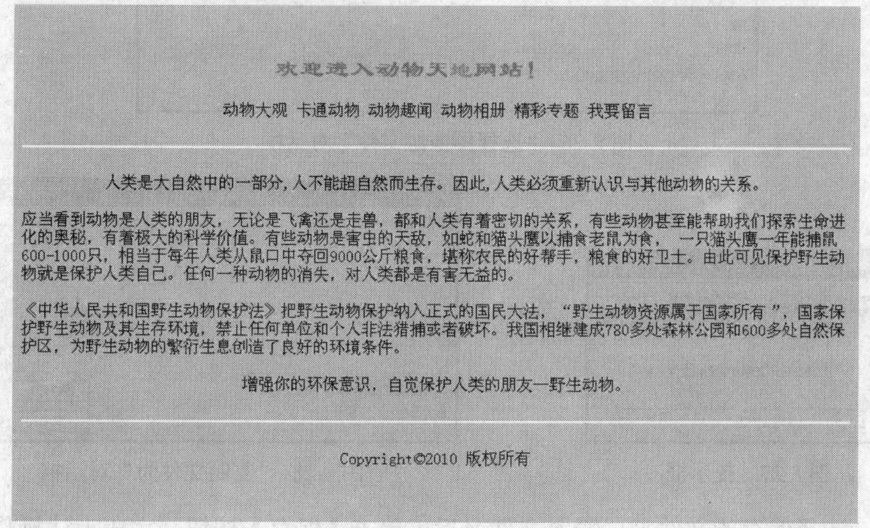

图 8-25　插入水平线的效果

8.3.3　插入图像

图像是网页中最重要的部分，具有画龙点睛的效果，网页中有了图像才会显得生动，图像也能体现一个网站的主题、风格和理念，所以常用图文并茂来形容好的网页编排。

由于图像会使下载的时间大大增加，因此必要时可以利用一些软件如 Fireworks、Photoshop 等对图像进行“瘦身”。

1.　插入图像

插入图像的具体操作过程如下。

步骤 1：将光标定位在需要插入图像的位置。

步骤 2：选择菜单栏中的【插入】→【图像】命令，或选择“常用”插入面板中的图像工具，打开“选择图像源文件”对话框，如图 8-26 所示。选择需要插入的图像，然后单击【确定】按钮。

步骤 3：如果所选图像位于当前站点文件夹中，则系统可直接插入图像。如果所选图像不在本地站点文件夹中，则 Dreamweaver 会弹出提示框，如图 8-27 所示，询问是否将该文件复制到本地站点的根目录中。单击【是】按钮后打开“复制文件为”对话框，如图 8-28 所示。

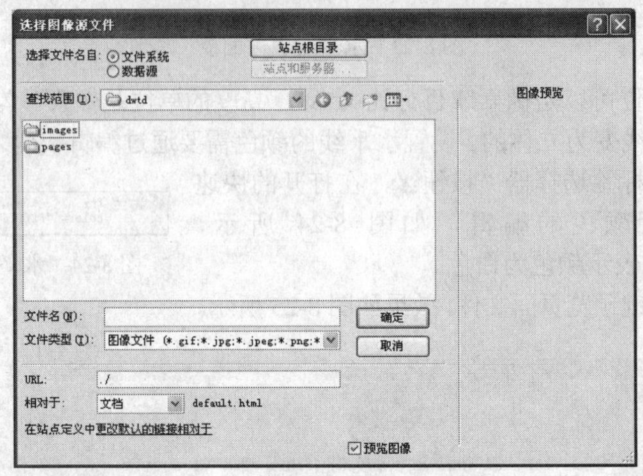

图 8-26 “选择图像源文件”对话框

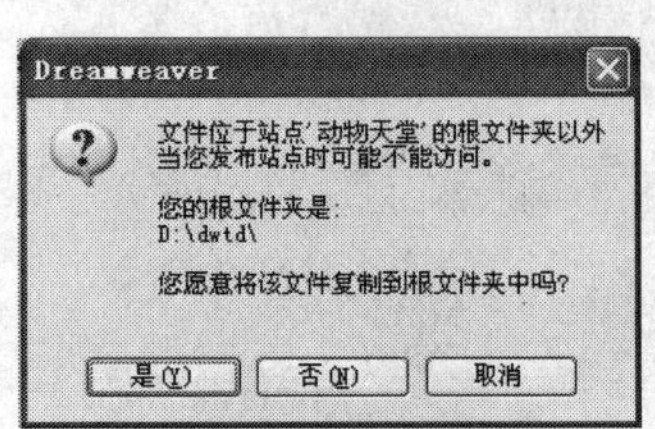

图 8-27 提示框

图 8-28 “复制文件为”对话框

步骤 4：选择保存的文件夹，输入文件名后，单击【保存】按钮。完成上述操作后，此图像将显示在文档窗口中的指定位置。

说明：在 HTML 文档中插入图像，其实只是写入一个图像的链接地址，而不是真正地把图像插入到文档中。图像的链接地址既可以使用相对路径，也可以使用绝对路径。在“选择图像源文件”对话框中，“相对于”选项下拉列表中的“文档”，表示使用相对路径，“站点根目录”表示使用绝对路径。一般建议使用相对路径。

2. 编辑图像

在图像的属性面板中，可以对图像的位置、大小、对齐方式等进行设置，如图 8-29 所示。

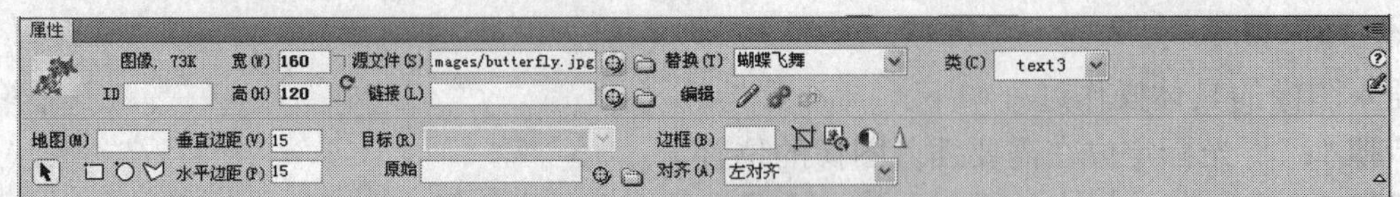

图 8-29 图像的属性面板

（1）设置对齐方式

在图像属性面板中，“对齐”项用于设置在同一行中图像和文本的对齐方式。它有多种设置形式，如顶端（文字与图像的顶端对齐）、居中（文字与图像的中间对齐）、底部（文字与图像的底端对齐）、左对齐（图像居左，文字右环绕）、右对齐（图像居右，文字左环绕）等。当然，这些只是最基本的图文混排方式，还有其他较高级的排版功能，如表格、AP 元素等。此处选择左对齐。

（2）指定图像的替代文字

在“替换”文本框中输入的文字会出现在图像将要出现的位置，可以在此输入图像的介绍性文字。此处输入“蝴蝶飞舞”。

在浏览器窗口中，将鼠标指针停留在此图像位置上时，就会看到替代文字，该文字会以图标形式显示出来。

（3）调整图像位置

通过图像属性面板中的“垂直边距”和“水平边距”项可设置图像与文字之间的距离，此处设置“垂直边距”和“水平边距”各为 15 像素。编辑图像后的页面效果如图 8-30 所示。

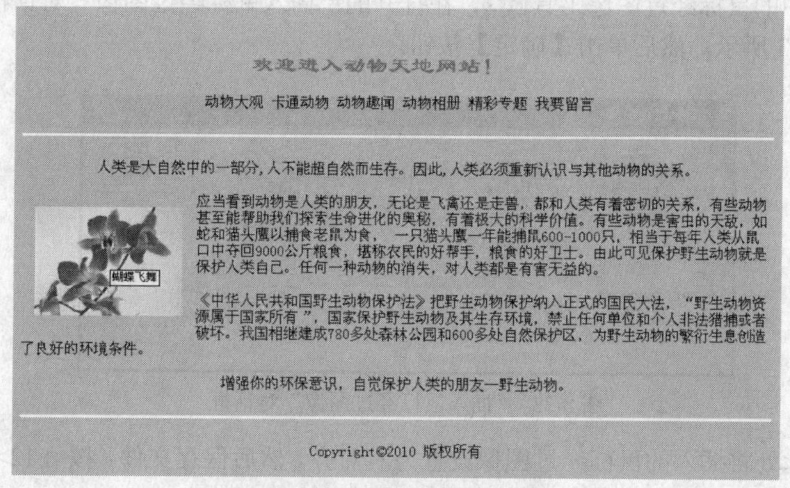

图 8-30　编辑图像后的效果

（4）处理图像

利用属性面板中的剪裁工具、重新取样工具、亮度和对比度工具、锐化工具可以直接对图像进行修饰和编辑。下面以对图像进行锐化处理为例进行说明，具体操作过程如下。

步骤 1：选中需要处理的图像，如图 8-31a 所示。

步骤 2：在其属性面板中选择锐化工具，打开“锐化”对话框，进行相应设置，如图 8-32 所示。

步骤 3：设置完成后单击【确定】按钮即可更新页面中的图像，效果如图 8-31b 所示。

a）

b）

图 8-31　图像处理及创建图像热点

a）处理前　b）处理后

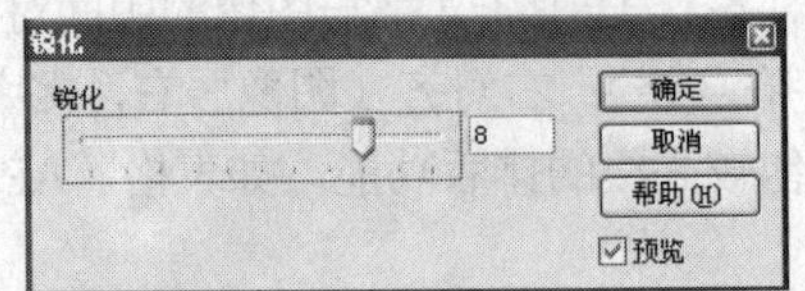

图 8-32 “锐化”对话框

3. 插入鼠标经过图像

鼠标经过图像是指当鼠标经过图像时，图像内容将自动更新。插入鼠标经过图像的操作过程如下。

步骤 1：将光标定位在需要插入鼠标经过图像的位置。

步骤 2：选择菜单栏中的【插入】→【图像对象】→【鼠标经过图像】命令，或选择“常用”插入面板中的鼠标经过图像工具，在打开的“插入鼠标经过图像”对话框中进行有关设置，如图 8-33 所示，然后单击【确定】按钮。

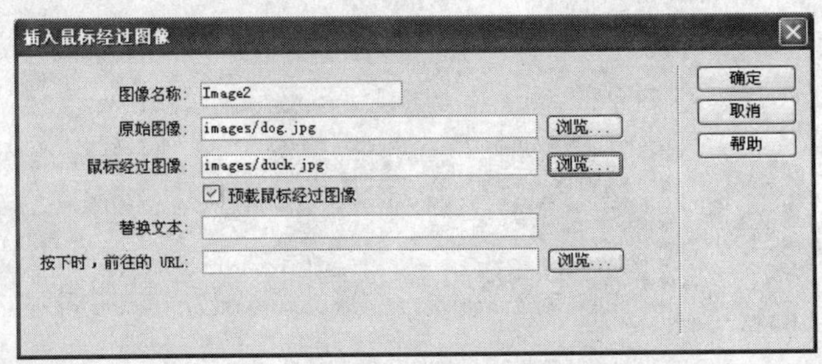

图 8-33 “插入鼠标经过图像”对话框

步骤 3：此处将插入的鼠标经过图像设置为右对齐。然后保存文件，按<F12>键预览效果。

8.3.4 创建超级链接

超级链接是网页中最为重要的部分。单击文档中的超级链接，即可跳转至相应的位置。正因为有了超级链接，才可以在 Internet 上享受“冲浪”的乐趣。链接的触发对象可以是文字、图像等；链接对象可以是网页、图像、多媒体文件及下载程序等。

1. 文本超级链接

（1）链接到文档

最常见的链接是创建文档之间的链接，利用这种链接，可以从一个文档跳转到另一个文档。在“动物天地”网站中新建一个有关动物趣闻的网页，命名为 quwen.html。将网站首页中的“动物趣闻”栏目链接到 quwen.html 文件，具体操作过程如下。

步骤 1：选中要创建链接的文字“动物趣闻”。

步骤 2：选择菜单栏中的【插入】→【超级链接】命令，或选择“常用”插入面板中的超级链接工具，打开“超级链接”对话框，浏览找到目标文件，指定链接文档打开的形式，如图 8-34 所示，然后单击【确定】按钮。

步骤 3：保存文件后预览链接的效果。

（2）链接到锚记

利用锚记可以在文档中指定的位置上创建链接的目标端点。通过对文档中指定位置的命名，利用链接打开目标文档时直接跳转到相应的命名位置上。使用锚记，不仅可以跳转到其他文档中的指定位置，还可以跳转到当前文档的指定位置。

在 quwen.html 文档中创建锚记，可以按照如下方法进行。

步骤 1：命名锚记。首先将光标定位在需要命名锚记的位置或选中要为其指定锚记的文本，再选择菜单栏中的【插入】→【命名锚记】命令，或选择“常用”插入面板中的锚记工具，打开如图 8-35 所示的“命名锚记”对话框。在“锚记名称”文本框中输入锚记的名称，如果先前选中了文字，则选中的文字会出现在该文本框中。单击【确定】按钮，在创建锚记的位置将出现锚记标记。

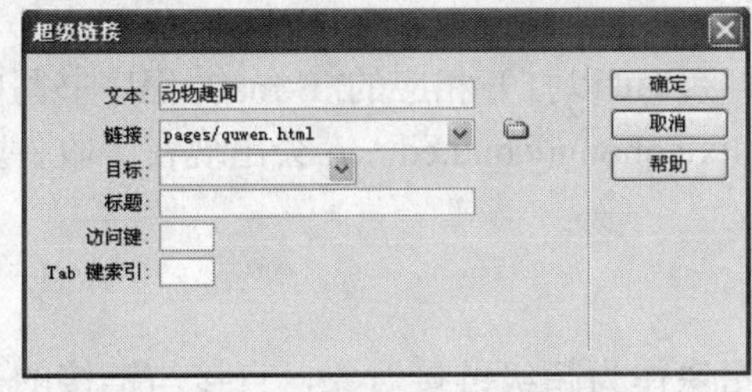

图 8-34 “超级链接”对话框

图 8-35 “命名锚记”对话框

本例分别在“猫咪”、“狗狗”、“动物趣闻”文字的前面创建锚记 mj1、mj2、mj3。

步骤 2：链接锚记。首先选中文字“猫咪趣闻”，再选择菜单栏中的【插入】→【超级链接】命令，或选择“常用”插入面板中的超级链接工具，打开“超级链接”对话框。设置“链接”选项为#mj1，然后选中“猫咪”文字旁边的“return”文字，将其链接到“动物趣闻”前的锚记#mj3。

按照此方法，将“狗狗趣闻”链接到“狗狗”前的锚记#mj2，再创建返回页面顶端的链接。

步骤 3：按<F12>键，在浏览器中预览效果，如图 8-36 所示。

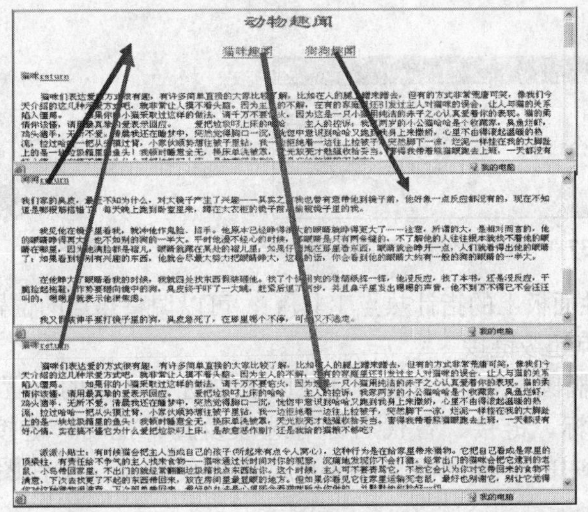

图 8-36 创建锚记预览效果

说明：页内链接锚记的形式为“#+锚记名称”，如果要链接的目标锚记位于其他文档中，链接锚记的形式为“文件名+#+锚记名称”。

（3）链接到电子邮件

E-mail 链接是一种特殊的链接，单击此链接不是跳转到相应的网页上或是下载相应的文件，而是会启动相应的 E-mail 程序，书写电子邮件后发送到指定的地址。在 Dreamweaver 中创建 E-mail 链接的操作过程如下。

步骤 1：将光标定位在需要创建电子邮件链接的位置。

步骤 2：选择菜单栏中的【插入】→【电子邮件链接】命令，或选择“常用”插入面板中的电子邮件链接工具，打开“电子邮件链接”对话框。如果事先选中了要作为链接的文字，则在该对话框的文本框中会出现选中的文字。

步骤 3：输入文本和 E-mail 地址，如图 8-37 所示，然后单击【确定】按钮完成电子邮件链接。

步骤 4：保存链接后预览效果。单击该链接，可以打开相应的 E-mail 程序书写邮件，如 Outlook Express，同时相应的邮件地址信息 gltxiaohong@buu.edu.cn 会出现在“收件人”文本框中。

2. 图像超级链接

图像的超级链接有两种，一种是将整幅图像作为超级链接对象，直接与链接的目标对象链接，具体操作方法与文字的超级链接相同；另一种是将图像热点作为超级链接对象链接到目标对象上，下面将对此方法做简单介绍。

（1）创建图像热点

图像热点是指位于一幅图像上的多个链接区域，通过单击不同的链接区域，可以跳转到不同的链接目标端点。图像热点可以是任意的形状。创建图像热点的过程如下。

步骤 1：选中要创建热点的图像。

步骤 2：分别选择其属性面板中相应的矩形热点工具、圆形热点工具、多边形热点工具，在蝴蝶图像位置处拖动鼠标，即可创建热点区域。一幅图像中可创建多个热点，如图 8-38 所示。

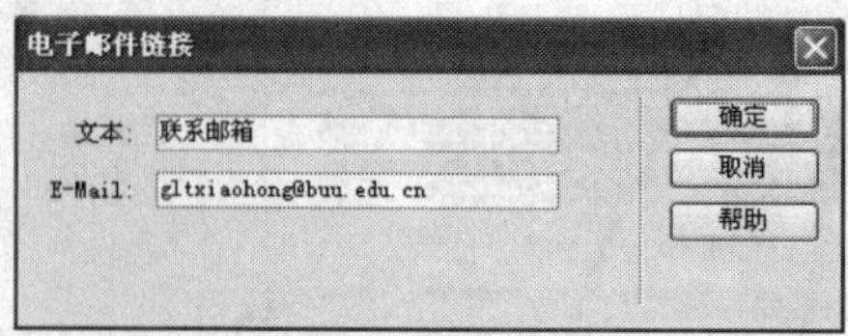

图 8-37 “电子邮件链接”对话框

图 8-38 创建热点区域

步骤 3：选择属性面板上的指针热点工具，可以调整热点的位置。

（2）创建图像热点超级链接

分别选中矩形、椭圆形热点，在其属性面板中进行链接的设置，如图 8-39 所示，其中包括地图名称、目标、链接、替代名称等选项设置。拖动“链接”项右侧的瞄准镜图标，指向文件面板中的链接目标文件即可；也可使用浏览文件图标，浏览找到链接目标文件。

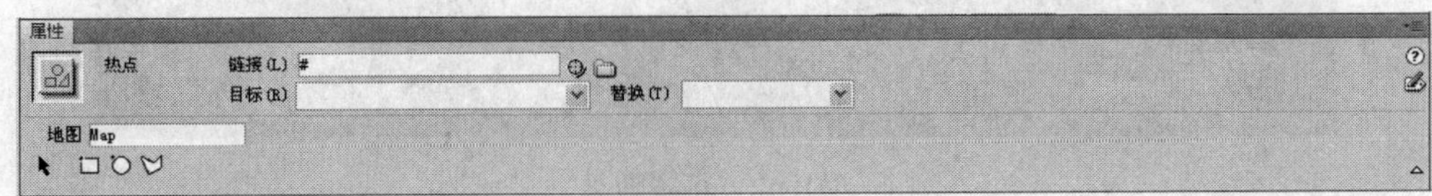

图 8-39 图像热点的属性面板

3. 插入导航条

所谓导航条，实际上是一系列显示为按钮的图像，每个图像按钮都连接到站点中不同的文档上，通过单击图像按钮，就可以实现在站点中的浏览。同时，也可以为这些图像实现翻转效果，或为图像添加更多的动感特性，如弹起状态、按下状态等，使网页更为生动。

在创建导航条之前，应先创建好导航条项目所需的图像，这些图像分别代表了导航条项目的 4 个状态。创建导航条的操作过程如下。

步骤 1：将光标定位在需要插入导航条的位置。

步骤 2：选择菜单栏中的【插入】→【图像对象】→【导航条】命令，或选择“常用”插入面板中的导航条工具，打开“插入导航条”对话框。

步骤 3：在“项目名称”中输入“d1”，然后分别选择“状态图像”、“鼠标经过图像”、“按下图像”和“按下时鼠标经过图像”4 个状态下对应的图像，如图 8-40 所示；设置替换文本、链接地址、导航条的形式等项，具体设置如图 8-41 所示。

图 8-40 导航条项目 d1 的 4 个状态图像

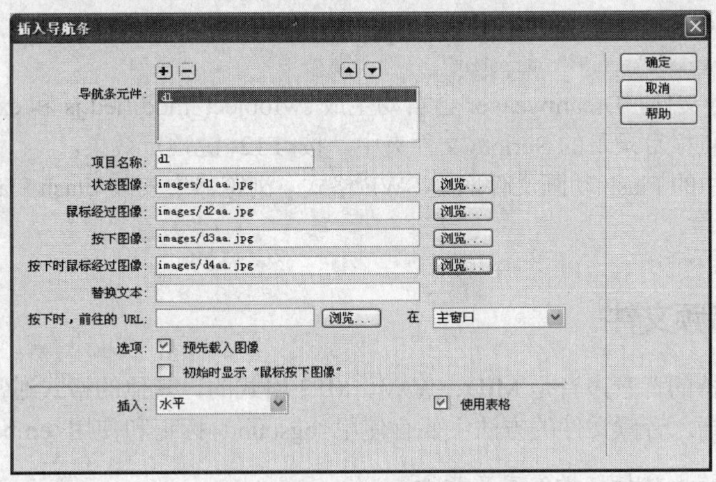

图 8-41 “插入导航条”对话框

步骤 4：单击按钮，将该项加入到“导航条元件”列表框中。单击按钮可以删除导航条项目，和按钮用于调整各导航条项目的顺序。

步骤 5：重复步骤 3，添加其他导航条项目 d2、d3、d4。

步骤 6：设置完成后，单击【确定】按钮。导航条的预览效果如图 8-42 所示。

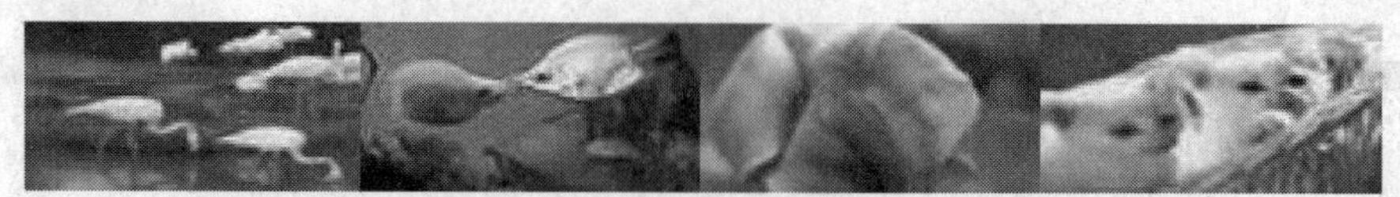

图 8-42　预览效果

说明：所有导航条元件在 4 种状态下的图像文件的宽、高应尽量一致。一个页面中只允许插入一个导航条，一个导航条可以有多个项目。

8.3.5　插入 Flash 动画

在网页中插入 Flash 动画，可以使页面更加漂亮，功能更加齐全，真正达到图文并茂、声像兼备的目的。插入 Flash 动画的操作过程如下。

步骤 1：将光标定位在要加入 Flash 动画的位置。

步骤 2：选择菜单栏中的【插入】→【媒体】→【SWF】命令，或选择“常用”插入面板中的 SWF 工具，在打开的“选择文件”对话框中选择需要添加的 Flash 动画文件，单击【确定】按钮即可。

步骤 3：在 Flash 动画的属性面板中进行各种属性的设置，如图 8-43 所示。

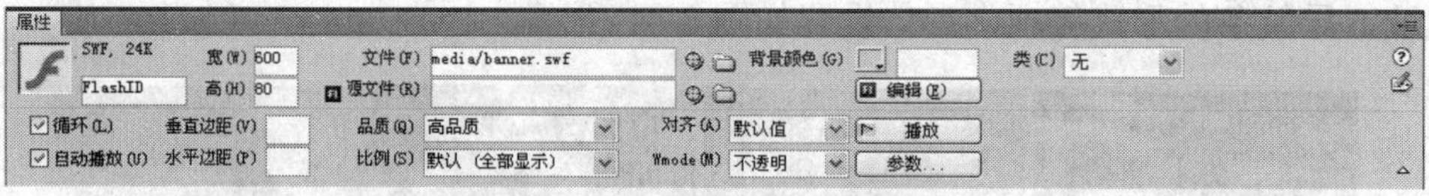

图 8-43　Flash 动画属性面板

步骤 4：设置 Flash 动画的背景颜色为透明。选中插入的 Flash 动画文件，切换到代码窗口中，在其<object>…<object>标记中插入如下代码：

```
<param name="wmode" value="transparent">
```

步骤 5：保存文件，Dreamweaver 会自动生成 swfobject_modified.js 和 expressInstall.swf 两个文件，存在站点根目录下的 Scripts 文件夹中。按<F12>键预览效果。

说明：网页中的 Flash 动画文件应为 SWF 格式。浏览器中安装 Flash Player 播放器后才能浏览 Flash 动画。

8.3.6　插入音频文件

网页默认支持的背景声音是 MID、WAV、MP3 格式的，其他的格式通常需要加入第三方插件。在网页中插入音频文件的方法主要有使用<bgsound>标记和使用<embed>标记两种。

1. 使用<bgsound>标记插入声音背景

使用<bgsound>标记在 default.html 页面中插入背景音乐时，通常将其插入到<head>…</head>标记之间，注意不要插在 JavaScript 语句之间。

使用<bgsound>标记插入背景音乐的操作过程如下。

步骤 1：选择 default.html 文档工具栏中的拆分工具，切换至设计视图和代码视图中。

步骤 2：在代码窗口中找到<head>标记，将光标置于此标记之后，按<Enter>键后在新行中输入一个英文的“<”，在弹出的选项中双击“bgsound”，使其加入到“<”之后成为“<bgsound”。

步骤 3：再按下<Space>键，在弹出的选项中双击“src”属性，通过浏览找到欲插入的声音文件；再按下<Space>键，在弹出的选项中双击“loop”属性，选择“-1”。而后再输入一个英文的“>”将标记封闭，至此声音创建完毕。<bgsound>标记代码如下：

```
<bgsound src="images/long.mid" loop="-1">
```

其中 src 定义链接的声音文件地址；loop 定义播放音乐的次数，当 loop<0 时为无穷次循环。

2. 使用<embed>标记嵌入声音文件

嵌入声音是将声音播放器直接嵌入到网页中，网页浏览者通过播放器可以自行控制声音的播放、停止、调节音量等。使用<embed>标记嵌入声音文件的操作过程如下。

步骤 1：选择 default.html 文档工具栏中的拆分工具拆分，切换至设计视图和代码视图中。

步骤 2：将光标放置在需要嵌入播放器的位置，单击鼠标右键，在弹出的快捷菜单中选择【插入标签】命令，打开“标签选择器”对话框，如图 8-44 所示。

步骤 3：选中<embed>标记后，单击【插入】按钮，弹出如图 8-45 所示的对话框。

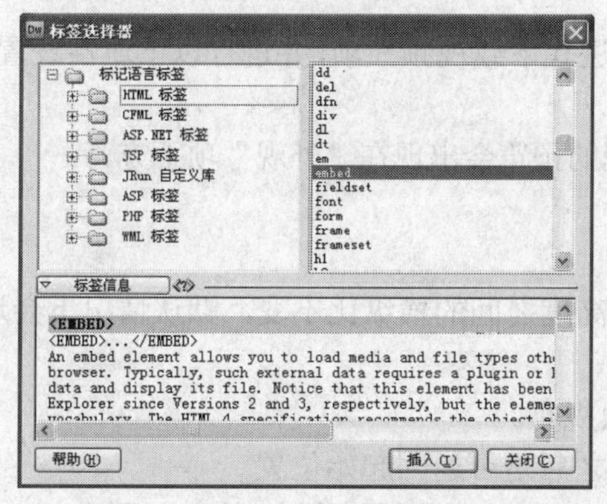

图 8-44 “标签选择器”对话框

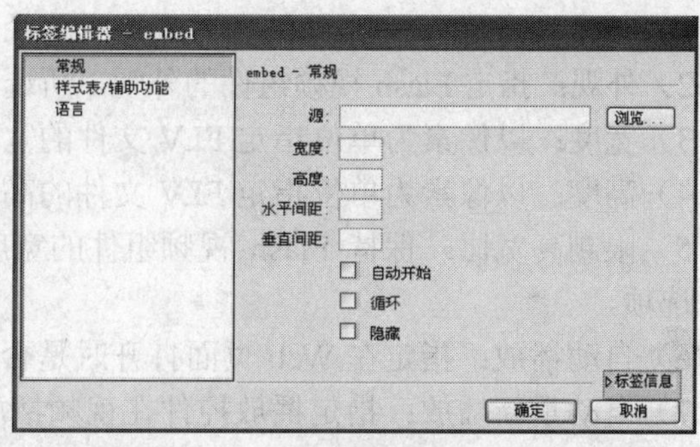

图 8-45 “标签编辑器-embed”对话框

步骤 4：单击“源”文本框后的“浏览”按钮，选择声音文件，再设置宽度、高度，勾选“隐藏”、“自动开始”项。然后单击【确定】按钮完成设置。

步骤 5：将光标置于<embed>起始标记中的属性后，按<Space>键，修改其中内容如下：

```
<embed src="sa.mp3" autostart="true" type=" audio/x-pn-realaudio-plugin"></embed>
```

步骤 6：保存文件后，按<F12>键预览效果。

说明：<embed>标记支持 WMA、RM、MP3、MID、WAV 等声音文件格式，如果播放 RM 文件，则需要在客户端中安装 RealPlayer 播放器。

8.3.7 插入视频文件

1. 插入 Flash 视频

在 Dreamweaver 中，能够直接将 FLV 格式的视频文件插入到 Web 页中，操作过程如下。

步骤 1：在 default.html 文档的设计视图中，将光标定位在需要插入视频文件的位置。

步骤 2：选择菜单栏中的【插入】→【媒体】→【FLV】命令，或选择“常用”插入面板中的 FLV 工具，打开“插入 FLV”对话框，如图 8-46 所示。

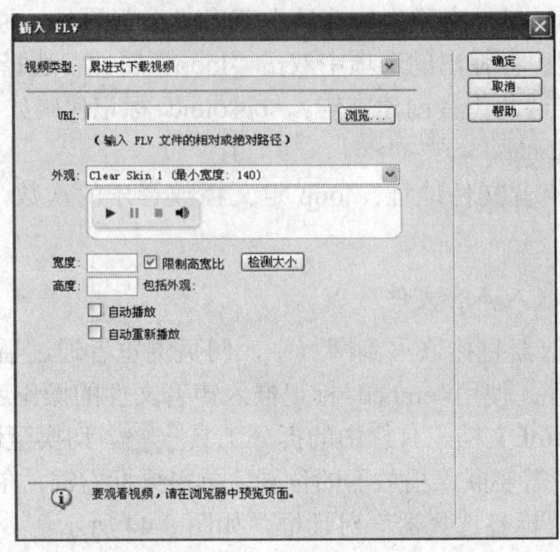

图 8-46 “插入 FLV”对话框

步骤 3：从“视频类型”下拉列表框中选择“累进式下载视频”项，并进行以下属性设置。

1）URL：指定 FLV 文件的相对或绝对路径。

2）外观：指定 Flash 视频组件的外观，所选外观的预览会出现在“外观”项下方。

3）宽度：以像素为单位指定 FLV 文件的宽度。

4）高度：以像素为单位指定 FLV 文件的高度。

5）限制高宽比：保持 Flash 视频组件的宽度和高度之间的横纵比不变，默认情况下会选择此选项。

6）自动播放：指定在 Web 页面打开时是否播放视频。

7）自动重新播放：指定播放控件在视频播放完之后是否返回起始位置。

步骤 4：属性设置完成后单击【确定】按钮即可将 Flash 视频内容添加到 Web 页中。

步骤 5：保存文件后，按< F12>键预览视频。

2. 插入其他视频格式文件

通过使用插件可以在 Web 站点上显示并播放一些已安装了播放器的视频文件，如 MPEG、WMV、RM 等。在 Dreamweaver 中插入视频文件的操作过程如下。

步骤 1：在 default.html 文档的设计视图中，将光标定位在需要嵌入视频播放器的位置。

步骤 2：选择菜单栏中的【插入】→【媒体】→【插件】命令，或选择插入面板中的插件工具，在打开的“选择文件”对话框中选取视频文件。

步骤 3：选择已插入的插件占位符，调整为适当大小或在属性面板中设置视频的宽度和高度。

步骤 4：选择文档工具栏中的拆分工具，切换至设计视图和代码视图中，将<embed>起始标记中内容修改如下：

```
<embed src="shipin1.asf" width=400 height=300 type=audio/x-pn-realaudio-plugin autostart="false" controls="IMAGEWINDOW,ControlPanel,StatusBar"></embed>
```

说明：<embed>标签支持 RM、RMVB、WMV、ASF、AVI、MPG 等格式的视频文件。

步骤 5：保存文件后，按<F12>键预览效果。

8.3.8　插入滚动文本

大多数网站都有滚动文字或图片效果，这种效果是通过<marquee>标记来实现的。此处介绍使用<marquee>标记在 default.html 中插入滚动文字效果，操作过程如下。

步骤 1：在 default.html 中选择文档工具栏中的拆分工具 拆分 ，切换至设计视图和代码视图中。

步骤 2：在设计窗口中选择需要进行滚动设置的文字，将光标放置在代码窗口中所选内容之前，输入一个英文的“<”，在弹出的选项中双击“marquee”，使之插入到“<”符号之后。

步骤 3：按下<Space>键，会出现<marquee>标记的属性参数列表，在其中选择属性“behavior”，然后双击鼠标左键或按下<Enter>键，从其属性值中选择“scroll”。

步骤 4：继续按下<Space>键，在随后出现的属性参数列表中选择“direction”属性，属性值为“right”。随后输入英文的“>”，然后在需要滚动的文本之后输入“</marquee>”。

步骤 5：按<F12>键预览效果。如果文字向右滚动速度太快，可以将光标放置在代码窗口的<marquee>起始标记中，按下<Space>键，插入“scrolldelay="200"和"truespeed"”；预览时如果滚动内容移动距离太大，可以在<marquee>起始标记中再插入“scrollamount="4"”，表示一次移动 4 个像素。

步骤 6：将<marquee>起始标记中内容修改如下：

```
<marquee behavior="scroll" direction="right" scrolldelay="200" truespeed scrollamount="4" onmouseover="this.stop();" onmouseout="this.start();">
增强你的环保意识，自觉保护人类的朋友—野生动物。
</marquee>
```

步骤 7：按<F12>键预览效果。内容从左向右移动，当鼠标放置在滚动内容上时，滚动停止；鼠标移开后，内容又开始滚动。

如果要编辑或者删除标记，只需将光标置于标记处，单击鼠标右键，在弹出的快捷菜单中选择【编辑标签】或【删除标签】命令，就可以对当前标签中被选定的部分进行编辑或者删除操作。default.html 页面左侧图像的标签编辑器如图 8-47 所示。

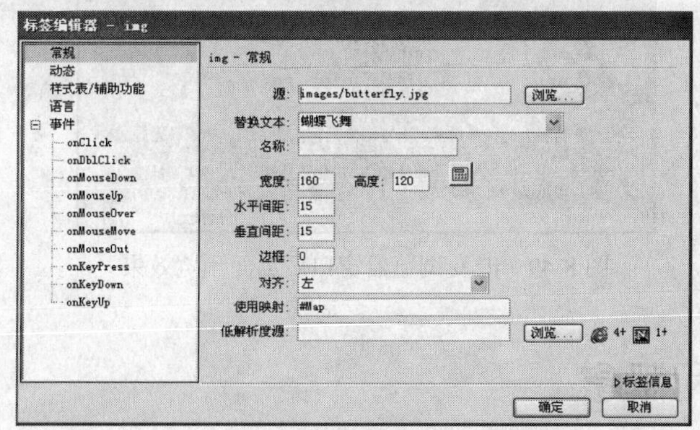

图 8-47　“标签编辑器-img”对话框

<marquee>标记中不仅可以包含文本，同时还可以包含表格、图像等元素。

至此，“动物天地”网站的简单首页 default.html 基本上制作完成，在浏览器中预览其效果如图 8-48 所示。

可以发现，default.html 中各对象的位置会随浏览器窗口大小的变化而变化，如图 8-49 所示，这与当初设计的意愿相违背。借助于下一章所介绍的网页布局定位技术可以解决这一问题。

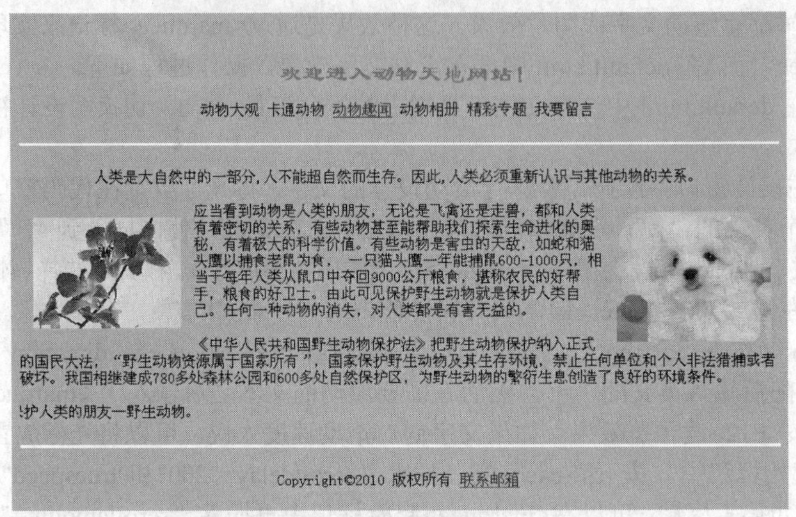

图 8-48　简单首页的预览效果

图 8-49　改变浏览器窗口后页面预览效果

8.4　本章要点和概念

1）站点可以看做是一系列文档的组合，这些文档具有相似的属性，通过各种链接关联起来。利用浏览器预览整个网站，可以从一个文档跳转到另一个文档。Dreamweaver中的站点包括远程站点和本点存储站点。

2）在创建网站前，需要先建立站点。所谓建立站点，就是建立放置所有页面内容的文件夹，这个文件夹被称为本地根目录。

3）为文件命名时，最好不要使用空格、特殊字符、中文字符等，不要以数字开头，文件名应尽可能短小。

4）制作网页时，设置页面属性是非常重要的，主要包括标题、背景图像、背景颜色、页面边界、链接、编码等。

5）图像会使下载的时间大大增加，必要时需要使用一些软件，如Fireworks、Photoshop等对图像进行“瘦身”。在设计网页时，应以文字为主、图像为辅。

6）图像热点实际上就是指位于一幅图像上的多个链接区，通过单击不同的链接区域，可以跳转到不同的链接目标端点。

7）导航条实际上是一系列显示为按钮的图像，每个图像按钮都连接到站点中不同的文档上。

8）背景音乐建议使用MID格式，因MID格式的音乐文件小而且播放时间长。

9）没有采用布局定位技术的网页，其对象的位置会随浏览器窗口大小的变化而变化。

习 题

8-1 如何修改Dreamweaver中的工作参数？

8-2 什么是站点？为何要建立站点？在Dreamweaver中如何建立站点？

8-3 在Dreamweaver中如何为文本及图像设置超级链接？

8-4 什么类型的页面适合采用锚记？

8-5 网页中可以插入哪些格式的图像、动画、音频、视频文件？

8-6 实际操作：

根据本章所讲内容创建一个站点，并制作此站点的首页。

第 9 章　网页布局与风格

本章知识点和技能点

1）利用表格、框架、AP 元素进行页面布局。
2）CSS 样式的创建与应用。
3）模板的创建与应用。

9.1　网页布局定位

网页布局定位，就是指将各种网页元素按需要放在合适的位置。目前，比较常用的网页布局定位技术有以下几种：

1）CSS+DIV 布局。目前流行的网页版面布局方式，与表格方式相比，由于节约了许多代码，从而降低了网络数据量。

2）表格布局。利用表格既可以处理不同对象，又可以避免不同对象之间的影响，而且表格在定位图片和文本上比 CSS 更加方便。但是过多地使用表格，会影响页面的下载速度。

3）框架布局。虽然框架存在兼容性的问题，但从布局上考虑，框架结构是一种比较好的布局方法，可以将不同对象放置到不同页面加以处理。

针对目前比较常用的网页布局定位技术，Dreamweaver 提供了 AP 元素、表格、框架等网页布局功能，掌握它们才能真正学到网页制作技术的精髓。

网页设计的思想和排版方式是需要网页制作者通过自己的灵感和艺术思想产生的。所以在制作网页前，制作者一般都要有一个设计的总体规划，然后才能按照规划的思想完成网页的制作。

9.1.1　AP 元素

AP 元素的使用给网页带来从平面向多层平面的发展，丰富了网页的层次感。Dreamweaver 中的 AP 元素相当于一个容器，它可以包含所有在 HTML 文件中出现的元素。AP 元素可以放置在页面的任何位置，利用它可以方便而又精确地定位页面元素，实现页面元素的重叠。它还与 Dreamweaver 的许多高级特性紧密相关，如使用行为可以对 AP 元素进行操作与控制。

1. AP 元素创建与操作

（1）创建 AP 元素

在 Dreamweaver 中，创建 AP 元素的主要方法有以下几种：

1）选择“布局”插入面板中的绘制 AP Div 工具，在需要创建 AP 元素的位置按住鼠标左键拖动，即可绘制出一个 AP Div。“布局”插入面板如图 9-1 所示。

2）选择菜单栏中的【插入】→【布局对象】→【AP Div】命令，可在光标所在位置插入一个大小为 200×115 像素的 AP Div。

AP Div 的标记是<div id="AP Div 名称" ></div>，其属性不包括在<div>标记中，而是以 CSS 样式的 id 选择符写在<head>标记中，因而在<body>标记的代码非常简洁。

（2）操作 AP 元素

可以对 AP 元素实施以下操作：

1）选择 AP 元素。单击 AP 元素的边框可以选择该 AP 元素，按住<Shift>键再单击其他 AP 元素，可以同时选中多个 AP 元素。

2）调整 AP 元素的大小。拖曳选中 AP 元素四周的控制柄。

3）移动 AP 元素。拖动 AP 元素左上角的方形标签。

4）对齐 AP 元素。先选中多个 AP 元素，再选择菜单【修改】→【排列顺序】中的左对齐、右对齐、上对齐、对齐下缘命令。

5）可以应用 AP 元素面板，将 AP 元素嵌套在其他 AP 元素中，或改变它的叠放顺序，如图 9-2 所示。

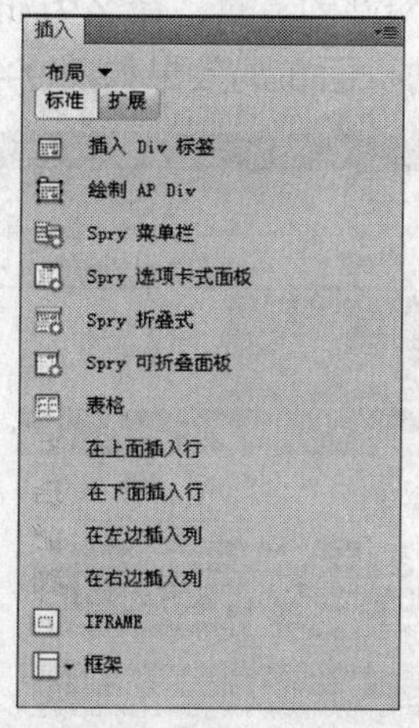

图 9-1 布局插入面板

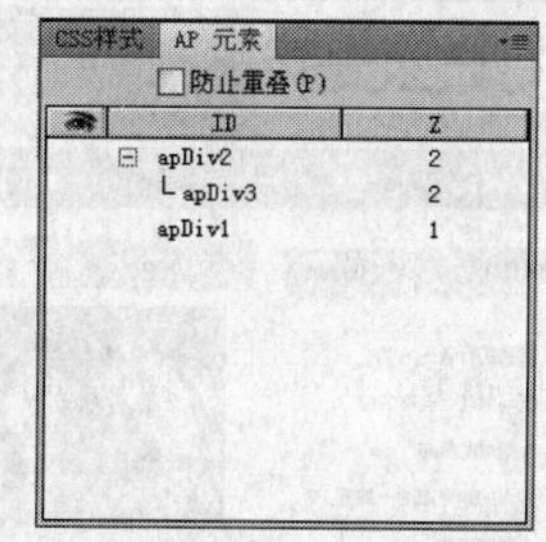

图 9-2 AP 元素面板

在 AP 元素面板中，AP 元素以 apDiv 名称堆栈列表的形式显示，最先生成的 AP 元素位于列表底部，最后生成的位于列表最上方。嵌套的 apDiv 会与父级相连，以表明从属关系。单击父级旁边的减号可以隐藏嵌套的 AP 元素，单击父级旁边的加号可以显示隐藏的嵌套 AP 元素。另外，AP 元素名称前紧闭的眼睛图标表示该 AP 元素目前不可见。单击该图标，则变为睁开的眼睛图标，表示该 AP 元素可见。

在创建一个 AP 元素时，若要防止它与其他 AP 元素发生重叠，需要在 AP 元素面板中勾选“防止重叠”复选框。

6）设置 AP 元素的首选参数。AP 元素的参数选择决定了 AP 元素的默认属性，如标记、可见性、高度和宽度等。如果要改变这些设置，可选择菜单栏中的【编辑】→【首选参数】命令，在打开的“首选参数”对话框中选中“AP 元素”项重新设置属性，如图 9-3 所示。

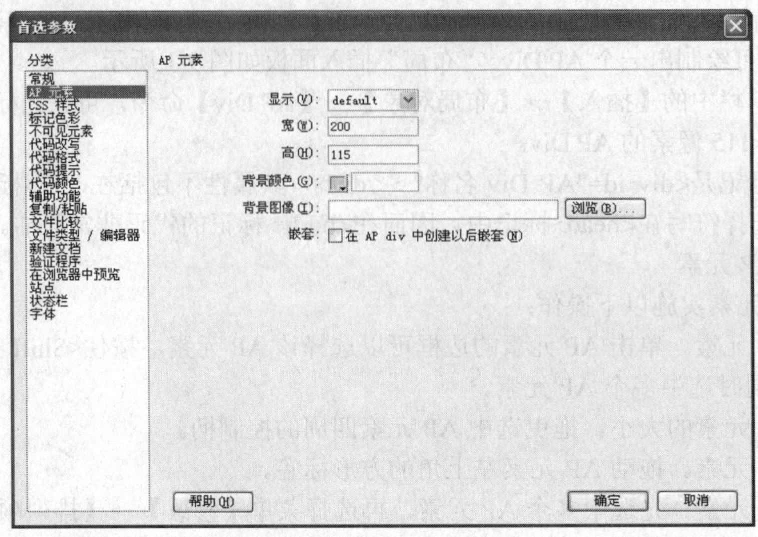

图 9-3 “首选参数”对话框

2. 利用 AP 元素布局首页

下面利用页面布局定位技术重新设计制作“动物天地”网站的首页，命名为 index.html，以此区别于第 8 章中制作的简单首页 default.html。index.html 的页面布局效果如图 9-4 所示。

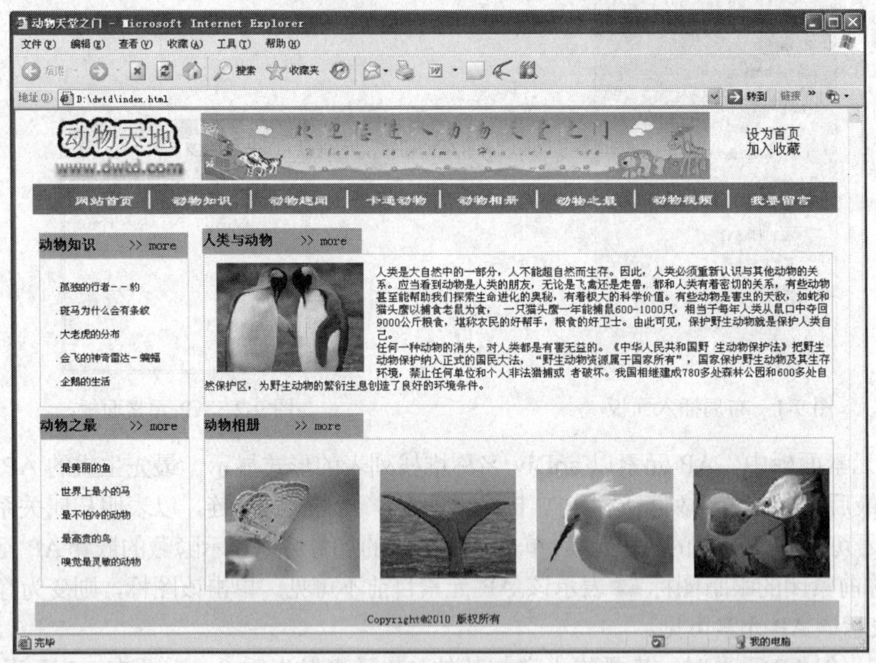

图 9-4 网站首页布局效果

利用 AP 元素进行布局页面的操作过程如下。

步骤 1：新建页面文件，命名为 index.html，存放在站点的根文件夹中。设置页面标题为“动物天地”，上下左右边距均为 0。

步骤 2：选择“布局”插入面板中的 AP Div 工具，在页面中按住鼠标左键并拖动创建一个 AP Div。选中所绘制的 apDiv1 边框，在其属性面板中进行所需属性的设置，如图 9-5 所示。

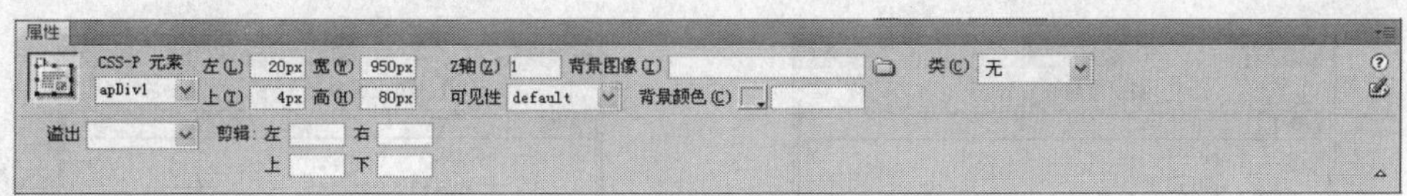

图 9-5　AP Div 的属性面板

AP Div 属性面板中主要选项的作用如下：

1）CSS-P 元素：设置 AP Div 的名称，用于识别 AP Div 元素。

2）左和上：设置 AP Div 相对于页面或父级顶端和左上角的位置。

3）宽和高：设置 AP Div 的宽度和高度。

4）Z 轴：设置 AP Div 叠放顺序，数值大的 AP Div 将在数值小的 AP Div 之上。

5）可见性：指正常打开页面时 AP Div 的可视性选项，主要有 default（省略设置）不指定可见性属性；inherit（继承）继承该 AP Div 父级的可见性；visible（可视）显示此 AP Div 的内容；hidden（隐藏）不显示此 AP Div 的内容。

6）溢出：指当 AP Div 的内容超过 AP Div 大小时的处理，其选项有 visible（可视）溢出时越出 AP Div 可视；hidden（隐藏）溢出时溢出部分不可视；scroll（滚动）溢出时出现滚动条可视；auto（自动）溢出时自动出现滚动条。

7）剪辑：AP Div 中裁留区域，如果设置了上下左右，则 AP Div 距上下左右中间的区域可视。

单击文档工具栏中的代码图标，切换到代码视图中，此时页面<body>标记区域中的代码如下所示：

```
<body>
<div id="apDiv1"></div>
</body>
```

而其属性以 CSS 样式 id 选择符的形式出现<head>标记区域的<style>标记中，代码如下：

```
#apDiv1 {                          /* id 名称*/
 position:absolute;                /*位置坐标设置方式*/
 left:20px;                        /*设置左边距*/
 top:4px;                          /*设置上边距*/
 width:950px;                      /*设置宽度*/
 height:80px;                      /*设置高度*/
 z-index:1;                        /*设置叠放顺序*/
}
```

步骤 3：在 apDiv1 中嵌套其他 3 个 AP 元素 apDiv2、apDiv3、apDiv4，其宽高依次为 200×80 像素、600×80 像素、150×80 像素。选择菜单栏中的【窗口】→【AP 元素】命令，打开 AP 元素面板，如图 9-6a 所示。

步骤 4：在 AP 元素面板中，选中 apDiv2，按住<Ctrl>键后将其拖动到 apDiv1 上，即可将 apDiv2 嵌套在 apDiv1 中。再依次拖动 apDiv3、apDiv4 到 apDiv1 位置，也将其嵌套在 apDiv1 中，此时的 AP 元素面板如图 9-6b 所示。然后，依次设置 AP 元素 apDiv2、apDiv3、apDiv4

的左和上属性为 0 像素、0 像素，200 像素、0 像素、800 像素、0 像素。

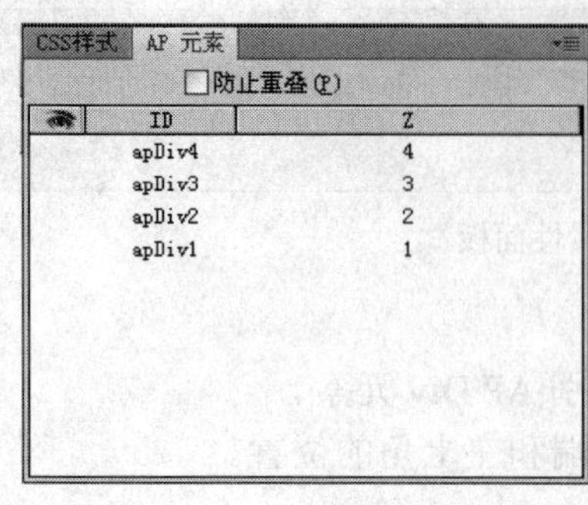

a）

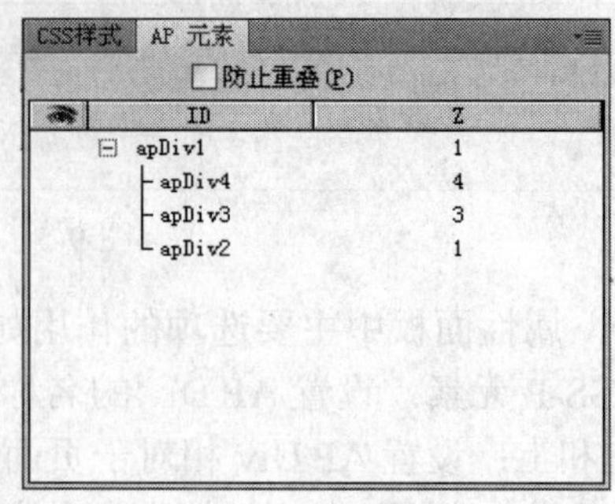

b）

图 9-6　AP 元素面板

a）嵌套前的 AP 元素面板　b）嵌套后的 AP 元素面板

步骤 5：选择“布局”插入面板中的 AP Div 工具，在 apDiv1 下方绘制 apDiv5，宽度高度为 950×40 像素，左和上属性为 20 像素、87 像素。

步骤 6：再选择“布局”插入面板中的 AP Div 工具，在 apDiv5 下方绘制 apDiv6，宽度高度为 950×450 像素，左和上属性为 20 像素、131 像素。

步骤 7：选择“布局”插入面板中的 AP Div 工具，绘制 apDiv7、apDiv8，宽度高度分别为 190×450 像素、755×450 像素。将 apDiv7、apDiv8 嵌套在 apDiv6 中，其左和上属性分别为 0 像素、0 像素，195 像素、0 像素。

步骤 8：选择“布局”插入面板中的 AP Div 工具，在 apDiv6 下方绘制 apDiv9，宽度高度为 950×30 像素，左和上属性为 20 像素、585 像素。

此时文档窗口中的布局效果如图 9-7 所示。

apDiv2　apDiv3　apDiv4

apDiv5

apDiv7　apDiv8

apDiv9

图 9-7　步骤 1～8 后的页面布局效果

步骤 9：在 apDiv7 中绘制 apDiv10、apDiv11、apDiv12、apDiv13，宽高分别为 176×30 像素、176×175 像素、176×30 像素、176×175 像素。将 apDiv10、apDiv11、apDiv12、apDiv13 嵌套在 apDiv7 中，其左和上属性分别为 7 像素、15 像素，7 像素、45 像素，7 像素、230 像

素，7 像素、260 像素。

步骤 10：在 apDiv8 中绘制 apDiv14、apDiv15、apDiv16、apDiv17，宽高分别为 190×30 像素、740×180 像素、190×30 像素、740×180 像素。将 apDiv14、apDiv15、apDiv16、apDiv17 嵌套在 apDiv8 中，其左和上属性分别为 7 像素、10 像素，7 像素、40 像素，7 像素、230 像素，7 像素、260 像素。

此时文档窗口中的布局效果如图 9-8 所示，AP 元素面板如图 9-9 所示。

图 9-8　步骤 1～10 后的页面布局效果

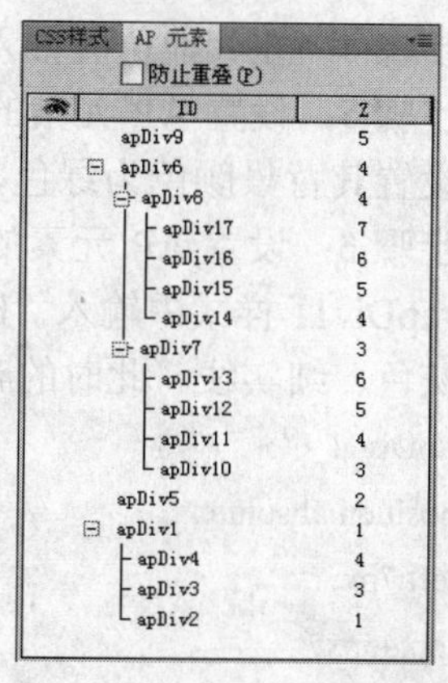

图 9-9　步骤 1～10 后的 AP 元素面板

说明：

1）本例的 AP 元素页面布局采用的是绝对定位方式“position:absolute”，其中 apDiv1、apDiv5、apDiv6、apDiv9 的左、上定位是相对于浏览器窗口的，而 apDiv7、apDiv8 的左、上定位是相对于 apDiv6 的，apDiv10、apDiv11、apDiv12、apDiv13 的左、上定位是相对于 apDiv7 的，apDiv14、apDiv15、apDiv16、apDiv17 的左、上定位是相对于 apDiv8 的。

2）使用 AP 元素进行页面布局时，也可以采用浮动定位的方式“float”。

页面布局完成后，就可以插入各种对象及添加内容了。

3. 插入内容

下面将在介绍 Fireworks、Flash 时制作的 Logo 图标、Banner 动画、导航条及文字信息插入到网站首页的适当位置，具体操作过程如下。

步骤 1：插入 Logo 图标。

将光标放置在 apDiv2 中，选择“常用”插入面板中的图像工具，在打开的对话框中找到 logo.gif 文件，并将此图片保存到站点的 images 文件夹中。

步骤 2：插入 Banner 动画。

将光标放置在 apDiv3 中，选择“常用”插入面板中的 SWF 工具，在打开的“选择文件”对话框中浏览选择 banner.swf 文件，并将其保存到站点的 media 文件夹中。

步骤 3：插入 Fireworks 制作的导航条。先在 Fireworks 中将制作好的 daohang.png 文件以“HTML 和图像”格式导出为页面文件。然后在 Dreamweaver 中，将光标放置在 apDiv5 中，选择“常用”插入面板图像中的 Fireworks HTML 工具，打开“插入 Fireworks HTML”对话框，通过浏览选择所需的文件 daohang.htm，如图 9-10 所示。然后单击【确定】按钮，并将其保存到站点的 images 文件夹中。

图 9-10 “插入 Fireworks HTML”对话框

步骤 4：在其他位置插入所需要的图像文件。

步骤 5：设置 AP 元素的背景颜色。在 apDiv10、apDiv12、apDiv14、apDiv16 的属性面板中设置其背景颜色为绿色，apDiv9 的背景颜色为灰色。

步骤 6：设置 AP 元素的边框及颜色。选中 apDiv11，切换到拆分视图中，在代码视图窗口的#apDiv11 样式中输入“border:1px solid #CCC;”，设置 apDiv11 元素边框为 1 像素，颜色为浅灰色、细实线。此时的#apDiv11 样式代码如下：

```
#apDiv11 {
position:absolute;
left:7px;
top:45px;
width:176px;
height:175px;
z-index:4;
text-align: left;
font-size: 12px;
    border:1px solid #CCC;
}
```

然后分别在 apDiv13、apDiv15、apDiv117 的 CSS 样式中也输入设置 AP 元素边框及颜色的代码。

步骤 7：在相应的 AP 元素中添加所需要的文本内容。

步骤 8：保存文件，按<F12>键进行预览，效果如图 9-4 所示。

此网页由于采用布局结构，无论在多大的浏览器窗口中浏览均不会出现折行等现象，各个对象的相对位置也不会发生变化。

9.1.2 表格

表格是一种能够有效地描述信息的组织方式，它不仅可以有序地排列数据，而且能够精确定位文本、图像及其他网页元素。

1．表格的创建及操作

（1）创建表格

在 Dreamweaver 中，创建表格的方法主要有以下几种：

1）将光标放置在所需位置，选择“常用”插入面板中的表格工具▦。

2）将光标放置在所需位置，选择“布局”插入面板中的表格工具。

3）将光标放置在所需位置，选择菜单栏中的【插入】→【表格】命令。

执行上述的操作后，会打开如图 9-11 所示的“表格”对话框。该对话框保留了最近一次的设置信息，重新设定数值后单击【确定】按钮，即可完成表格的创建。

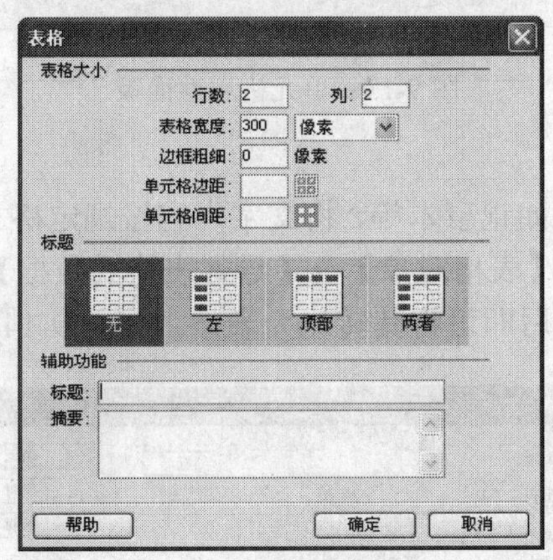

图 9-11　“表格”对话框

“表格”对话框中各属性的作用如下：

1）行数/列：设置表格的行数与列数。

2）表格宽度：设置表格的宽度，单位有百分比和像素两种。

3）边框粗细：设置表格边框的宽度。如果为 0，表示没有边框。

4）单元格边距：设置单元格中的内容与单元格边框之间的距离。

5）单元格间距：设置单元格与单元格之间的距离。

6）标题：设置表格的标题。

7）摘要：设置对表格内容的说明。

（2）修改表格

修改表格的方法主要有以下几种：

1）选择菜单栏【修改】→【表格】中的相应命令，可以实现行、列的插入或删除，单元格的合并或拆分等操作。

2）选择菜单栏【插入】→【表格对象】中的相应命令，可以在表格中进行增加行、列等操作。

3）选中表格，拖动表格边框线可以直接实现表格大小的调整。

4）选择“布局”插入面板中的表格工具下方的相应工具，可以进行行、列的插入操作。

5）利用表格的属性面板，如图 9-12 所示，可以对表格进行相应修改及操作。

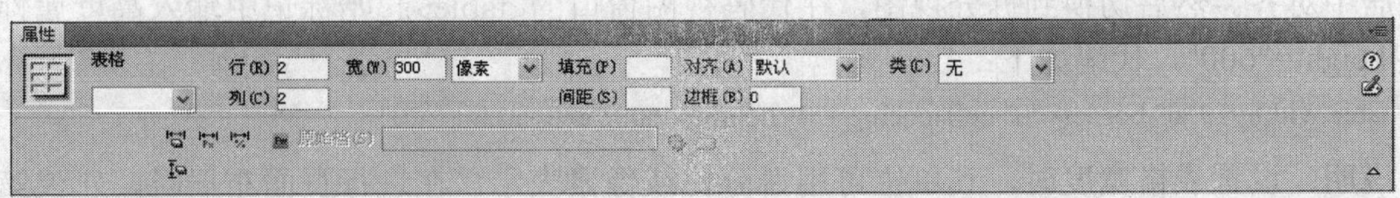

图 9-12　表格属性面板

6）利用单元格的属性面板，如图 9-13 所示，可对单元格的属性进行设置，也可实现单元格的合并或拆分等操作。

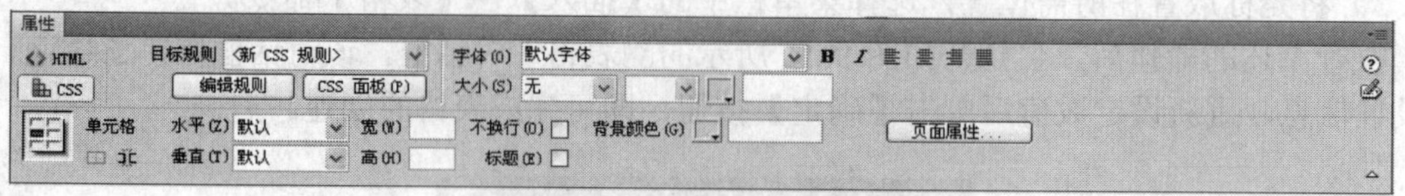

图 9-13　单元格属性面板

（3）导入表格式数据

用户事先用文字处理软件如记事本等，将文字内容按规定格式编辑好，再在 Dreamweaver 中选择菜单栏中的【插入】→【表格对象】→【导入表格式数据】命令，打开“导入表格式数据”对话框，进行相应的设置后即可将其转化为表格，如图 9-14 所示。

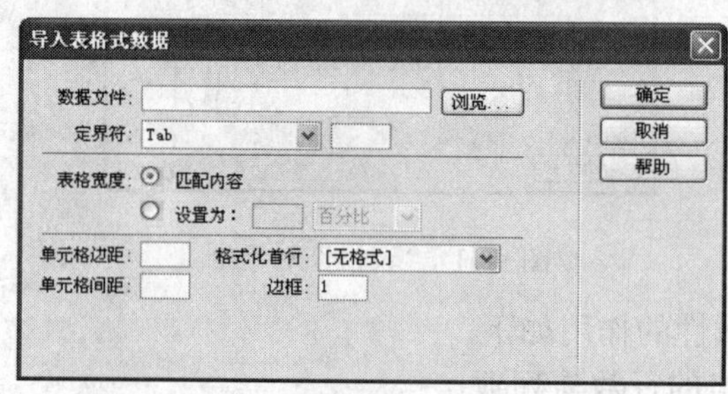

图 9-14 “导入表格式数据”对话框

（4）表格的排序

选中表格，选择菜单栏中的【命令】→【排序表格】命令，可以根据某一列或两列的数据对表格进行排序。

2. *利用表格布局页面*

可以在一个表格中插入另一个表格实现表格的嵌套，这是网页排版常用的手段之一。一个页面一般有背景和插入的对象两层，每插入一个表格就多增加两层，即该表格的背景和此表格中单元格背景。由此，可以利用表格来丰富网页的层次。

下面介绍利用表格制作一个如图 9-15 所示的卡通动物页面 katong.html，操作过程如下。

步骤 1：新建页面文件，命名为 katong.html，保存在 pages 文件夹中。设置页面标题为“卡通动物”，上边距和左边距均为 0。

步骤 2：选择“常用”插入面板中的表格工具，插入一个 4×1 列的表格、宽度为 950 像素，边框粗细、单元格边距、单元格间距均为 0 的表格。选中表格，在其属性面板中设置表格居中对齐。然后切换到拆分视图，在代码视图窗口的<table>起始标记中输入高度属性及数值 height="600"，代码如下：

```
<table width="950" border="0" cellspacing="0" height="600" cellpadding="0">
```

说明：设置表格宽度时，其单位可用百分比或像素表示。在进行页面布局时，建议第一层表格（定义页面使用的范围）的宽度单位使用像素。表格的属性面板中没有高度属性，可以在<table>起始标记中输入高度属性及数值。

图 9-15 “卡通动物”页面效果

步骤 3：利用单元格属性面板设置各单元格的属性。4 行的高度分别为 80 像素、40 像素、450 像素、30 像素，每个单元格都居中对齐，设置后的结果如图 9-16 所示。

步骤 4：在第 1 行中插入一个 1×3 列的表格，3 个单元格的宽度分别为 200 像素、600 像素、150 像素。

步骤 5：在第 3 行中插入一个 2×3 列的表格，两行的高度分别为 225 像素，3 列的宽度分别为 350 像素、300 像素、300 像素。所有单元格居中对齐。

步骤 6：选中第 3 行左侧的两个单元格，在其属性面板中选择合并单元格工具□进行合并操作，效果如图 9-17 所示。

图 9-16　设置单元格后的效果　　　　图 9-17　嵌套表格的效果

步骤 7：设置第 1 行右侧单元格的背景颜色为浅灰色；第 3 行左侧单元格的背景颜色为浅绿色；最后一行单元格的背景颜色为浅灰色。

3. 添加内容

步骤 1：在第 1 行左侧的单元格中插入 Logo 图标；中间的单元格中插入 Banner 动画；右侧的单元格中输入文本“设为首页”、“加入收藏”。

步骤 2：在第 2 行的单元格中插入利用 Fireworks 制作的导航条页面文件。

步骤 3：在第 3 行左侧的单元格中输入所需要的文本内容，第 3 行中间、右侧的单元格中分别插入图像。

步骤 4：在最后一行的单元格中输入版权信息。

步骤 5：保存文档后预览效果，如图 9-15 所示。

9.1.3 框架

框架主要用于在一个浏览窗口中显示多个 HTML 文档。通过构建这些文档之间的相互关系，从而实现文档导航、浏览以及操作等目的。

1. 分割浏览器窗口框架

利用框架可以将浏览器窗口分隔成几个不同的区域，每个区域中显示不同的文档内容。最常见的方式是将左方或上方的区域设置为目录区域，用于显示文档页面的目录索引或导航条，而将右方或下方的区域设置为主体区域，用于显示网页的主体内容。通过单击不同的目录索引项或导航条按钮，就可以在主体区域实现网页之间的导航。在浏览网页的同时，目录索引或导航条始终显示在页面的目录区域中，这样便于用户继续浏览其他网页，如图 9-18 所示，单击左侧的“哺乳动物”，将在右侧区域显示其链接的内容，如图 9-19 所示。

利用框架技术可以将不同的文档显示在同一个浏览器窗口中。通过构建这些显示在同一窗口中的文档之间的相互链接关系，可以实现文档之间的相互控制。

一般来说，分割浏览器框架主要是通过框架集和框架来实现的。

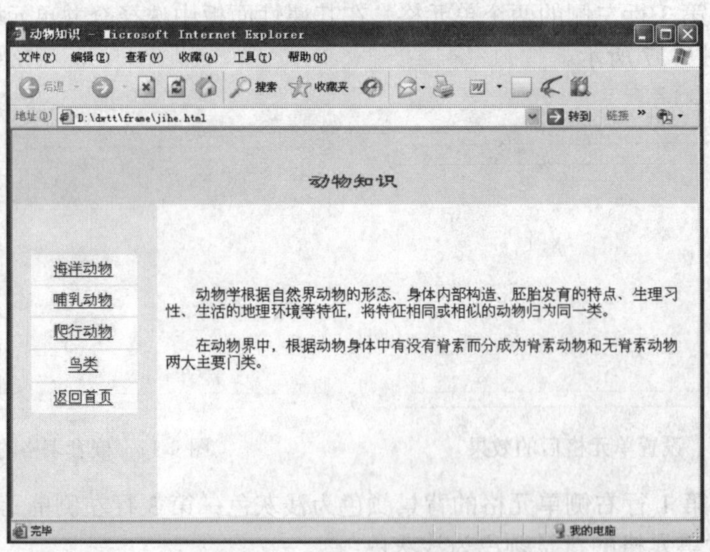

图 9-18　利用框架制作的页面

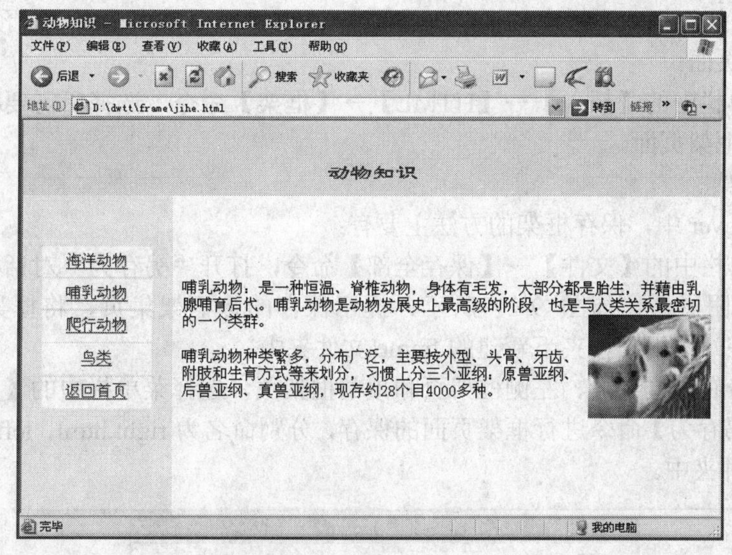

图 9-19　“哺乳动物”页面

1）框架集（frameset）。所谓框架集，顾名思义，就是框架的集合。框架集实际上是一个页面，用于定义在一个文档窗口中显示多个文档的框架结构。

2）框架（frame）。所谓框架，就是在框架集中被组织和显示的文档。在框架集中显示的每个框架事实上都是一个独立存在的 HTML 文档。

下面以图 9-18 所示的页面为例进行相关内容的介绍，操作过程如下。

（1）创建框架

在 Dreamweaver 中，创建框架的方法主要有以下几种：

1）选择菜单栏中的【文件】→【新建】命令，在弹出的“新建文档”对话框中选择“示例中的页”项，在“示例文件夹”列表框中选择“框架集”项，然后从“示例页”列表框中选择一种预设的框架集，右侧的预览窗口将显示该框架的布局结构，如图 9-20 所示。单击【创建】按钮，即可创建一个由上左右组成的三框架页面。

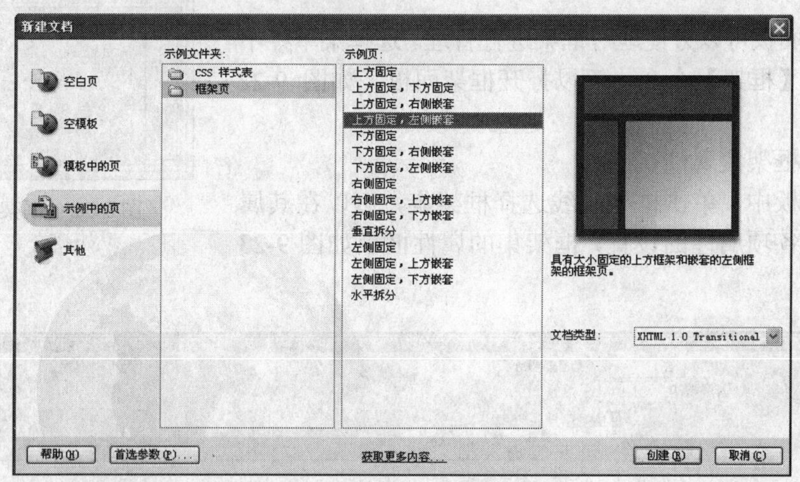

图 9-20　“新建文档”对话框

2）选择“布局”插入面板中的框架工具，在其下拉菜单中选择一种预设的框架形式，也可以创建框架页面。

3）选择菜单栏中的【插入】→【HTML】→【框架】命令，选择所需要的预设的框架形式，也可以创建框架页面。

（2）保存框架

在 Dreamweaver 中，保存框架的方法主要有：

1）选择菜单栏中的【文件】→【保存全部】命令，打开“另存为”对话框，同时整个框架的边框会出现阴影框，如图 9-21 所示，提示保存的是框架集页，将框架集页面命名为 jihe.html，保存在站点根文件夹下新建的 frame 文件夹中。

2）分别单击右侧框架页、左侧框架页和顶部框架页，选择菜单栏中的【文件】→【保存框架】或【框架另存为】命令进行框架页面的保存，分别命名为 right.html，left.html，top.html，保存在 frame 文件夹中。

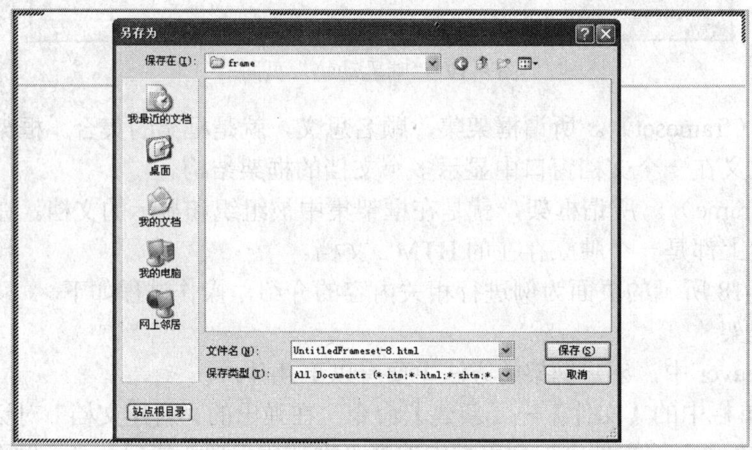

图 9-21　保存框架集文件

保存完毕，在站点根文件夹中的 frame 文件夹中将看到 4 个页面文件。

利用框架面板可以方便地对框架进行管理。选择菜单栏中的【窗口】→【框架】命令，可以打开框架面板，如图 9-22 所示。

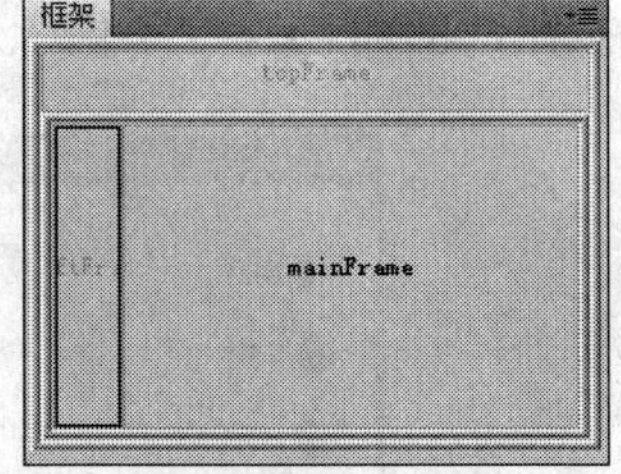

图 9-22　框架面板

（3）设置框架集属性

在框架面板中，单击框架边线选择框架集，可以在其属性面板中进行各项属性的设置，框架集的属性面板如图 9-23 所示。

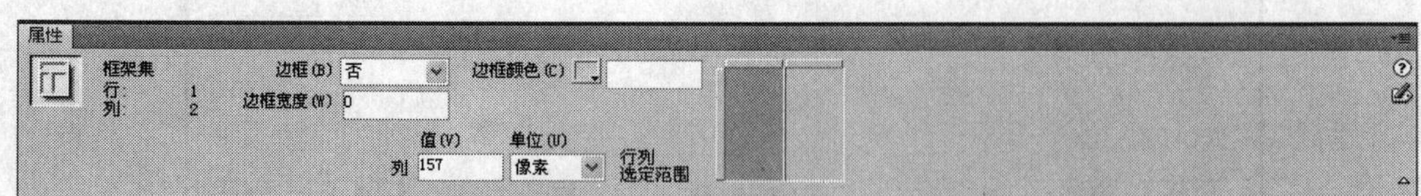

图 9-23　框架集属性面板

框架集属性面板中各属性的作用如下：

1）边框：设置框架集中所有框架的边框是否被显示。

2）边框颜色：设置框架集所有框架边框的颜色。

3）边框宽度：设置框架集中所有框架的边框宽度。

4）值和单位：设置框架集中不同框架的大小及单位。

（4）设置框架属性

在框架面板中单击框架区域，可以在其属性面板中进行各项属性的设置，如图 9-24 所示。

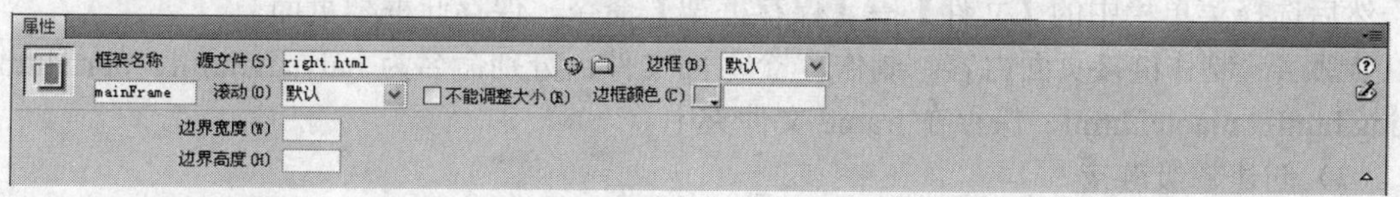

图 9-24　框架属性面板

框架属性面板中各属性的作用如下：

1）框架名称：设置框架的名称，该名称出现在属性面板的“目标”下拉菜单中。

2）源文件：设置框架源文件的 URL。

3）边框：设置当前框架的边框是否被显示。

4）滚动：设置框架中出现滚动条的方式，有自动、是、否、默认 4 个选项。

5）不能调整大小：设置能否通过拖动框架边框来改变框架的大小。

6）边框颜色：设置框架边框的颜色。

7）边界宽度：设置当前框架左右边框与框架内容之间的距离。

8）边界高度：设置当前框架上下边框与框架内容之间的距离。

此处设置上框架名称为 shang，左框架名称为 zuo，右框架名称为 you。

（5）设置页面属性

设置 top.html 页面的背景颜色为浅灰色，left.html 页面的背景颜色为浅绿色。先在框架面板中选择最外层的框架边框，然后在文档工具栏中设置页面标题为“动物知识”。

创建的框架结构、框架名称及页面名称如图 9-25 所示。

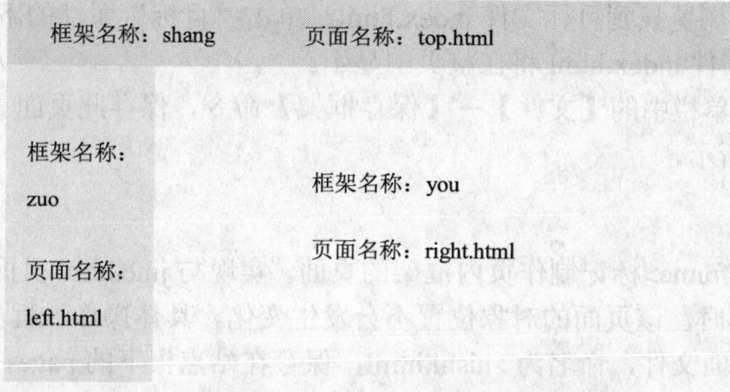

图 9-25　框架结构、框架名称及页面名称

（6）制作页面内容

步骤 1：制作 top.html 页面内容。将光标放置在文档窗口的 top 框架区域，输入文字“动

物知识”，设置文字为居中对齐，字体为隶书，字号为24，颜色为棕色。然后选择菜单栏中的【文件】→【保存框架】命令，此时仅保存此页即光标所在的页面。

步骤2：制作 left.html 页面内容。将光标放置在文档窗口的 zuo 框架区域，插入一个 5×1、宽高为 120×175 像素的表格，单元格的背景颜色为白色。然后在单元格中分别输入文本“海洋动物”、“哺乳动物”、“爬行动物”、“鸟类”和“返回首页”，再选择菜单栏中的【文件】→【保存框架】命令，保存此框架页面。

步骤3：制作 right.html 页面内容。将光标放置在文档窗口的 you 框架区域，输入所需文字。然后选择菜单栏中的【文件】→【保存框架】命令，保存此框架页面。

步骤4：制作链接页面内容。制作 4 个页面文件，分别命名为 haiyang.html、buru.html、paxing.html、niaolei.html，保存在 frame 文件夹中。

（7）创建超级链接

在框架中创建超级链接的操作过程如下。

步骤1：选中 zuo 框架区域中的文本“海洋动物”，选择“常用”插入面板中的超级链接工具，在打开的“超级链接”对话框中，浏览找到目标文件 haiyang.html，单击“目标”属性的下拉箭头，从中选择“you”，如图9-26 所示。链接文件 haiyang.html 中的内容将在右侧框架中显示。

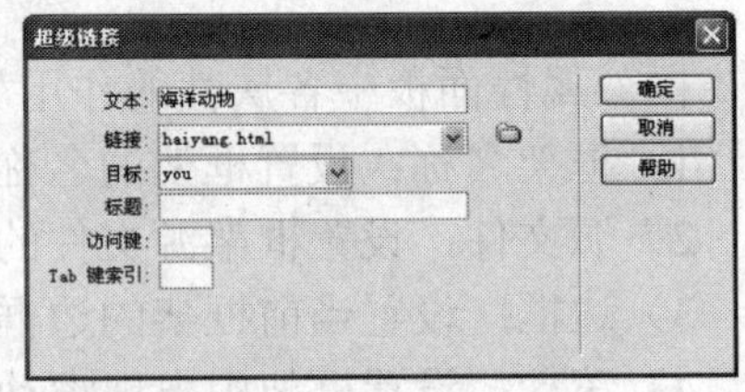

图 9-26　超级链接设置

“超级链接”对话框中“目标”选项中的各值意义如下：

1）_blank：表示超级链接打开的是一个新的窗口。

2）_parent：表示超级链接打开的是一个父窗口，它取决于上一次调用。

3）_self：表示超级链接打开的是自身所在的窗口。

4）_top：表示超级链接打开的是整个窗口，框架页的返回通常选择此项。

5）zuo、you、shang：是本例中创建的 3 个框架的名称。

步骤2：按照上述方法，分别为文本“哺乳动物”、“爬行动物”、“鸟类”创建链接，链接的目标文件分别为 buru.html、paxing.html、niaolei.html，“目标”属性均设置为“you”。

步骤3：选中文本“返回首页”，选择“常用”插入面板中的超级链接工具，在打开的“超级链接”对话框中，浏览找到目标文件 index.html，单击“目标”属性的下拉箭头，从中选择“_top”，即此链接文件 index.html 将在整页中显示。

步骤4：选择菜单栏中的【文件】→【保存框架】命令，保存此页面。按<F12>键进行预览，效果如图 9-18 所示。

2. 页内框架

下面介绍使用<iframe>标记制作页内框架的页面，实现与 jihe.html 页面相同的效果，但浏览器窗口扩大或缩小时，该页面的对象位置不会发生变化。具体操作过程如下。

步骤1：新建页面文件，命名为 zhishi.html，保存在站点根下的 pages 文件夹中。

步骤2：使用 AP 元素进行页面布局。首先绘制 4 个 AP 元素 apDiv1、apDiv2、apDiv3 和 apDiv4，apDiv1 的宽度和高度为 950×150 像素，颜色为浅灰色；apDiv2 的宽度和高度为 160×470 像素，颜色为浅绿色；apDiv3 的宽度和高度为 785×470 像素；apDiv4 的宽度和高度为 950×30 像素，颜色为浅灰色。

步骤 3：在第 2 行左侧的 apDiv2 中，插入一个 5×1、宽高为 120×175 像素的表格，设置单元格的背景颜色为白色，然后在单元格中分别输入相应的文字内容；在最后一行的 apDiv4 中输入版权信息，如图 9-27 所示。

图 9-27　zhishi.html 的布局及内容

步骤 4：创建页内框架。将光标放置在第 2 行右侧的 apDiv3 中，选择“常用”插入面板中的标签编辑器工具，打开“标签编辑器”对话框。单击左侧列表框“HTML 标签”中的“浏览器特定”，在其右侧的列表框中选择“iframe”标记。然后单击【插入】按钮，打开“标签编辑器-iframe”对话框，设置源文件为 frame 文件夹中的 right.html，框架名称为 kuangjia，宽度 785 像素，高度 470 像素，如图 9-28 所示。单击【确定】按钮，此时会在 apDiv3 中插入如下代码：

```
<div id="apDiv3">
<iframe src="../frame/right.html" name="kuangjia" width="785" height="470" scrolling="auto" frameborder="0"></iframe>
</div>
```

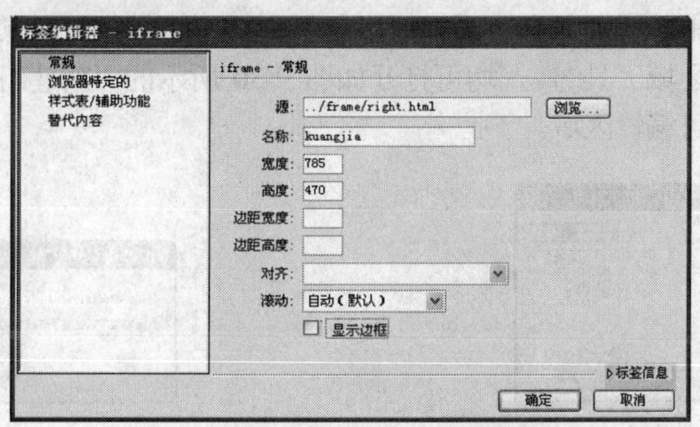

图 9-28　标签编辑器-iframe 设置

步骤 5：设置超级链接。选中文本“海洋动物”，选择“常用”插入面板中的超级链接工具，在打开的“超级链接”对话框中，浏览找到目标文件 frame/haiyang.html，在“目标”属性文本框中输入“kuangjia”，然后单击【确定】按钮。

按照此方法分别为文本“哺乳动物”、“爬行动物”、“鸟类”设置链接和目标属性“kuangjia”；文本“返回首页”设置与网站首页的链接。

说明：因为本例的“目标”属性下拉菜单中没有 iframe 框架名称选项，所以需要自己输入框架名称。在输入时要注意大小写，因为框架名称是区分大小写的。

步骤 6：设置完成后保存文件，按<F12>键预览效果。

在实际进行页面布局时，经常综合应用几种布局技术，设计出布局更加合理的页面。

9.2 网页风格

9.2.1 模板

在网页制作中，每个页面的设计都要经历创建新页、页面设置、插入对象、排版、各种特效设置、存盘、浏览等各个环节，非常烦琐。Dreamweaver 提供了网页制作中常用的模板技术，可以加快网页的设计与制作。

模板是由可编辑区域和不可编辑区域组成的。模板制作的原理是：将常用的页面对象制作成模板并保存，在此模板页中留出可以编辑制作的区域，以便插入新的内容。

1. 创建模板文件

既可以从新建的文档中创建模板，也可以将现有的文档保存为模板。下面以将制作好的网站首页 index.html 保存为模板为例进行介绍，具体操作过程如下。

步骤 1：在 index.html 页面文件中，选择菜单栏中的【文件】→【另存为模板】命令，打开“另存模板”对话框，输入文件名为 temp1，如图 9-29 所示。然后单击【保存】按钮，Dreamweaver 会自动在站点根下创建一个名为 Templates 的文件夹，并将这个文件以扩展名 DWT 保存，即 temp1.dwt。

步骤 2：创建可编辑区域。一般将要更换内容的区域设置为可编辑区域。将光标放置在所需要的位置，选择菜单栏中的【插入】→【模板对象】→【可编辑区域】操作，或选择“常用”插入面板模板中的可编辑区域工具，均可打开如图 9-30 所示的“新建可编辑区域”对话框，进行命名后即可插入一个可编辑区域。

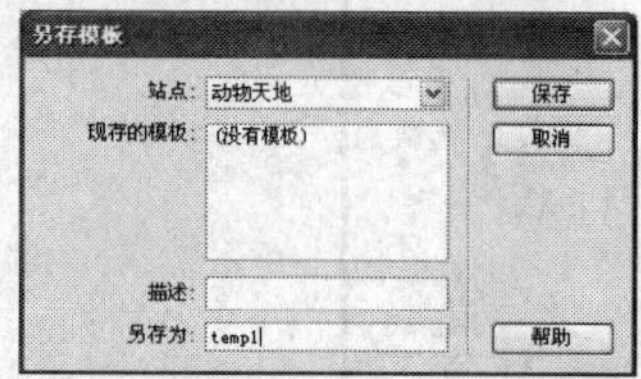

图 9-29 “另存模板”对话框

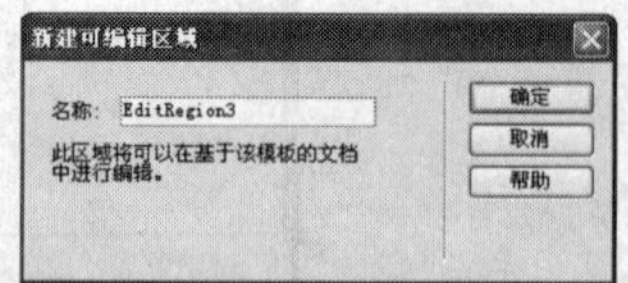

图 9-30 “新建可编辑区域”对话框

同样再建立其他几个可编辑区域，创建可编辑区域的结果如图 9-31 所示。

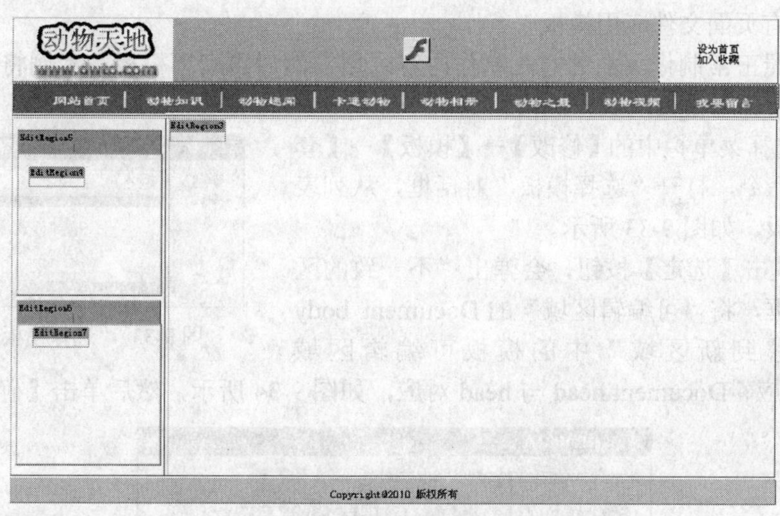

图 9-31 创建可编辑区域

在模板文件中，可编辑区域的代码如下：

```
<!-- TemplateBeginEditable name="EditRegion3" -->
    可编辑区域内容
<!-- TemplateEndEditable -->
```

步骤 3：在模板文件中，既可以编辑可编辑区域，也可以编辑不可编辑区域。然后保存模板文件。

2. 应用模板

利用模板创建页面文件，可以采用以下方法：

（1）直接从模板新建页面文件

选择菜单栏中的【文件】→【新建】命令，在打开的“新建文档”对话框中选择“模板中的页”项，如图 9-32 所示。选中所需的模板后，单击【创建】按钮即可新建一个基于该模板的文档。在该文档的可编辑区域可以进行内容的编辑，而不可编辑区域则不能进行内容的编辑。

在可编辑区域编辑添加内容，然后将文档以 zhizui.html 为文件名保存在 pages 文件夹中。

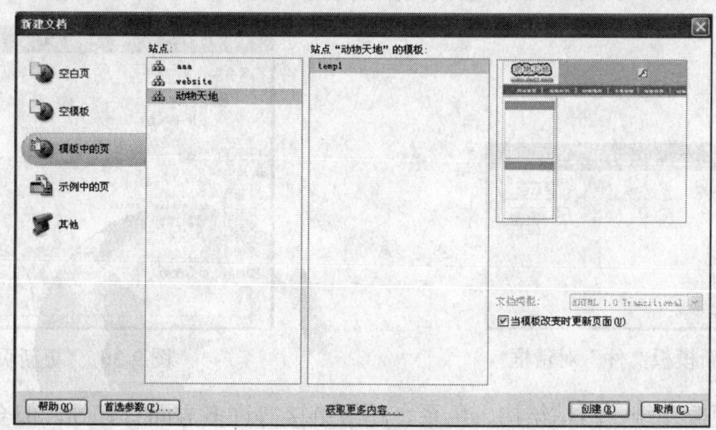

图 9-32 新建模板文档

（2）对已有页面文件应用模板

可以先按照正常制作页面的方法制作内容区域，然后再套用模板。本例将对已制作好的 quwen.html 页面套用模板，操作过程如下。

步骤 1：选择菜单栏中的【修改】→【模板】→【套用模板到页】命令，打开“选择模板”对话框，从列表中选择一个模板，如图 9-33 所示。

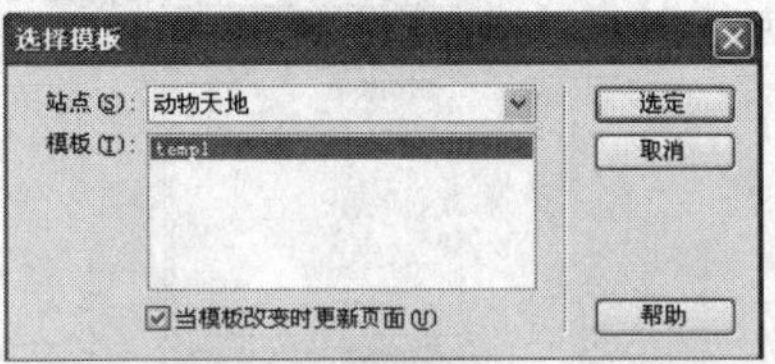

图 9-33 “选择模板”对话框

步骤 2：单击【选定】按钮，会弹出“不一致的区域名称”对话框，将“可编辑区域”的 Document body 与“将内容移到新区域”中的模板可编辑区域 EditRegion3 对应、Document head 与 head 对应，如图 9-34 所示，然后单击【确定】按钮。

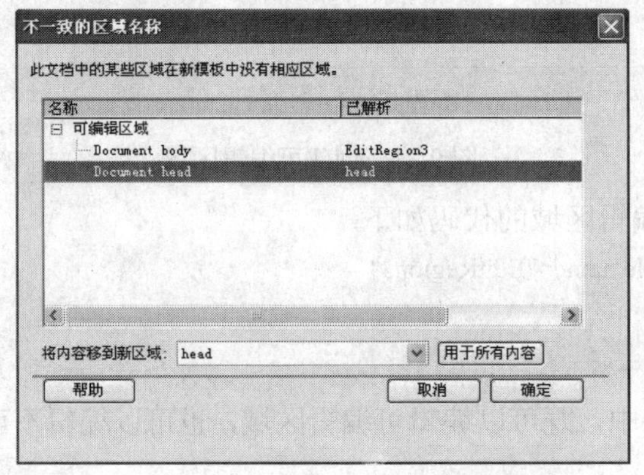

图 9-34 “不一致的区域名称”对话框

步骤 3：在其他可编辑区域中添加相应内容，然后保存该文档。

3. 更新模板

Dreamweaver 提供了模板更新功能，可以一次更新多个基于模板创建的页面文件。

修改模板文件（DWT 格式）后，选择菜单栏中的【文件】→【保存】命令，会弹出图 9-35 所示的“更新模板文件”对话框。单击【更新】按钮，所有基于该模板创建的文档会立即更新，完成后弹出“更新页面”对话框，显示更新页面的状态，如图 9-36 所示，然后单击【关闭】按钮。

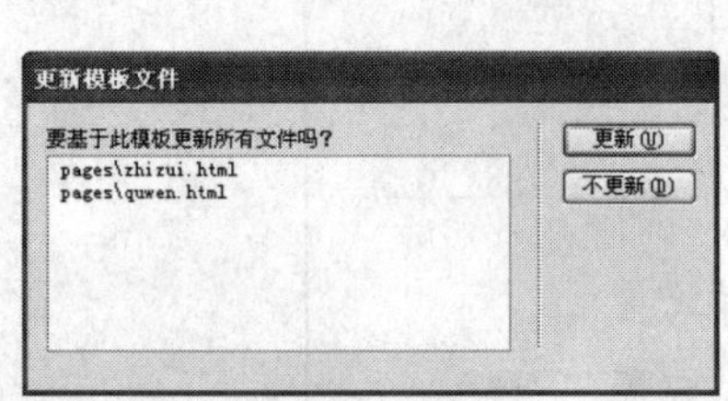

图 9-35 “更新模板文件”对话框

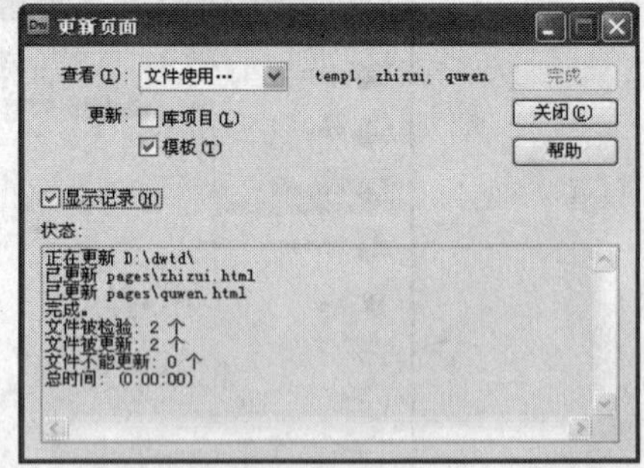

图 9-36 “更新页面”对话框

说明：应用模板在统一网站结构、色系、超级链接等许多方面有好处，但会使文件增大。此外，在应用模板时容易出现超级链接的错误。为了避免出现超级链接错误，建议将模板文件与应用模板创建的页面文件保存在同一级文件夹中。如在“动物天地”站点中，Templates 和 pages 文件夹是同级的，都在站点根下；模板文件 temp1.dwt 存放在 Templates 文件夹中，而 zhizui.html 和 quwen.html 页面存放在 pages 文件夹中，这样页面中的超级链接、嵌入的图像都不会出现问题。

4. 分离模板

在 Dreamweaver 中，选择菜单栏中的【修改】→【模板】→【从模板中分离】命令，可以将应用了模板的文档脱离模板，成为普通页面，不再有可编辑区域和不可编辑区域之分。在更新模板文件时，该文档也不再随之更新。

5. 资源面板

也可以利用资源面板来创建、编辑或更新模板。选择菜单栏中的【窗口】→【资源】命令，打开资源面板，在左侧列表中单击“模板”图标按钮，然后在面板的命令菜单中选择相应的命令，如图 9-37 所示，即可进行相应的操作。

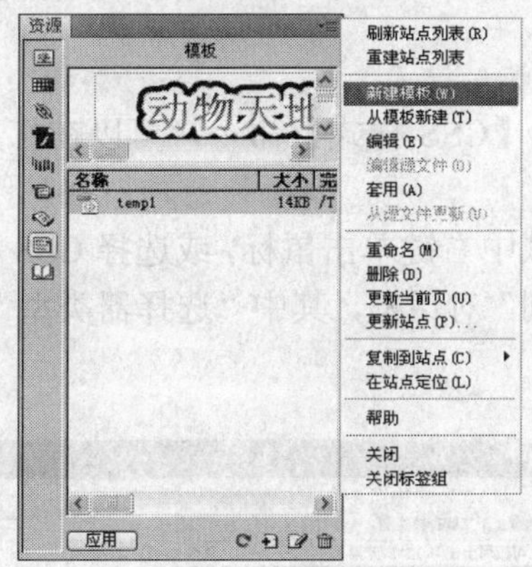

图 9-37　资源面板

9.2.2　CSS 样式

在前面的章节内容中已经见到了 CSS 样式，下面将介绍有关 CSS 样式的知识。

CSS（Cascading Style Sheet）即层叠样式表，是现在被广泛使用的格式控制技术。层叠样式表的功能非常强大，可以将其定义在 HTML 的 Tag（标签）里，也可以存储为一个独立的 CSS 格式文件作为链接文件。一个样式表文件可以作用于多个页面，甚至整个站点，因此具有很好的易用性和扩展性，可以精确地控制页面中的每个元素。

网页编辑器内设置的页面和浏览器中显示的页面实际效果往往有所差异，即使同一页面由于使用不同的浏览器或由于设置不同的分辨率，最终效果也都不同，这样设计者就很难让页面按自己的意愿精确布局。样式表可以解决这样的问题，使页面完全按照制作者的设想显示。可以通过它对网页上元素进行精确的定位，轻易地控制文字、图片等各种对象。内容结构和格式控制相分离，使得网页可以只由内容构成，而将所有网页的格式控制指向某个 CSS 样式表文件，其好处表现在以下几个方面：

1）简化了网页的格式代码，外部的样式表会被浏览器保存在缓存里，加快了下载显示的速度，也减少了需要上传的代码数量（因为重复设置的格式只被保存一次）。

2）只需修改保存网站格式的 CSS 样式表就可以改变整个站点的风格特色。在修改页面数量庞大的站点时非常有用。

在 Dreamweaver 中，所有对对象的有意识的修饰操作，均自动按照样式的方式进行设置。

1. CSS 样式语法

CSS 样式一般位于 HTML 代码的<head>标记中，主要由选择器、属性和值 3 部分构成。以下是对表格设置的样式：

```
table {
padding: 1px;
border: 1px solid #CCC;
}
```

在 CSS 样式中，属性与属性之间用分号（;）隔开，属性与属性值之间用冒号（:）隔开。

2. 创建与应用 CSS 样式

选择菜单栏中的【窗口】→【CSS 样式】命令，可以在打开的 CSS 样式面板中进行样式的创建、编辑及管理等。

在 CSS 样式面板的空白区域中右键单击鼠标，或选择 CSS 样式面板底部的新建 CSS 规则工具，会打开“新建 CSS 规则”对话框，其中“选择器类型”有 4 个选项，如图 9-38 所示，各项的作用如下。

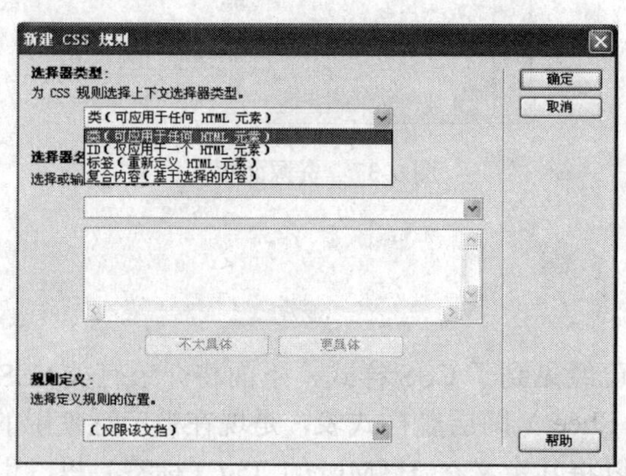

图 9-38 “新建 CSS 规则”对话框

1）类（可应用于任何 HTML 元素）：可以将自定义的样式应用于任何 HTML 元素。

2）ID（仅应用于一个 HTML 元素）：只对某特定元素定义的独立样式。如网站首页 index.html 中的 apDiv1 样式，只对 id= apDiv1 的 DIV 起作用。

3）标签（重新定义 HTML 元素）：可以重新定义 HTML 标记的格式，凡是包含在此标记中的内容都会按照重新设置的格式显示。选择这个选项后，在“选择器名称”项的下拉列表框中可以看到所有的 HTML 标记，可以从中选择或直接输入标记。

4）复合内容（基于选择的内容）：定义具有包含关系的元素样式，如“选择器名称”为“body p”，表示此选择器名称将规则应用于<body>元素中所有<p>元素。

（1）类样式

下面将在 frame/haiyang.html 页面中创建一个仅对该文档有效的图像模糊效果样式，操作过程如下。

步骤 1：在 haiyang.html 文件的 CSS 面板中，选择面板底部的新建 CSS 规则工具，在打开的“新建 CSS 规则”对话框的“选择器类型”项中选择“类（可应用于任何 HTML 元素）”，设置“选择器名称”为“.yangshi1”，“规则定义”为“仅对该文档”。

说明：对类选择器进行命名时，需要在名称前输入一个英文句号，表示这是一个自定义样式。自定义样式的名称可以是任何字母和数字的组合，但不能使用中文。

步骤 2：单击【确定】按钮，弹出“.yangshi1 的 CSS 规则定义”对话框。该对话框左侧共有 8 类选项，选择其中一类，右侧会出现相应的选项，在此定义样式的具体格式。

此处选择“扩展”类，在其“Filter”（过滤器）项中选择“Blur”，并输入如下数值：

```
Blur(Add=true, Direction=150, Strength=30)
```

设置完成后单击【确定】按钮即可，如图 9-39 所示。

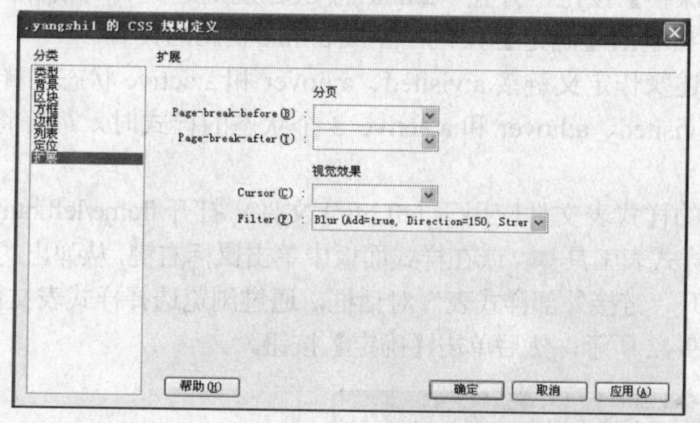

图 9-39　自定义样式“.yangshi1”的扩展分类设置

步骤 3：类样式的应用。在 haiyang.html 文件中，选择页面右侧的图像文件，在其属性面板的“类”选项中选择“.yangshi1”样式。

步骤 4：保存文件，预览图像效果，如图 9-40 所示。

a）

b）

图 9-40　应用自定义样式“.yangshi1”

a）应用样式前　b）应用样式后

说明：类样式的应用是通过在 HTML 代码中加入“class”属性完成的。应用样式的代码如下：

```
<img src="../images/jing0003_jpg.jpg" width="232" height="148" align="right" class="yangshi1" >
```

（2）复合样式

下面将在 frame/haiyang.html 页面中创建一个独立样式表文件 yangshi2.css，定义超级链接各状态的样式，操作过程如下。

步骤 1：在 haiyang.html 文件的 CSS 面板中选择面板底端的新建 CSS 规则工具，在打开的“新建 CSS 规则”对话框的“选择器类型”中选择“复合内容（基于选择的内容）”，在“选择器名称”的下拉列表框中选择“a:link”，“规则定义”为“新建样式表文件”。

说明：超级链接有以下 4 个状态：

1）a:link，定义链接普通状态的显示样式。

2）a:visited，定义被访问的链接的显示样式。

3）a:hover，定义将鼠标置于超级链接之上的显示样式。

4）a:active，定义超级链接即将点击时的显示样式。

步骤 2：单击【确定】按钮，打开“将样式表文件另存为”对话框，在站点根下新建文件夹 css，样式文件命名为 yangshi2.css，设置如图 9-41 所示。

步骤 3：单击【保存】按钮，打开“a:link 的 CSS 规则定义”对话框，设置文字颜色、大小、修饰效果等。然后单击【确定】按钮，完成 a:link 状态的设置。

步骤 4：按照上述操作定义链接 a:visited、a:hover 和 a:active 状态的样式。

注意：在创建 a:visited、a:hover 和 a:active 3 个状态的样式时，最好将“规则定义”设置为“yangshi2.css”。

步骤 5：将独立的样式表文件应用于 left.html 文件。打开 frame/left.html，在其 CSS 样式面板中选择底部的附加样式表工具，或在样式面板中单击鼠标右键，从弹出的快捷菜单中选择【附加样式表】命令，打开“链接外部样式表”对话框，通过浏览选择样式表文件，再设置链接样式表文件的形式，如图 9-42 所示，然后单击【确定】按钮。

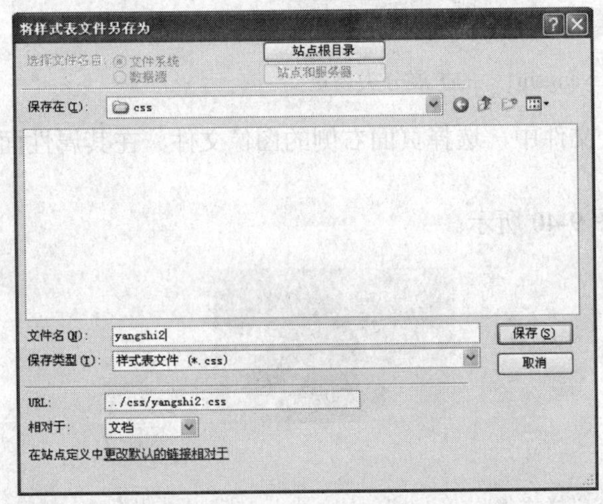

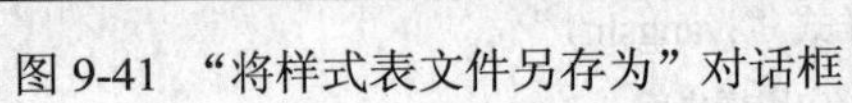
图 9-41 “将样式表文件另存为”对话框

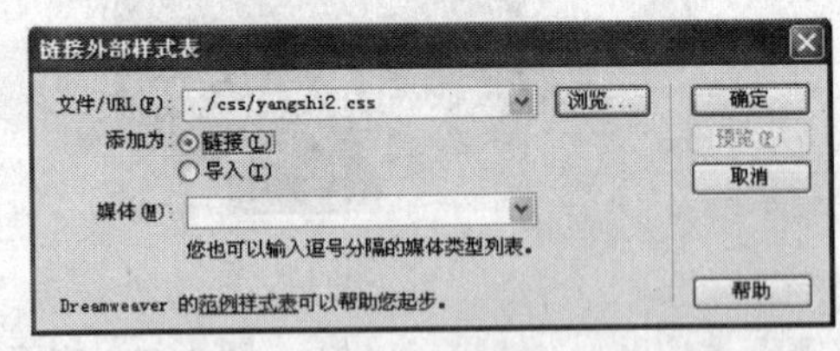

图 9-42 “链接外部样式表”对话框

“导入”外部样式表的优先级较高。选择“导入”外部样式表形式，无论该网页是否应用 CSS 样式表，其都将读取样式表。导入外部样式表文件的代码如下：

```
<head>
<style type="text/css">
```

```
<!--
@import url("../css/yangshi2.css ");
-->
</style>
</head>
```

选择“链接”外部样式表形式，该网页只有在应用 CSS 样式表时才去读取样式表。链接外部样式表文件的代码如下：

```
<head>
<link href="../css/yangshi2.css" rel="stylesheet" type="text/css" />
</head>
```

（3）标签样式

下面将在 pages/zhishi.html 页面中创建一个仅对该文档有效的<table>标记样式，定义表格的样式，操作过程如下。

步骤 1：在 zhishi.html 文件的 CSS 面板中，选择面板底部的新建 CSS 规则工具，在打开的“新建 CSS 规则”对话框的“选择器类型”中选择“标签（重新定义 HTML 元素）”，在“选择器名称”的下拉列表中选择“table”，“规则定义”为“仅对该文档”。

步骤 2：单击【确定】按钮，弹出“table 的 CSS 规则定义”对话框，进行表格边框的设置，如图 9-43 所示。

步骤 3：单击【确定】按钮，即在表格的四周出现了 1 像素宽、灰色边框。

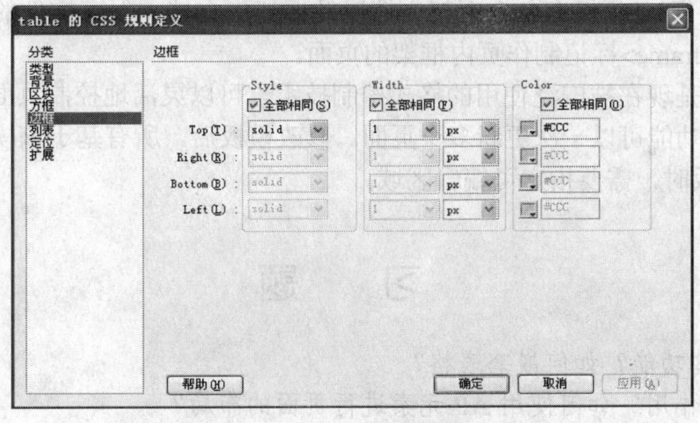

图 9-43 table 标签样式的设置

3. 移动 CSS 样式表

在某个文档中创建的样式只对该文档有效，如果其他文档也要应用此样式，就需要将此样式导出或移动到外部样式表文件中。

要将 frame/haiyang.html 页面中“.yangshi1”样式导出到新的外部样式表文件 style11.css 中，操作过程如下。

步骤 1：在 haiyang.html 文件的 CSS 面板中选中自定义样式“.yangshi1”，单击鼠标右键，从弹出的快捷菜单中选择【移动 CSS 样式规则】命令，打开“移至外部样式表”对话框。

步骤 2：在对话框中选择“新样式表”，如图 9-44 所示。单击【确定】按钮，打开“将样式表文件另存为”对话框，选择文件夹 css，样式文件命名为 style11.css。然后单击【保存】按钮，即可导出到外部样式表文件中。

图 9-44 “移至外部样式表”对话框

9.3 本章要点和概念

1）网页布局定位是指把网页元素诸如文本、图片等按需要放在合适的位置。

2）使用表格可以简便地控制页面布局。可以在一个表格中插入另一个表格实现表格的嵌套，这是网页排版常用的手段之一。使用表格还可以增加网页的层次。

3）Dreamweaver 中的 AP 元素相当于一个容器，它可以包含所有在 HTML 文件中出现的元素。AP 元素可以放置在页面的任何位置。

4）利用<frameset>标记可以将浏览器窗口分隔成了几个不同的区域，每个区域中显示不同的文档内容。框架集实际上是一个页面，用于定义在一个文档窗口中显示多个文档的框架结构。框架集中显示的每个框架事实上都是一个独立存在的 HTML 文档。如果希望在浏览器中预览框架效果，则必须保存各个框架文档以及框架集文档，保存文件的数目为框架的个数加 1。可以使用<iframe>标记制作页内框架的页面。

5）CSS 样式是现在被广泛使用的格式控制技术，可以灵活地控制页面的布局和显示。

6）利用模板功能可以一次更新多个页面。修改模板后，所有基于该模板创建的文档会立即更新。创建模板时，需要指定可编辑区域。

习　题

9-1 表格具有哪些功能？如何嵌套表格？
9-2 AP 元素有何作用？如何使用 AP 元素进行页面的布局？
9-3 框架有何特点？分割窗口框架和页内框架有何区别？
9-4 如何进行网站页面风格的统一？
9-5 如何制作网页模板？需要注意哪些问题？
9-6 什么是 CSS 样式？CSS 样式有哪些类型？各有什么特点？
9-7 实际操作：
利用布局技术重新设计制作自己网站的首页。

第 10 章　网页交互及行为控制

本章知识点和技能点

1）表单的创建以及提交与校验设置。
2）Dreamweaver 内置行为的应用。
3）对站点进行管理。
4）Dreamweaver、Fireworks、Flash 三者的连用。

10.1　网页交互

上网时经常会遇到要求上网者填写一些信息以实现注册或者登录，然后才有权访问该网页。通过表单，客户可以在浏览页面中输入信息并向站点服务器提交，实现客户与服务器之间的交互。表单可以包含用于交互的各种对象，如文本域、列表框、单选按钮、复选框等。

10.1.1　创建表单

表单是网页与浏览者交互的一种界面。在 Dreamweaver 中，利用“表单”插入面板可以快速地制作表单，如图 10-1 所示。

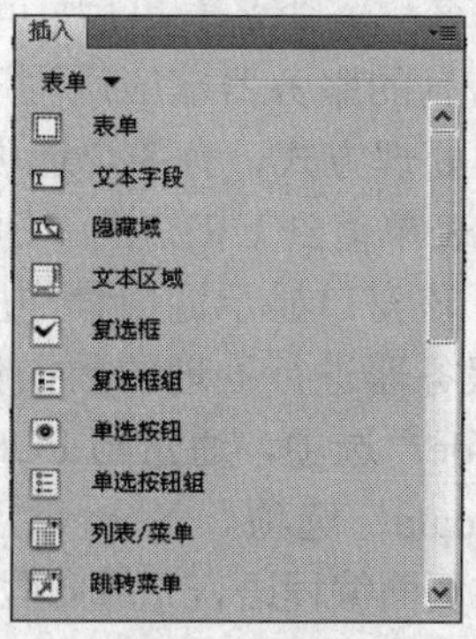

图 10-1　“表单”插入面板

下面通过制作如图 10-2 所示的留言板页面介绍表单创建的过程，具体操作如下。

步骤 1：新建页面文件，命名为 biaodan.html，保存在 pages 文件夹中。设置页面标题为留言板。

步骤 2：将光标定位在需要创建表单的位置，选择“表单”插入面板中的表单工具，将在文档窗口中创建一个红色虚线框，即表单域，表示整个表单的开始和结束，其代码如下：

```
<form id="form1" name="form1" method="post" action="">
</form>
```

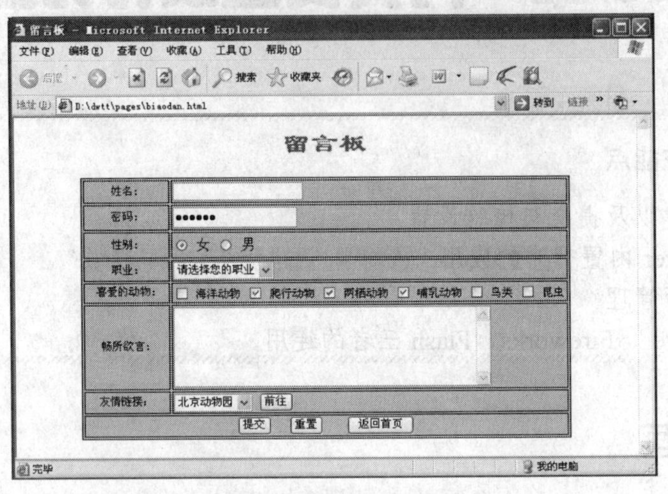

图 10-2　表单页面效果

步骤 3：利用表单的属性面板可对其进行属性设置，如图 10-3 所示。

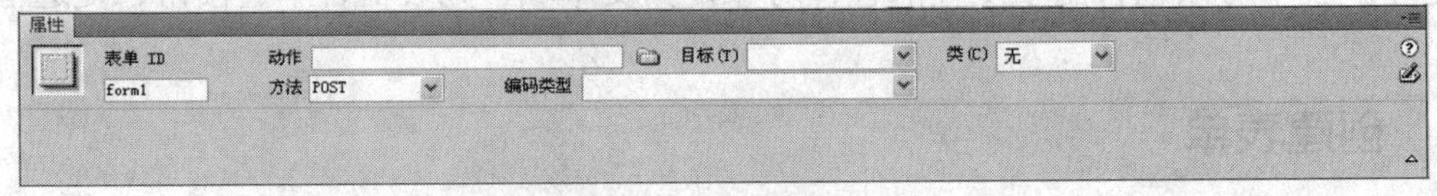

图 10-3　表单的属性面板

表单的属性面板中各项属性作用如下：

1）表单名称：用于设置表单的名称。命名表单后，可以用脚本语言进行控制。

2）动作：用于指明处理表单信息的服务器端应用程序的 URL 地址。

3）方法：用于定义表单数据的处理方式，有 3 个选项：默认，使用浏览器的默认设置将表单数据发送到服务器；GET，追加表单值到 URL 中；POST，在 HTTP 请求中嵌入表单数据。

4）目标：用于指定一个窗口，该窗口显示调用程序所返回的结果。

5）编码类型：指定对提交给服务器进行处理的数据使用 MINE 编码类型，其默认的设置“application/x-www-form-urlencode”选项，通常与 POST 方法协同使用。如果要创建文件上传域，则应选择“multipart/form-data”选项。

通常表单需要由数据库以及动态页面编程语言完成向服务器端的数据传输，而静态页面编程技术是无法传输数据的，但可以以邮件的形式将数据提交。在表单属性面板的“动作”选项中输入“mailto:gltxiaohong@buu.edu.cn”。

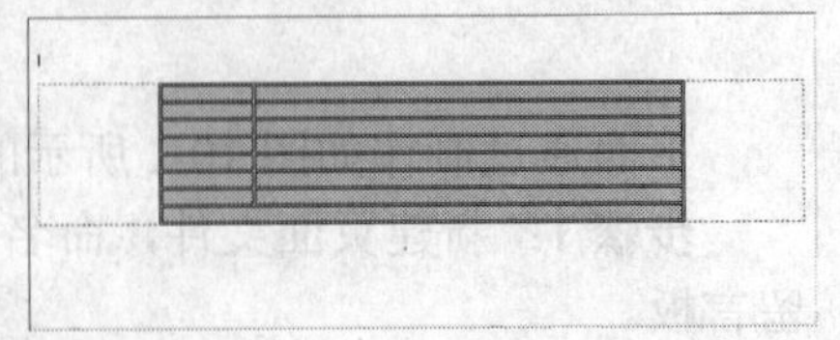

图 10-4　在表单内创建表格

步骤 4：为了布局好看，可在表单中创建一个 8×2 的表格，设置表格的边框和背景颜色，合并最后一行的两个单元格，效果如图 10-4 所示。

有了表单域之后，就可以添加各种表单对象了。

10.1.2　表单对象

Dreamweaver 中的表单对象主要包括文本字段、隐藏域、单选按钮、复选框、菜单/列表、按钮等，其主要作用如下：

1）文本字段：接受任何类型的字母、数字输入内容。文本字段可以显示为单行、多行和密码形式。

2）隐藏域：用于存储用户输入的信息，并在该用户下次访问此站点时使用这些数据。

3）复选框：允许用户在一组选项中选择多个选项。

4）单选按钮：允许用户在一组选项中选择一个选项。

5）列表/菜单：允许用户从滚动列表值中选择一个或多个选项。

6）跳转菜单：可导航的列表或弹出菜单。

7）文件域：允许用户浏览到本地的某个文件，并将该文件作为表单数据上传。

8）图像域：可以在表单中插入一个图像，用于生成图形化按钮。

9）按钮：在单击时执行操作。

表单对象需要包含在表单域中，如果表单对象没有包含在表单域中，提交、重置表单时，表单对象将可能无法响应。

下面向图 10-4 中的表单域中添加表单对象，操作过程如下。

步骤 1：在第 1 行的第 1 列中输入文字“姓名”。然后将光标定位在第 2 列中，选择“表单”插入面板的文本字段工具，插入单行文本域，在其属性面板中进行属性设置，输入文本域的名称，设置最多字符数，如图 10-5 所示。

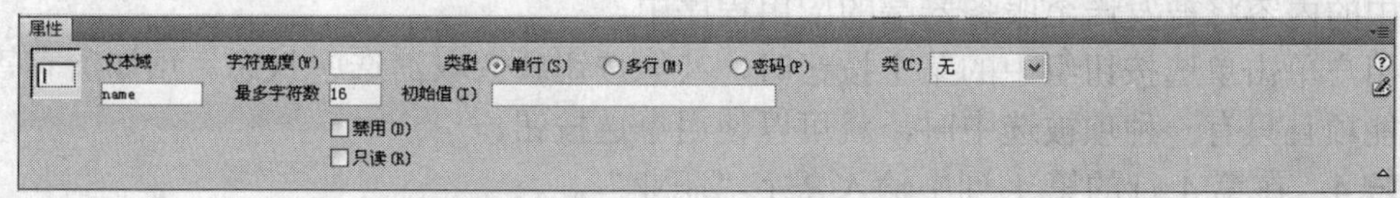

图 10-5　单行文本域的属性面板

步骤 2：在第 2 行的第 1 列中输入文字“密码”。然后将光标定位在第 2 列中，选择“表单”插入面板中的文本字段工具，插入文本域，在其属性面板中进行属性设置，输入文本域的名称，选择类型为密码，设置最多字符数为 16，初始值为 123456，如图 10-6 所示。

图 10-6　密码文本域的属性面板

预览状态下，在密码文本域中输入的内容时以“•”显示。此处设置其初始值为 6 位数字，预览时将显示 6 个“•”。

步骤 3：在第 3 行的第 1 列中输入文字“性别”。然后将光标定位在第 2 列中，选择“表单”插入面板中的单选按钮组工具，打开“单选按钮组”对话框，输入“男”、“女”标签及对应的值，如图 10-7 所示。然后单击【确定】按钮，插入用于选择性别的单选按钮组。选中“女”前面的单选按钮，在其属性面板中设置“初始状态”为“已勾选”，单选按钮的属性面板如图 10-8 所示。最后将单选按钮组排列在一行中。

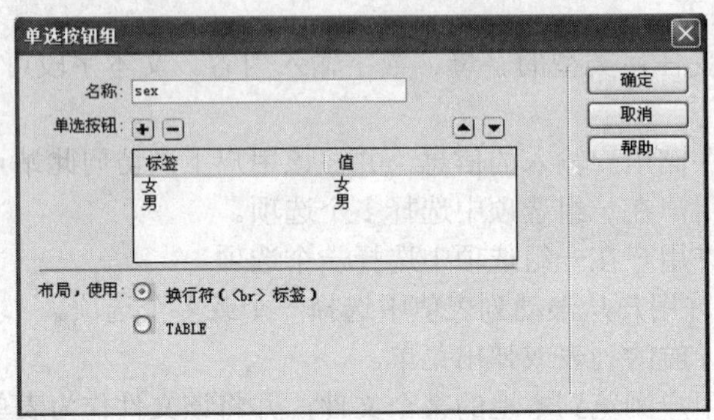

图 10-7 “单选按钮组”对话框

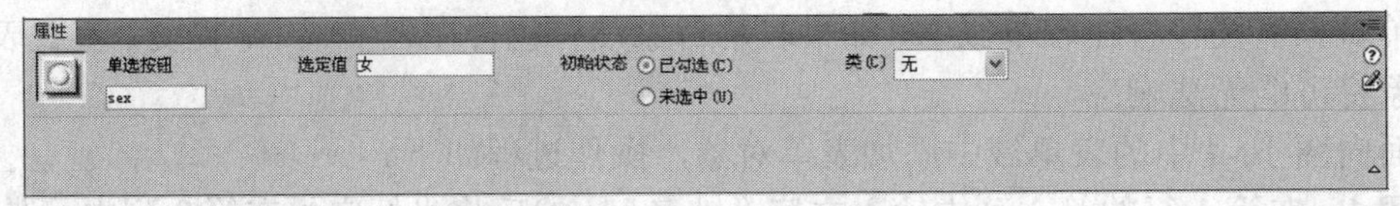

图 10-8 单选按钮的属性面板

“单选按钮组”对话框的“标签”中的内容将在页面中显示，当用户提交这个表单时，“值”中的内容将被发送至服务器端的应用程序中。

当用户单击单选按钮组中的某个按钮时，其他按钮就会取消选中状态。预知所有答案的各种可能项且只有一种项被选中时，就可以使用单选按钮。

步骤 4：在第 4 行的第 1 列中输入文字“职业”。再将光标定位在第 2 列中，选择“表单”插入面板中的列表/菜单工具，插入下拉列表，在其属性面板中进行属性设置，选择“列表”类型，输入列表名称。单击【列表值】按钮后打开“列表值”对话框，输入所需要的项目及值，如图 10-9 所示，再单击【确定】按钮完成列表值的添加。然后在属性面板中，设置“初始化时选定”为“请选择您的职业”，列表属性面板如图 10-10 所示。

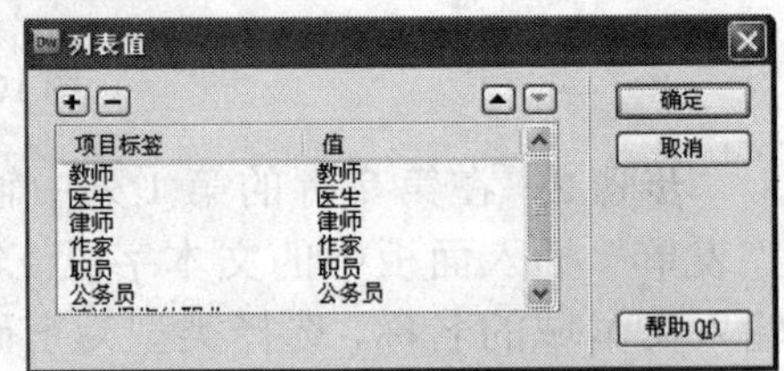

图 10-9 “列表值”对话框

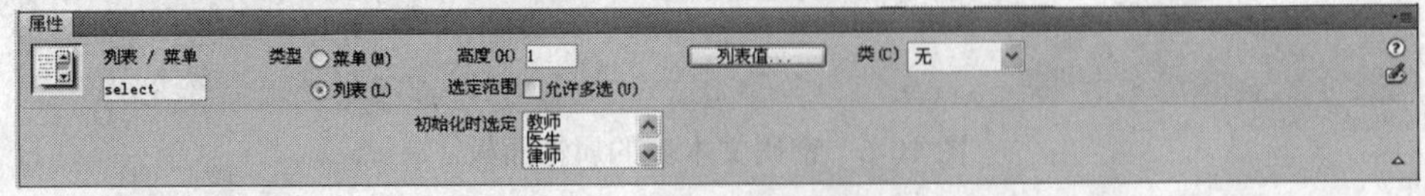

图 10-10 列表的属性面板

下拉列表和列表框都是使用列表/菜单工具来创建的。下拉列表类似于菜单，单击其右侧的下拉按钮时，将弹出一个下拉列表框，在下拉列表框中只能选中其中的一个选项。而列表框可以显示多个选项，在列表框中可以选中一个或多个选项。

步骤 5：在第 5 行的第 1 列中输入文字“喜爱的动物”。将光标定位在第 2 列中，选择“表单”插入面板中的复选框组工具，插入复选框组并打开“复选框组”对话框，输入标签名称及对应的值，如图 10-11 所示。然后单击【确定】按钮，就插入了用于选择喜爱动物的复选框组，复选框的属性面板如图 10-12 所示。最后将复选框组排列在一行中。

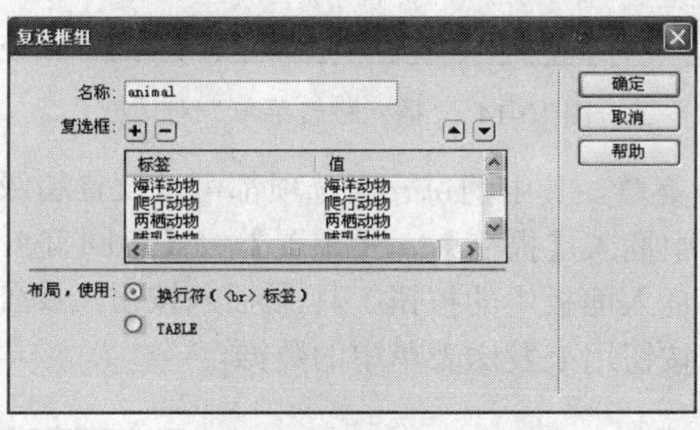

图 10-11　“复选框组”对话框

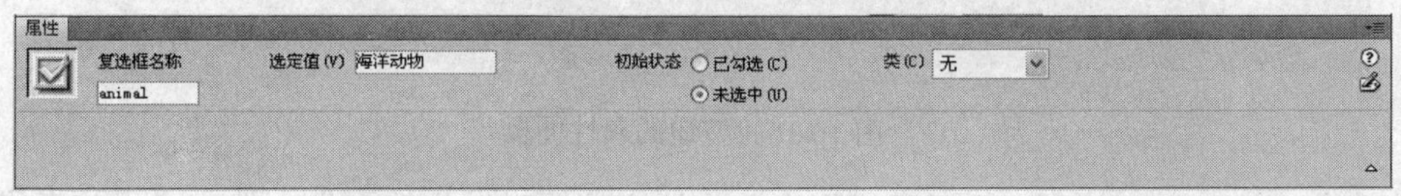

图 10-12　复选框的属性面板

复选框提供了多个选项供用户选择。预览时，选中某个复选框，则在相应的方框内标有“√”，去掉“√”则表示不选中该复选框。

步骤 6：在第 6 行的第 1 列中输入文字“畅所欲言”。将光标定位在第 2 列中，选择“表单”插入面板中的文本区域工具可以插入一个多行文本域，在其属性面板中输入文本域的名称，设置字符宽度、行数等，如图 10-13 所示。

图 10-13　多行文本域的属性面板

选择“表单”插入面板中的文本字段工具，插入文本域，然后在其属性面板中选择“类型”为多行，同样也可以创建多行文本域。

步骤 7：在倒数第 2 行的第 1 列中输入文字“友情链接”。将光标定位在第 2 列中，选择“表单”插入面板中的跳转菜单工具，打开“插入跳转菜单”对话框，添加跳转菜单中的各个选项，如图 10-14 所示。然后单击【确定】按钮完成跳转菜单的插入，在文档中加入一个下拉菜单和一个按钮。

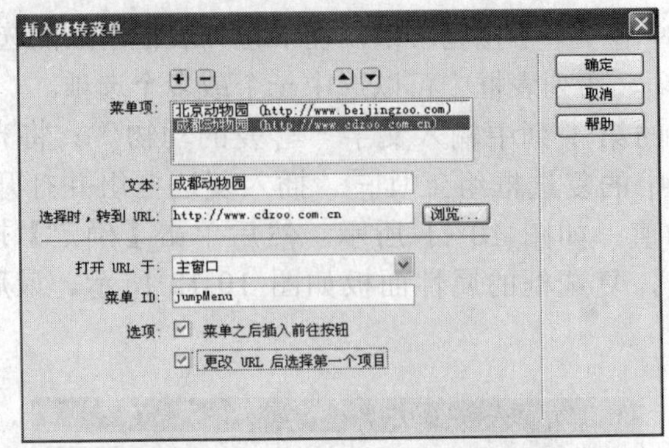

图 10-14 “插入跳转菜单”对话框

跳转菜单是一个下拉菜单，其中的每一个选项都可以设置超级链接。

步骤 8：在最后一行中插入【提交】、【重置】、【返回首页】按钮。将光标定位在最后一行中，选择“表单”插入面板中的按钮工具插入按钮，设置“动作”为提交表单，如图 10-15 所示。“提交”按钮用来发送表单中的数据。

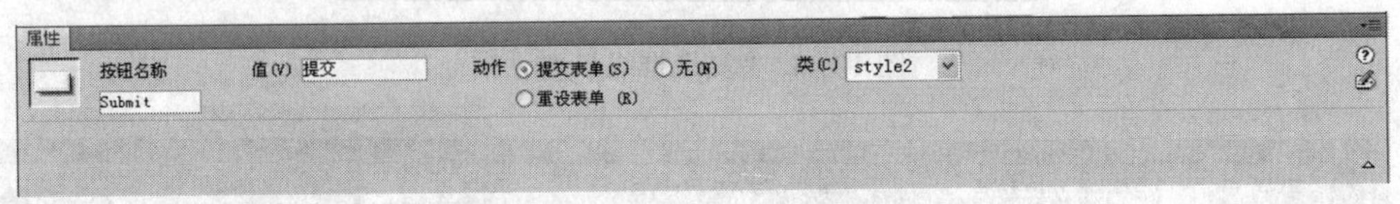

图 10-15 按钮的属性面板

属性面板中的“动作”选项用于指定单击这个按钮时发生的事件。选中“提交表单”，表示单击按钮时提交表单进行处理；选中“重设表单”，表示单击按钮时清空输入到表单中的数据；选中“无”，表示单击按钮时根据处理脚本进行操作。

在最后一行中再插入一个“重设表单”按钮和一个“无”按钮，其值分别为“重置”、“返回首页”。

至此，完成了一个表单的创建，效果如图 10-16 所示。

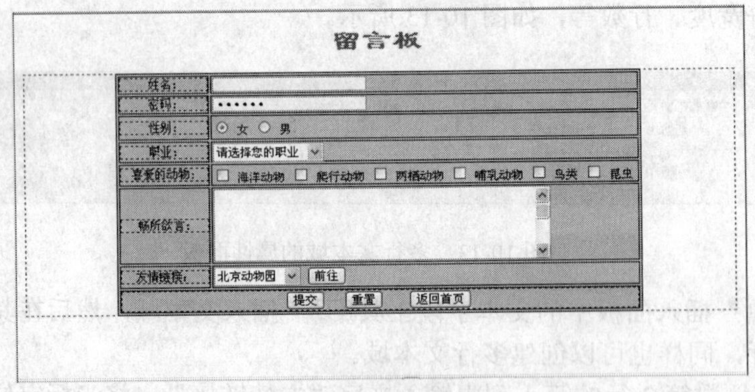

图 10-16 完成后的表单

步骤 9：保存后预览表单。单击【提交】按钮，打开如图 10-17 所示的提示框，单击【确定】按钮，即可启动相应收发电子邮件的程序。

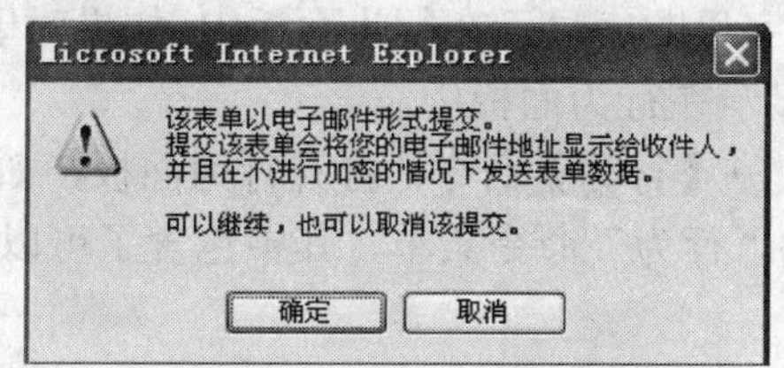

图 10-17　表单提交提示框

10.2　行为控制

10.2.1　行为的概念

所谓行为（Behavior），就是在网页中进行的一系列动作。通过这些动作，可以实现用户与网页的交互，也可以执行某个任务。一般来说，一个行为应该由一个事件（Event）和一个动作（Action）组成，例如，当用户将鼠标移动到一幅图像上时，这就产生了一个事件，如果这时候图像变化，实际上就是导致了一个动作的发生。

1. 动作

动作通常由一段 JavaScript 代码组成，利用这段代码可以完成相应的任务，如打开浏览器、播放声音和视频等。在 Dreamweaver 中，可以使用 Dreamweaver 内置的行为为页面添加 JavaScript 代码，而不用自己书写。当然，也可以对现有的代码进行修改，使之更符合自己的需要。

2. 事件

事件通常由浏览器所定义，它可以被附加到各种页面元素上，也可以被附加到 HTML 标记中。通常一个事件总是针对页面元素或标记而言的。例如，在大多数浏览器中的超级链接上都会发生 onMouseOver、onMouseOut 和 onClick 3 种事件，当鼠标指针移动到链接上时，就发生链接的 onMouseOver 事件；当鼠标指针移动到链接之外时，就发生链接的 onMouseOut 事件；而单击链接时，就发生链接的 onClick 事件。

将事件和动作组合起来，就构成了行为，例如，将 onClick 事件同一段 JavaScript 代码相关联，在单击鼠标时就可以执行相应的 JavaScript 代码。

通常，将事件产生的过程称作触发。不是所有的动作都需要用户的干涉才会发生，例如，可以指定某个动作每隔 10 秒执行一次，当然，这实际上还是由事件触发的，只是这种事件不是通过用户本身的行为而产生的。有时候会有多个动作与一个事件相关联，也就是说，当事件发生时，会导致多个动作被执行。在 Dreamweaver 中，可以指定这些动作的发生顺序，从而实现需要的结果。

10.2.2　添加和编辑行为

在 Dreamweaver 中，利用行为面板可以为对象附加 JavaScript 行为，还可以修改以前添加的行为参数。行为会按事件的字母顺序显示在行为面板中。如果对于同一事件引发不同的动作，则这些动作将以其执行顺序显示在行为面板中。

选择菜单栏中的【窗口】→【行为】命令，打开行为面板，如图 10-18 所示。单击 +. 图标按钮，弹出如图 10-19 所示的“行为”命令菜单，其中包含了可以附加到当前所选元素的各种动作。

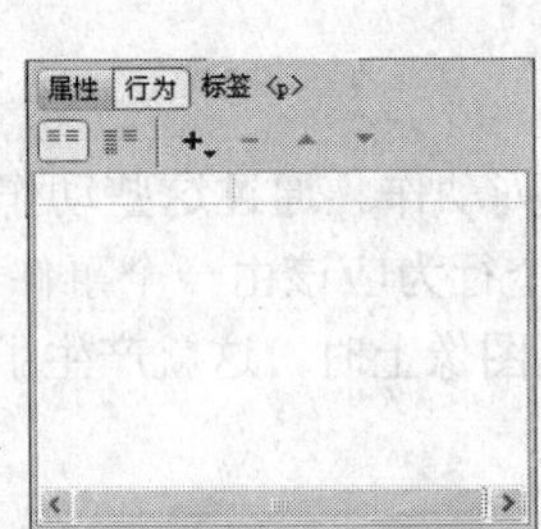

图 10-18　行为面板

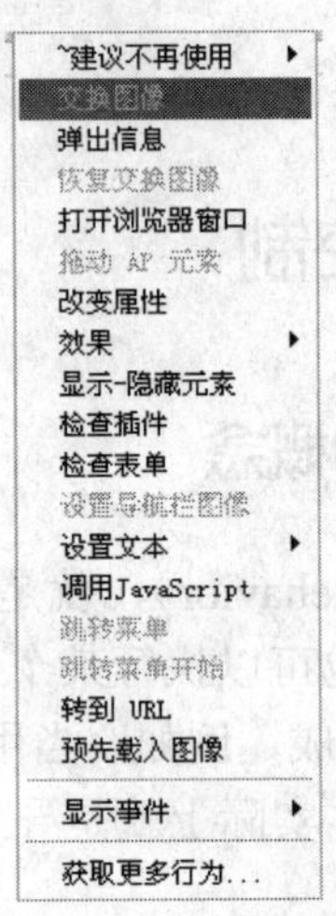

图 10-19　【行为】命令菜单

说明： 当前所选元素可以使用哪些行为取决于浏览器的版本。一般来说，选择浏览器的版本越高，所显示的行为和事件就越多。可以通过行为面板选项中的“显示事件”选项来设置浏览器的版本。

10.2.3 应用行为

Dreamweaver 提供行为控制，可以方便地创建页面中的交互行为。利用 Dreamweaver，不用书写一行代码，就可以实现丰富的页面效果。

可以将行为附加给整个文件<body>…</body>标记部分，也可以附加给链接、图像、表单元素或任何其他的 HTML 元素。元素可以接受的附加行为取决于浏览器版本。每个事件可以指定多个动作，动作将按顺序列表依次发生。

1. 弹出浏览器窗口

弹出浏览器窗口可以在加载页面时打开新的浏览器窗口，用于显示广告或其他各种消息。下面以在网站首页弹出广告为例来说明，具体操作过程如下。

步骤 1： 新建页面文件，页面标题设置为“弹出窗口”，上边距、左边距均设置为 0。在页面中插入一幅 130×110 像素的图像。将新建文件命名为 win.html，保存在 pages 文件夹中。

步骤 2： 打开 index.html 页面，将光标定位在</body>结束标记之前，在其行为面板中单击 +. 图标按钮，从弹出的命令菜单中选择【打开浏览器窗口】命令，打开“打开浏览器窗口”对话框，通过浏览选择 win.html 页面文件，设置窗口宽度和高度分别为 130 像素、110 像素（与插入的图像大小一致），如图 10-20 所示。

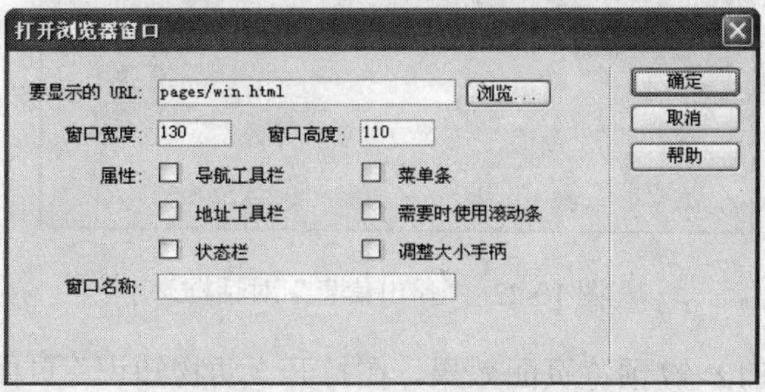

打开浏览器窗口

要显示的 URL：pages/win.html　浏览...

窗口宽度：130　窗口高度：110

属性：导航工具栏　菜单条

地址工具栏　需要时使用滚动条

状态栏　调整大小手柄

窗口名称：

确定　取消　帮助

图 10-20　“打开浏览器窗口”对话框

步骤 3：单击【确定】按钮，打开浏览窗口的行为和相应的 onLoad 事件显示在行为面板中。

步骤 4：保存后按< F12>键预览页面效果，如图 10-21 所示，在打开“动物天地”网站首页的同时弹出一个小窗口。

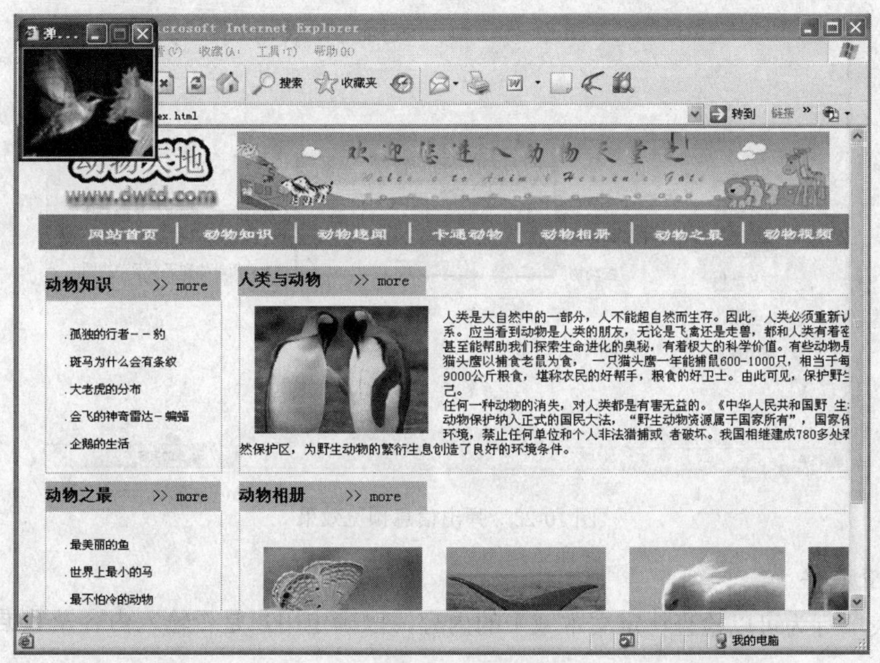

图 10-21　弹出窗口的效果

2. 弹出信息

弹出信息行为用于弹出一个指定的 JavaScript 信息提示框。下面将在 pages/zhishi.html 文件中制作弹出信息，操作过程如下。

步骤 1：打开 zhishi.html 页面文件。在其行为面板中单击 +. 图标按钮，从弹出的命令菜单中选择【弹出信息】命令，打开“弹出信息”对话框。

步骤 2：在“消息”文本框中输入需要显示的内容“感谢您的光临！”，如图 10-22 所示，然后单击【确定】按钮。

图 10-22 “弹出信息”对话框

步骤 3：保存后按<F12>键预览页面效果，在打开“动物知识”页面的同时弹出提示信息，效果如图 10-23 所示，单击【确定】按钮，提示信息消失。

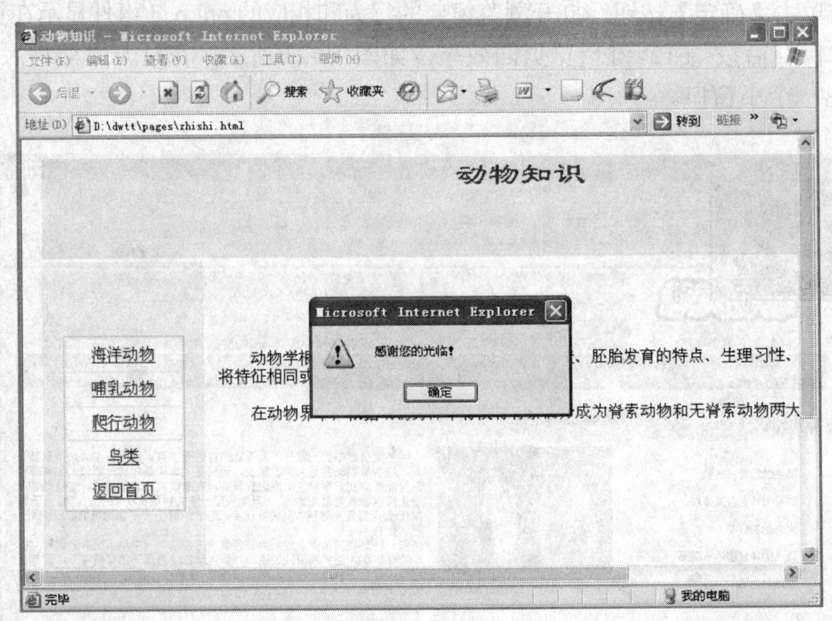

图 10-23 弹出信息预览效果

3. 检查表单

检查表单行为可以检查特定文本域中的内容，以确定用户是否输入内容及数据类型是否正确。

下面将对 pages/biaodan.html 文件中的表单进行校验设置，操作过程如下。

步骤 1：打开 biaodan.html 页面文件命令，选中【提交】按钮，在其行为面板中单击 +. 图标按钮，从弹出的命令菜单中选择【检查表单】命令，打开“检查表单”对话框。

步骤 2：在“检查表单”对话框中，选中“name”文本域，设置其值为“必需的”，可接受“任何东西”，如图 10-24 所示；选中“password”文本域，设置值为“必需的”，可接受“数字”。设置完毕后单击【确定】按钮。

步骤 3：保存后按<F12>键预览页面效果。在“姓名”文本域中输入任何内容，“密码”文本域中输入数字内容，再填写其他内容，然后单击【提交】按钮，即可启动相应的电子邮件程序。如果“姓名”文本域中没有输入内容、“密码”文本域中输入的不只是数字，单击

【提交】按钮后会弹出如图 10-25 所示的提示信息，提醒用户姓名是必填的，密码只能包含数字。

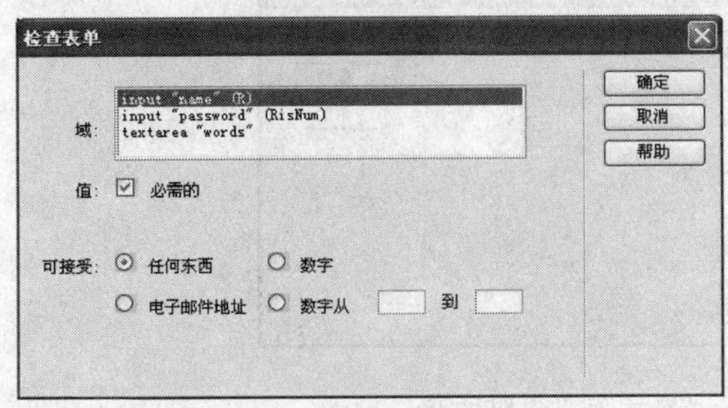

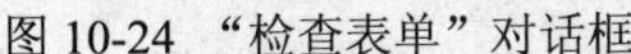
图 10-24 “检查表单”对话框

图 10-25 提示信息

4. 转到 URL

转到 URL 行为可以用于在当前窗口或指定框架中打开一个新页面。下面将为 pages/biaodan.html 文件中的【返回首页】按钮设置转到 URL 行为，操作过程如下。

步骤 1：打开 biaodan.html 页面文件。选中【返回首页】按钮，在其行为面板中单击 +. 图标按钮，从弹出的命令菜单中选择【转到 URL】命令，打开“转到 URL”对话框。

步骤 2：在“转到 URL”对话框中，通过浏览找到站点根目录下 index.html 页面文件，如图 10-26 所示，然后单击【确定】按钮。

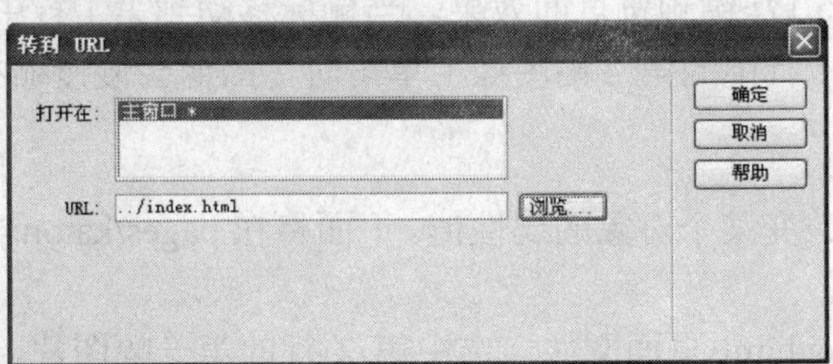

图 10-26 “转到 URL”对话框

步骤 3：在行为面板中将其“onClick”行为事件修改为“onMouseOver”事件。

步骤 4：保存后按<F12>键预览页面效果，当鼠标放置在【返回首页】按钮上时，会自动跳转到网站首页中。

转到 URL 行为与超级链接都可以实现页面的跳转，但是超级链接只能通过单击实现链接跳转，而转到 URL 行为则可以通过多种事件触发跳转。

5. 效果

Dreamweaver 提供了增大/收缩、挤压、显示/渐隐、晃动、滑动、遮帘等效果。下面将在 pages/katong.html 文件中应用一些效果，操作过程如下。

步骤 1：打开 katong.html 页面文件。选中第 1 行的第一幅图片，在其行为面板中单击 +. 图标按钮，从弹出的命令菜单中选择【效果】→【显示/渐隐】命令，打开“显示/渐隐”对话框。

步骤 2：在“显示/渐隐”对话框中进行相应设置，如图 10-27 所示，然后单击【确定】按钮。在行为面板中将其“onClick”行为事件修改为“onMouseOver”事件。

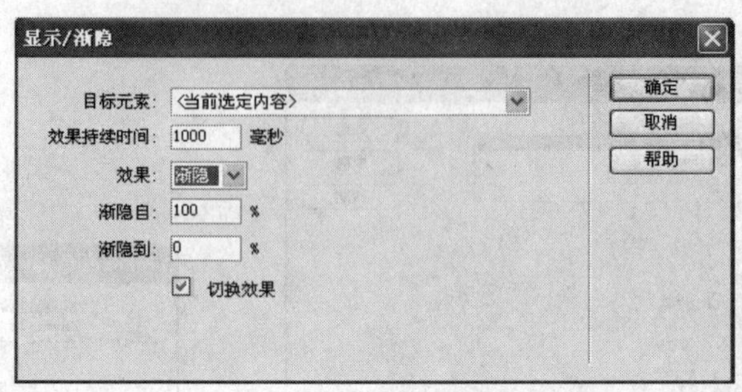

图 10-27 “显示/渐隐”对话框

步骤 3：选中第 1 行的第二幅图片，在其行为面板中单击+图标按钮，从弹出的命令菜单中选择【效果】→【挤压】命令，打开“挤压”对话框，如图 10-28 所示，然后单击【确定】按钮。

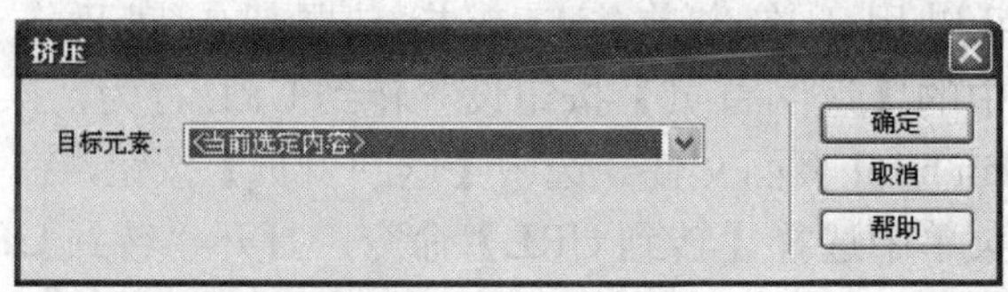

图 10-28 “挤压”对话框

步骤 4：保存后按<F12>键预览页面效果，当鼠标移动到第 1 行中的第一幅图像上时，图像会慢慢消失；当在第 1 行中的第二幅图像上单击时，图像会慢慢缩小后消失。

6. 改变属性

改变属性行为可以改变某个对象的属性值。下面将在 pages/katong.html 文件中应用改变属性行为，操作过程如下。

步骤 1：打开 katong.html 页面文件。选中第 2 行的第一幅图片，先在其属性面板中命名图像 ID 为“pig”，然后在行为面板中单击+图标按钮，从弹出的命令菜单中选择【改变属性】命令，打开“改变属性”对话框。

步骤 2：在“改变属性”对话框中，选择“元素类型”为“IMG”，“元素 ID”为图像“pig”，在“输入”文本框中设置欲改变的属性“width（宽度）”及新的值“320”，如图 10-29 所示，然后单击【确定】按钮。在行为面板中将其行为事件修改为“onMouseOver”事件。

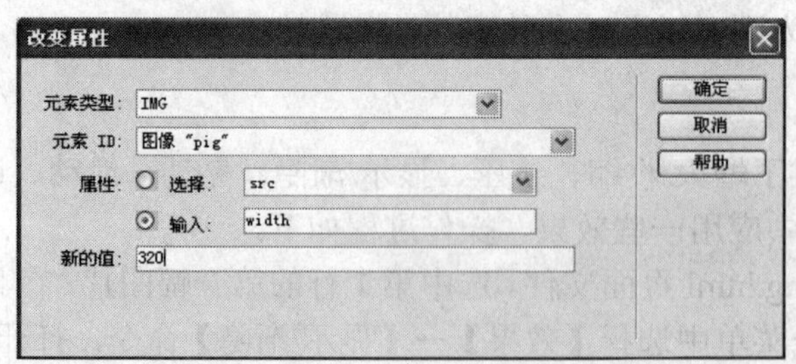

图 10-29 “改变属性”对话框

步骤 3：按照上述方法设置 height（高度）属性，值为 384，将行为事件修改为“onMouseOver”事件。

步骤 4：再按照上述方法设置修改 width（宽度）、height（高度）的属性，值分别为图像原来的大小 160 像素、192 像素，将行为事件修改为“onMouseOut”事件。此时图像的行为面板如图 10-30 所示。

步骤 5：保存后按<F12>键预览页面效果，当鼠标移到第 2 行中的第一幅图像上时，图像放大一倍；当鼠标离开此图像时，图像又恢复原来的大小。

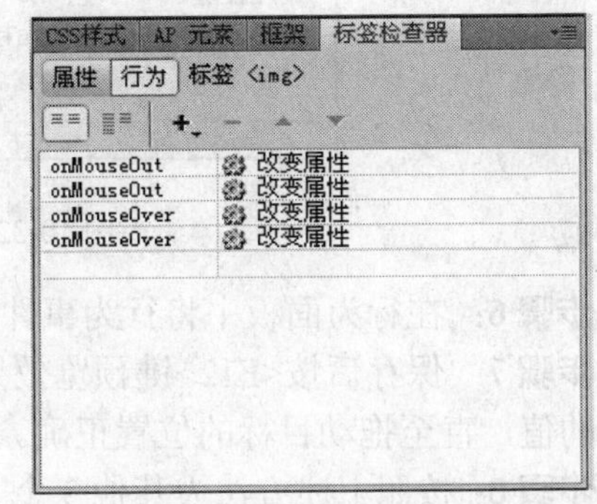

图 10-30　为图像附加改变属性后的行为面板

7. 拖动 AP 元素

拖动 AP 元素行为可以进行拖动 AP 元素的操作。下面将在 pages/game.html 文件中应用拖动 AP 元素行为制作一个简单的拼图游戏，前面在 Flash 中也制作了一个简单的拼图游戏，可以对两种制作方法进行一下对比。

利用拖动 AP 元素行为制作拼图游戏的操作过程如下。

步骤 1：先在 Fireworks 中将一幅大图像使用切片工具分割为 4 部分，然后将其导出，复制粘贴到站点 dwtd 的 images 文件夹中。

步骤 2：打开 Dreamweaver，新建页面文件，命名为 game.html，保存在 pages 文件夹中。设置页面标题为“拼图游戏”。

步骤 3：在页面文件 game.html 中，输入相应的文字“拼图游戏”。然后再绘制 4 个 AP 元素对象，分别在其中插入 4 幅小图像，并设置小图像的宽高均为 134×99 像素，再调整 4 个 AP 元素对象的宽度、高度与图像一致。同时选中 4 个 AP 元素对象，选择菜单栏中的【修改】→【排列顺序】→【左对齐】命令进行左对齐排列。

步骤 4：绘制一个 AP 元素对象，设置其宽高为 268×198 像素（4 幅小图像拼起来的宽度和高度值），左上属性分别为 280 像素、190 像素，边框为黑色 1 像素宽，此时的页面效果如图 10-31 所示。

图 10-31　拼图游戏页面

步骤 5：在文档窗口状态栏的左侧选择<body>标记，在行为面板中单击 +. 图标按钮，从弹出的命令菜单中选择【拖动 AP 元素】命令，打开“拖动 AP 元素”对话框。在“AP 元素”下拉列表框中选择拖动的对象；“移动”下拉列表框中设置拖动范围的限制情况；“放下目标”文本框中设置拖动目标的位置；“靠齐距离”文本框中设置 AP 元素自动吸附的范围，为了增加游戏的难度，可以将此值设置得小一些。“拖动 AP 元素”对话框的属性设置如

图 10-32 所示。

图 10-32 “拖动 AP 元素”对话框

步骤 6：在行为面板中将行为事件修改为“onMouseOver”事件。

步骤 7：保存后按<F12>键预览效果，如果拖动目标的位置不对，可再修改“放下目标”属性的值，直至拖动目标的位置正确。

步骤 8：按照上述方法为其他 3 个 AP 元素设置拖动 AP 元素行为。< body >标记的行为面板如图 10-33 所示。

步骤 9：保存后按<F12>键预览效果，拖动页面左侧的 4 幅小图像到适当的位置，可以拼成一幅完成的图像，如图 10-34 所示。

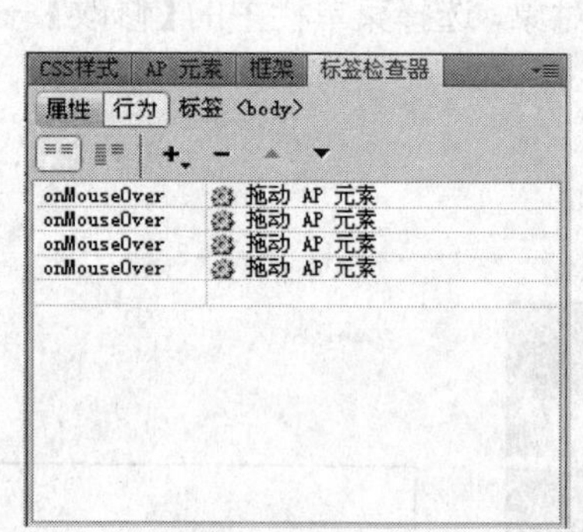

图 10-33 附加拖动 AP 元素后的行为面板

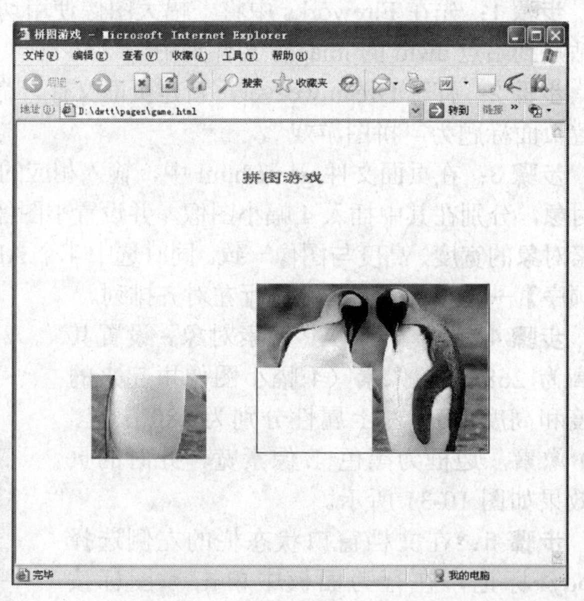

图 10-34 拼图页面预览效果

8. 显示-隐藏元素

显示-隐藏元素行为可以显示或隐藏一个或多个 AP 元素。下面将在 pages/yuansu.html 文件中利用显示-隐藏元素行为制作图片变换的效果，操作过程如下。

步骤 1：新建页面文件，命名为 yuansu.html，保存在 pages 文件夹中。设置页面标题为“元素的显示和隐藏”。

步骤 2：在页面中绘制 3 个 AP 元素对象，分别插入 3 幅图像，并设置图像宽度、高度相同。调整 3 个 AP 元素对象的宽度、高度与图像一致，并在属性面板中分别设置 3 个 AP 元素对象的“可见性”为 hidden，然后将这 3 个 AP 元素对象放置在页面中的相同位置处。

步骤 3：在 AP 元素对象的下方再绘制 1 个 AP 元素对象，在其中输入文字“图片 1”、“图片 2”、“图片 3”，分别为文字建立空链接（在链接属性中输入“#”即可），然后在“页面属性”对话框中设置链接的“下划线样式”为“始终下划线”。

步骤 4：选中文字“图片 1”，在其行为面板中单击 +. 图标按钮，从弹出的命令菜单中选择【显示-隐藏元素】命令，打开“显示-隐藏元素”对话框。在“元素”列表框中选择“apDiv1”，然后单击【显示】按钮；再分别选择“apDiv2”、“apDiv3”，单击【隐藏】按钮。“显示-隐藏元素”对话框的设置如图 10-35 所示。

图 10-35　“显示-隐藏元素”对话框

步骤 5：按照上述方法分别为文字“图片 2”、文字“图片 3”设置显示-隐藏元素行为。

步骤 6：保存后按<F12>键预览效果，单击不同的文字显示不同的图片，如图 10-36 所示。

图 10-36　显示隐藏元素页面预览效果

10.3　综合应用与管理

10.3.1　Dreamweaver 与 Fireworks 的连用

Dreamweaver 和 Fireworks 能够共享和管理网页文件中的很多内容，如链接、切片、网页特效等。因此，同时应用 Dreamweaver 和 Fireworks 可以大大提高网页设计和编辑的效率。

1. 网站相册

网站相册是将一些图像以缩略图的形式显示，浏览时用户单击相应的缩略图，便可在新开窗口中显示此缩略图的源图像。

下面以创建“动物相册”栏目链接的页面为例进行介绍，操作过程如下。

步骤 1：整理需要创建网站相册的图片文件，将其放置在站点外的一个文件夹中。

步骤 2：打开 Dreamweaver，选择菜单栏中的【命令】→【创建网站相册】命令，打开“创建网站相册”对话框。浏览找到源图像文件夹，即步骤 1 中创建的文件夹；再浏览找到目标文件夹，即站点中的某个文件夹，此处在站点根文件夹中新建了一个 photo 文件夹。再进行其他设置，如图 10-37 所示。

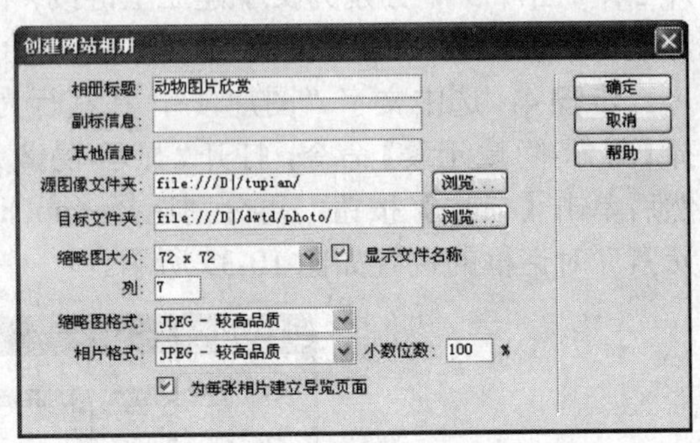

图 10-37 “创建网站相册”对话框

步骤 3：单击【确定】按钮，Dreamweaver 会自动启动 Fireworks 程序进行图像拍照，自动完成缩略图与源图像之间的链接。然后会弹出相册已经建立的提示框，单击【确定】按钮完成网站相册的创建。

说明：网站相册的首页以 index.htm 进行命名，放置在目标文件夹 photo 中。如果 index.htm 已经存在，则自动命名为 index1.htm，依次类推。

步骤 4：按<F12>键预览效果，如图 10-38 所示，单击相应的缩略图，便可进入源图像页面。

图 10-38 网站相册页面预览效果

2. 编辑图像

可以在 Dreamweaver 中直接启动 Fireworks 对图像进行编辑与处理，再返回到 Dreamweaver 中时，页面中的图像会自动更新。

下面以修改 index.html 文件中的图像为例进行介绍，操作过程如下。

步骤 1：在 Dreamweaver 中，选择菜单栏中的【编辑】→【首选参数】命令，打开“首选参数”对话框，选择“文件类型/编辑器”项，设置 Firewoks 为图像 GIF、JPG 等格式的主要编辑器，如图 10-39 所示。

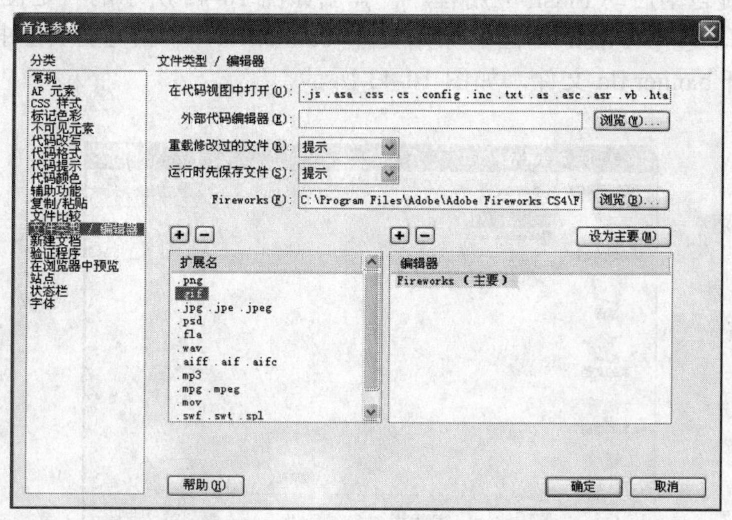

图 10-39 “文件类型/编辑器”项设置

步骤 2：打开 index.html 文件，选中图像后选择其属性面板中的编辑工具，系统自动启动 Fireworks 应用程序，弹出如图 10-40 所示的“查找源”对话框，单击【使用此文件】按钮后，打开图像文件，如图 10-41 所示。

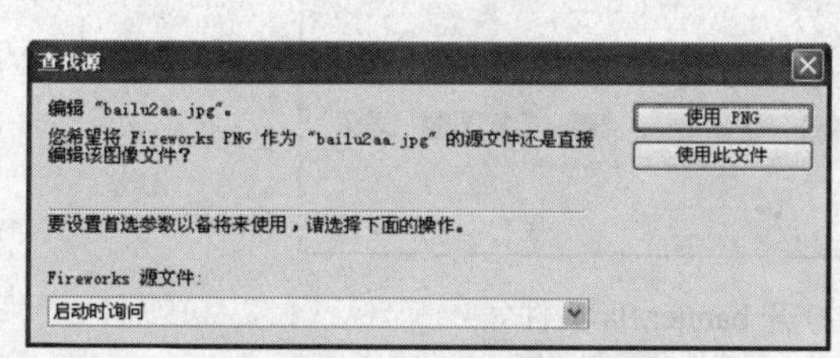

图 10-40 “查找源”对话框

图 10-41 Dreamweaver 调用 Fireworks

步骤 3：在 Fireworks 中对图像进行编辑与处理，然后单击【完成】按钮即可返回 Dreamweaver 中，Dreamweaver 中的图像将自动更新。

10.3.2 Dreamweaver 与 Flash 的连用

在 Dreamweaver 中可以直接调用 Flash，并对 Flash 动画进行编辑和处理。因此，同时应用 Dreamweaver 和 Flash 可以大大提高网页设计和编辑的效率。

下面以修改 index.html 文件中的 Banner 动画为例进行介绍，操作过程如下。

步骤 1：在 Dreamweaver 打开 index.html 文件，选中 Banner 动画后选择其属性面板中的编辑工具 编辑(E) 。

步骤 2： 系统自动启动 Flash 应用程序，弹出如图 10-42 所示的“定位 Adobe Flash 文档文件”对话框，选择 Flash 动画的原始文件 banner.fla，单击【打开】按钮后，即可在 Flash 程序中打开 banner.fla 文件，如图 10-43 所示。

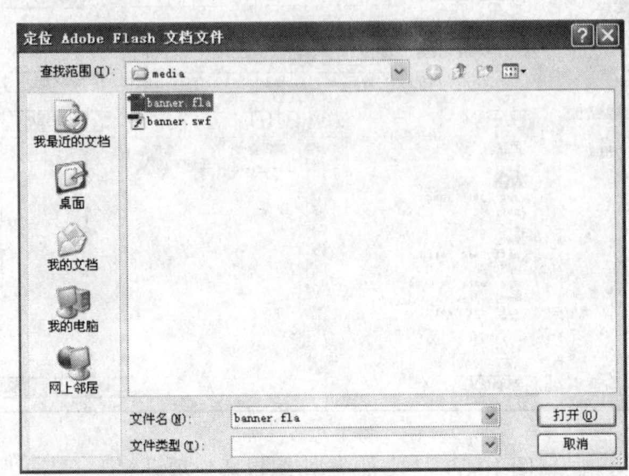

图 10-42 “定位 Adobe Flash 文档文件”对话框

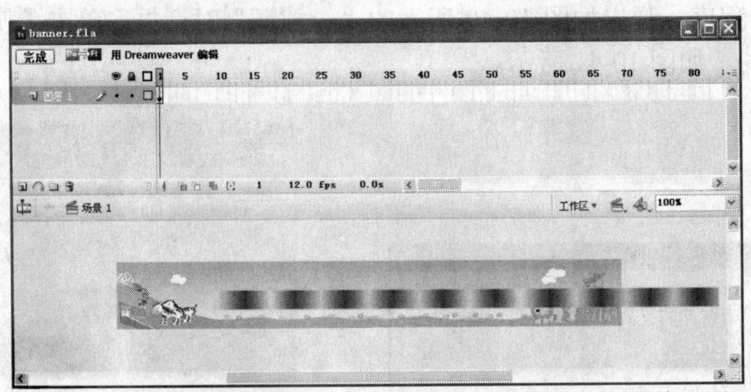

图 10-43 在 Flash 中打开 banner.fla 文件

步骤 3： 在 Flash 中对 Banner 动画进行编辑，然后单击【完成】按钮即可返回 Dreamweaver 中，同时更新 Dreamweaver 中的 Banner 动画。

10.3.3 管理站点

本书在 Dreamweaver 的讲解过程中，所需要的素材文件是从站点外复制到站点文件夹中的，因此站点文件夹中应该没有无用的文件，这样可以将站点的整理简化到最少的程度。

1. 站点管理窗口

在文件面板工具栏中选择展开以显示本地和远端站点工具，文件面板将放大显示。再选择工具栏中的刷新工具，此时窗口如图 10-44 所示。

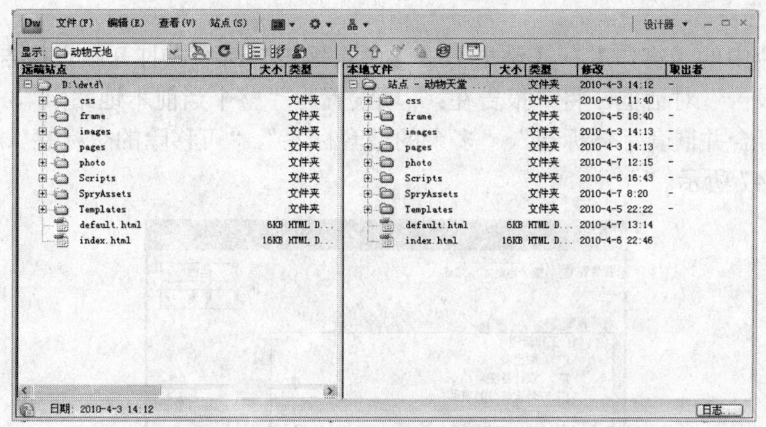

图 10-44 站点管理窗口

在站点管理窗口中可以方便地进行文件及文件夹的整理。将站点根下的页面文件 default.html 拖动到 pages 文件夹中，在拖动文件的过程中会弹出如图 10-45 所示的"更新文件"对话框，单击【更新】按钮即可，即可更新该文件中的所有链接。

图 10-45 "更新文件"对话框

在移动文件的过程中，插入页面中的 Flash 动画、音视频文件有时可能无法正常显示，此时需要将这些文件重新插入一遍。

2. 检查超级链接

可以对整个站点范围内的超级链接进行检查，操作过程如下：

选择菜单栏中的【站点】→【检查站点范围的链接】命令，将显示链接检查器面板，如图 10-46 所示。选择检查链接工具，在其下拉列表中选择【检查整个当前本地站点的链接】命令，然后在"显示"项中分别进行"断掉的链接"、"外部链接"和"孤立文件"的检查。

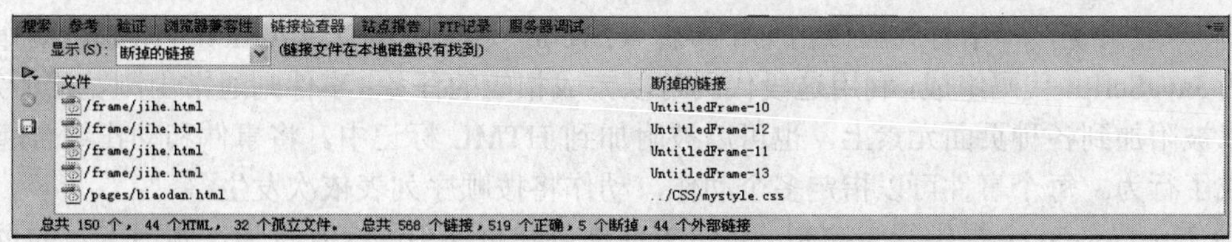

图 10-46 链接检查器面板

说明：检查超级链接只能检查断掉的链接、外部链接，而无法检查错误的超级链接。

3. 站点报告

选择菜单栏中的【窗口】→【结果】→【站点报告】命令，打开站点报告面板。单击▶按钮，打开“报告”对话框，将“报告在:”项设置为“整个当前本地站点”，在“HTML 报告”中勾选“可合并嵌套字体标签”、“多余的嵌套标签”、“可移除的空标签”、“无标题文档”等项，如图 10-47 所示。

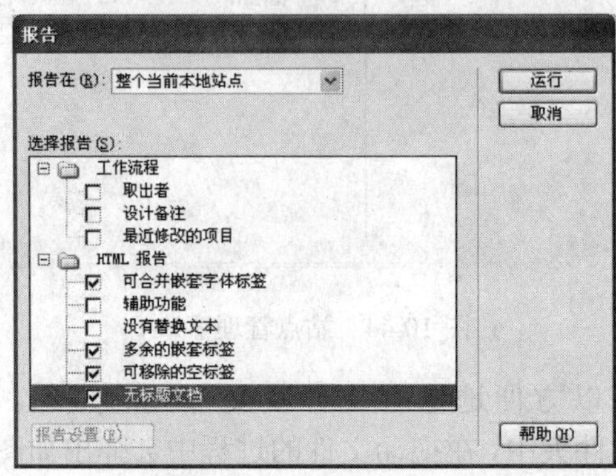

图 10-47 “报告”对话框

单击【运行】按钮，等待一段时间后返回站点报告，结果如图 10-48 所示。双击其中的某一行，则自动切换到拆分视图中，以选中的形式显示相应的 HTML 代码，即可进行页面相关内容的修改。将这些无标题文档都进行修改后重新检查，警告将消失。

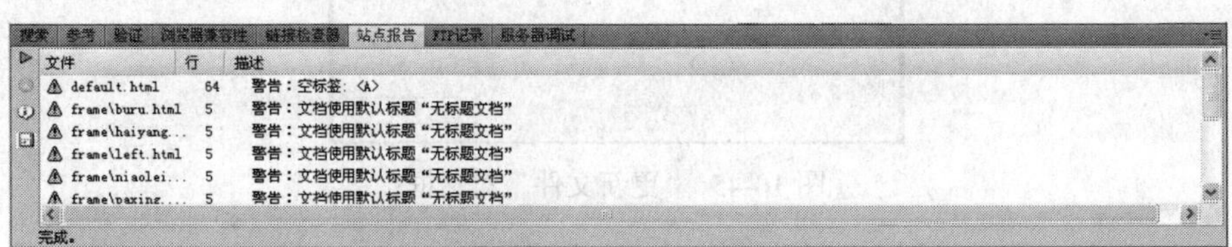

图 10-48 站点报告面板

10.4 本章要点和概念

1）表单是网页与浏览者交互的一种界面。Dreamweaver 中的表单包括文本域、单选按钮、复选框、菜单/列表、按钮等表单对象，注意将表单对象放置在红色表单虚线内。如果某表单对象出现在红色虚线以外，那么在该表单对象中填入的信息将不能被发送到 Web 服务器。

2）一般来说，一个行为应该由一个事件（Event）和一个动作（Action）组成。动作通常由一段 JavaScript 代码组成，利用这段代码可以完成相应的任务；事件则通常由浏览器所定义，它可以被附加到各种页面元素上，也可以被附加到 HTML 标记中。将事件和动作组合起来，就构成了行为。每个事件可以指定多个动作，动作将按顺序列表依次发生。

3）Dreamweaver 提供行为控制，可以方便地创建页面中的交互行为，实现丰富的页面效果。既可以将行为附加给整个文件<body>…</body>标记部分，又可以附加给链接、图像、表单元素或任何其他的 HTML 元素。元素可以接受的附加行为取决于浏览器版本。

4）站点管理的主要内容包括站点内文件及文件夹的管理、网页链接的管理、文件的上传和下载等。

5)可以在 Dreamweaver 中直接调用 Fireworks、Flash 对图片或 Flash 动画进行编辑和修改，返回到 Dreamweaver 中时，页面中的图像或 Flash 动画会自动更新。

习　题

10-1 表单对象主要有哪些？各有什么作用？

10-2 什么是行为、动作、事件？如何为网页对象附加行为？

10-3 如何修改行为事件？如何修改执行行为的顺序？

10-4 什么是站点管理？对站点进行管理的主要内容有哪些？

10-5 实际操作：

1）设计制作一个表单页面，并设置其提交及表单校验。

2）设计制作网站中的其他页面，并应用行为丰富页面效果。

3）进行整个站点的整理。

Dreamweaver 综合作业

➘ 作业要求

1）采用布局技术制作首页，包括 Logo、Banner、栏目和版权声明区等。

2）创建模板并应用此模板。

3）应用 CSS 样式表技术。

4）制作相应栏目的二级页面。

5）站点的管理。

第11章 综合实训

11.1 综合实训的目的

在综合实训环节中，教师采用项目驱动的方式进行教学。将开发一个小型网站作为项目，教师给出项目要求或参考项目需求，学生随机分组组成团队参与项目。通过让学生参与到实际项目中，使学生在完成网站的设计、制作、测试、发布和上传的过程中，了解网站建设的流程、注意事项、网页设计规范，掌握制作网页开发工具的使用方法等。综合实训将理论知识与实际操作结合起来，使学习过程成为一个人人参与的创造性实践活动。学生通过实践与具体探究的过程，在知识、技能以及在团队合作精神和思想品质等方面得到发展，可以更好地培养创造性思维和发现问题、解决问题的能力，充分发掘创造潜能。

综合实训的教学目标如下：

- 了解网站建设的流程及注意事项。
- 理解网页设计规范。
- 理解站点管理、超链接等概念。
- 掌握图像处理与制作软件 Fireworks 的使用。
- 掌握动画制作软件 Flash 的使用。
- 掌握网页制作软件 Dreamweaver 的使用。
- 能够综合运用设计制作网页的开发工具。

11.2 综合实训的任务

11.2.1 实训任务学时分配

表 11-1 实训任务学时分配

实训任务名称	学时分配		实践教学条件
	实践	演示	
实训一 网站策划	4		
实训二 网页设计	4		操作系统： Windows XP 及以上操作系统 应用软件： Photoshop、Dreamweaver、Flash、Fireworks、CuteFTP

（续）

实训任务名称	学 时 分 配		实践教学条件
	实践	演示	
实训三　网页制作	16		操作系统： Windows XP 及以上操作系统 应用软件： Photoshop、Dreamweaver、Flash、Fireworks、CuteFTP
实训四　测试与发布	4		
作品展示		2	
总　　计	28	2	

11.2.2　实训任务与要求

实训一　网站策划

任务 1　明确任务
任务 2　制订建设方案
任务 3　收集整理资料
任务 4　撰写策划报告

实训要求：

- 2～3 人组成项目小组。
- 确定建设信息发布型网站的目标。
- 制定网站建设采用的方案及发布方式。
- 每个组员结合网站设计的构思，针对自己负责的内容收集和整理相关资料。
- 以小组为单位提交网站策划方案，包括网站层次结构、规模，人员分工，进度安排等。

实训二　网页设计

任务 1　网站风格设计
任务 2　网站目录结构设计
任务 3　页面布局设计
任务 4　网站链接形式设计

实训要求：

- 确定网站色系，设计 Logo 图标、Banner 动画等。
- 确定站点文件夹名称，文件及文件夹命名原则。
- 确定首页、栏目页面的布局形式、色系等，设计模板。
- 确定页面链接形式、链接层次，栏目、子栏目、正文页面之间的关系。
- 文字及素材图片的编辑处理。

实训三　网页制作

任务 1　首页制作

任务 2　模板制作

任务 3　其他页面制作

实训要求：

- 制作 Logo 图标、广告条动画等。
- 网页采用布局定位技术进行制作，页面布局合理。
- 网页内容最好是原创的或是经过编辑整理的，网站内容应充实。
- 利用 Flash 制作弹出窗口中的内容。
- 采用框架技术。
- 应用表单。
- 应用模板。
- 采用 CSS 样式来统一网站风格。
- 采用各种特效且运用合理。
- 网站色彩搭配符和视觉效果，层次结构清晰。

实训四　测试与发布

任务 1　站点管理。

任务 2　超级链接检查。

任务 3　上传与发布。

实训要求：

- 进行无用文件的清理。
- 进行文件夹及文件的整理。
- 检查整个网站的超级链接设置。
- 打包上传到教师计算机中。

作品展示

在多媒体教室中每组同学进行作品展示、交流，以达到互相学习、取长补短及检验学习效果的目的。

11.3　考核方式

综合实训采用作品评分的考核方式。教师评阅项目作品，给小组打出基础分；学生之间互评项目作品，给出每个组员的组内附加分；每个学生自评项目作品，给出自评分，3 个分数按一定的比例相加就是每个学生的成绩。综合实训的评分标准见表 11-2。

表 11-2　综合实训的评分标准

网页设计与制作实训评分标准		基本分（90）																			总分	其他因素（10）			总分
分值		5	8	8	7	7	7	5	7	3	3	3	3	3	3	5	3	3	4	3	90	3	3	4	100
学号	姓名	命名	首页	中文	布局	横条	Logo	栏目	内容	邮箱	Flash	框架页	演示	返回	表单	超链	整图	清理	时间	报告		特效	CSS	模板	总分

说明	
命名	根文件夹名
首页命名	index.htm(index.htm)
没有中文	文件文件夹非中文
布局	有表格
横条	没有横向滚动条
Logo	Logo 和 Banner
栏目	有 3 个正确连接的栏目
中心内容	首页中心不为空
版权邮箱	有版权和邮箱
Flash	至少一幅 Flash 动画
框架页	有要求的框架技术
演示	可以正确浏览的
返回	二级页面到首页的链接
表单	有留言、意见等表单
超链	超级链接正确
整图	对图用 Fireworks 修饰
清理	对无用文件的处理
规定时间	按时完成基本要求
策划报告	有内容不为空的策划报告
特效	有行为等效果
CSS	采用样式表
模板	采用模板技术

参考文献

[1] 周立．网页设计与制作[M]．北京：高等教育出版社，2009．

[2] 王晓红．网络信息编辑[M]．北京：高等教育出版社，2008．

[3] 杨选辉．网页设计与制作教程[M]．北京：清华大学出版社，2005．

[4] 周立．网页设计与制作[M]．北京：清华大学出版社，2004．